删失分位数回归模型的统计推断及其应用

杨晓蓉 著

科 学 出 版 社
北 京

内 容 简 介

本书主要研究删失分位数回归模型的统计推断问题. 全书共 6 章. 第 1 章对删失数据进行概述, 并介绍删失分位数回归模型的相关理论. 第 2 章针对删失一般线性分位数回归模型的参数估计方法进行介绍, 主要考虑在响应变量删失和协变量删失两种不同情况下, 对删失数据的填补方法, 并进行数值模拟和实例数据的分析. 第 3 章考虑删失部分线性模型和删失部分线性变系数模型的数据填补方法, 给出数值模拟结果, 并应用于实例数据分析. 第 4 章介绍删失部分线性可加模型的填补技术, 不但考虑参数估计问题, 还对变量选择进行研究, 给出了数值模拟结果和实例数据分析. 第 5 章考虑当序列存在变点的情况下, 基于自助填补法来得出模型的参数估计. 第 6 章进一步考虑将数据填补的思想用于删失随机系数自回归模型, 考虑在数据删失的情况下的参数估计问题, 也进行数值模拟和实例数据分析.

本书可作为统计学和应用数学专业高年级本科生及研究生教材. 本书的第 2 章至第 6 章有大量的数值模拟和实例数据分析案例, 也可供应用数据分析等相关专业人士参考.

图书在版编目(CIP)数据

删失分位数回归模型的统计推断及其应用/杨晓蓉著. —北京: 科学出版社, 2019.12

ISBN 978-7-03-063740-6

I. ①删… II. ①杨… III.①自回归模型-研究 IV. ①O212.1

中国版本图书馆 CIP 数据核字 (2019) 第 280674 号

责任编辑: 李 欣 贾晓瑞 / 责任校对: 彭珍珍
责任印制: 张 伟 / 封面设计: 无极书装

科学出版社 出版
北京东黄城根北街 16 号
邮政编码: 100717
http://www.sciencep.com

北京建宏印刷有限公司 印刷
科学出版社发行 各地新华书店经销
*
2019 年 12 月第 一 版 开本: 720 × 1000 B5
2020 年 11 月第二次印刷 印张: 13
字数: 262 000

定价: 88.00 元

(如有印装质量问题, 我社负责调换)

前　　言

在应用统计领域里, 大多数问题都可以归结为建立回归模型, 然后对模型中的参数进行统计估计, 并做出相应的统计推断. 传统的最小二乘回归模型本质上考察的是随机变量的条件均值函数, 即用一组变量去解释某个相应变量的均值, 其优势在于形式上易于表示和计算上易于执行. 然而这种模型只能描述平均意义上的因果依赖关系, 对更为细致的某个分位数上变量的因果关系不能加以分辨和表述, 即便在简单的统计推断中也是不够的. 对一般的回归分析而言, 人们收集的大量宝贵的数据, 仅能得出一条回归曲线, 所提供的统计信息十分有限, 当人们需要进行更深入的分析来揭示现象的本质时, 分位数回归理论开始彰显其实际应用的价值.

在完全数据情况下, 有关分位数回归的估计问题已有不少成熟的理论和可供直接应用的工具. 然而实际应用中, 由于失访、测量受限、研究时间结束时事件尚未发生等情况, 造成了人们收集的数据的不完整, 也就是统计学上所称的 “删失” 现象常常发生. 例如证券市场的涨停和跌停的限制, 掩盖了股票真实的价格; 又比如在公共卫生问题研究中, 失访或研究结束时终点事件尚未发生等. 当删失发生时, 比较粗糙的处理方法一是将删失的数据直接删除, 二是直接把观测到的数据替代真实的数据用于统计分析. 而事实上, 这两种简单的处理方法都会带来很大的统计偏差, 特别是当数据量大, 删失比例较高的时候, 就会完全失效. 在大数据时代的今天, 我们手头可以得到的数据信息是非常庞大的, 其中不乏删失数据的案例, 提出行之有效的模型估计方法是十分有意义的研究工作.

应该说, 有关删失数据的处理在近二三十年也逐渐发展起一套统计理论, 然而多数应用在一般的线性结构回归模型中. 越来越多的实证表明, 数据建模呈现出多样性的结构, 仅仅在线性模型框架下建立统计理论是远远不够的. 基于数据驱动的需求, 复杂模型的统计研究理论有着迫切的需求. 特别是在分位数回归框架下, 相关的研究并不多.

本书的主要思想和方法, 是作者在访问美国密歇根大学统计系何旭铭教授期间, 与何旭铭教授和博士生 Naveen Naidu Narisetty 共同合作完成的. 在探索创新的道路上反反复复地思考、尝试、改进、再尝试, 何旭铭教授对问题的敏锐性和前瞻性给了我们很大的鼓励. 此后, 作者将方法进一步应用于其他复杂的分位数回归模型, 指导研究生合作完成了不少有意义的工作.

通过最近几年的研究, 作者最大的体会是, 建立普适性的模型并能有效估计模型的参数并不容易, 很多看似漂亮的结果需要对模型加很多限制条件, 这些附加的条件在实例数据中往往并不满足, 所得的结果也未必可信. 有时候通过一种方法模拟出来一次满意的结果, 但是很有可能对实例数据分析是没有用的. 本书主要利用分位数回归的技术对删失值进行修补, 允许数据既可以是单边删失, 也可以是双边删失, 还可以是区间删失, 这个条件比较宽泛, 目前尚无同类研究. 其优点在于对不同删失类型的数据给出了一个归一化的处理方法, 十分灵活便捷. 并且分位数回归技术不需要对序列的分布作出具体的假设, 抽样也十分方便. 本书中基于数据增广的填补方法, 对迭代的初始值要求很低, 即使从一个不相合的初值出发, 最终都能够得到一个更为有效的估计值. 初始值影响的只是迭代的步长和收敛的速度, 这种宽泛的初始值设定, 为数据的修补提供了可行性.

本书得以出版, 感谢国家社会科学基金 (编号：17BTJ027)、浙江省一流科学 (A 类)(浙江工商大学统计学) 以及浙江省优势特色学科 (浙江工商大学统计学) 的资助. 同时感谢我的硕士研究生张妍、马田田、吴晓飞、许胜男、王绍钢、李路、郝瑞婷等为本书搜集、整理资料, 并对本书进行校正和录入.

由于作者水平有限, 书中难免有不妥之处, 欢迎读者批评指正. 来函请发至 xiaorongyang@hotmail.com.

杨晓蓉

2019 年 12 月

目　　录

第 1 章　删失数据概述及删失分位数回归模型相关理论简介

1.1　删失数据概述

在统计调查研究过程中, 数据缺失是一种非常常见的现象. 缺失数据是指在数据采集时由于某种原因应该得到却没有得到的数据, 在现有数据集中某个或某些属性值是不完全的. 产生这种现象的原因是多方面的, 每种缺失都会给统计分析带来不同程度的影响, 因此如何有效地处理这些缺失数据成为近年来统计学家关注的焦点之一. 删失数据作为缺失数据中的一种, 是指在观察或试验中, 由于人力或其他原因未能观察到所感兴趣的事件发生, 因而得到的数据. 删失数据存在于很多领域, 包括生物医学、经济学、人口学等. 例如在医学研究中, 观察药物失效的时间, 由于病人是隔一段时间去医院检查, 某次检查以后发现药物已经失效了, 实际上药物真正失效的日期应该是早于或等于检查当天, 就产生了左删失数据. 又比如用仪器检测 $\mathrm{PM}_{2.5}$ 的浓度时, 某地区空气质量非常糟糕, 导致测量仪器爆表, 我们只能知道当地 $\mathrm{PM}_{2.5}$ 的浓度是高于测量仪器的最大值, 但是无法知道准确的度数, 这其实是一种右删失的数据. 再比如做问卷调查时, 由于收入是个敏感的问题, 我们往往会给出具体的区间, 让问卷填写者勾选. 当我们得知了选项以后, 只能知道问卷填写者收入落在某个区间里面, 但无法知道具体的数值, 这是区间删失的一个例子. 类似这样的例子有很多, 对这些删失数据直接运用完整数据的统计方法来分析, 可能造成较大的偏差, 从而影响统计决策的说服力. 选择合适的方法处理删失数据, 是提高数据质量的一个重要手段.

1.1.1　数据删失分类

删失数据按照不同的分类方式可划分为多种类型. 如按删失的方式不同, 可将删失数据划分为左删失、右删失和区间删失. 若观察对象确切的生存时间 T 未知, 只知道生存时间 T 小于删失时间 C, 即在开始观察之前, 我们感兴趣的事件已经发生, 因此仅能观测到 $Y=\max(T,C)$, 则称这样的数据为左删失数据. 类似地, 当生存时间 T 大于删失时间 C 时, 此时仅能观测到 $Y=\min(T,C)$, 则称这样的数据为右删失数据. 在现实生活中, 右删失是最为普遍的删失类型. 按观察的结束时间不同, 右删失又可以划分为三种类型：I 型删失、II 型删失和 III 型删失.

I 型删失, 也称为定时删失, 即对所有个体的观察时间终止在一个固定的时间, 对每一个观察对象来说删失时间是相同的. 因此只有在生存时间小于观察结束时间的情况下, 生存时间才能被记录.

II 型删失是指同时对 n 个个体进行观察, 当观测到前 $r(r<n)$ 个观测值时, 立即终止试验. II 型删失的删失时间是随机的, 而个体累积死亡数量是固定的.

III 型删失是指个体在不同的时间进入观察, 一部分个体在观察结束之前死亡, 它们确切的生存时间是可以观测到的, 而其他个体在观察结束之前退出而不被跟踪观察或在观察结束时仍然活着, 确切的生存时间无法观测. III 型删失进入观察的时间可能不同, 删失时间也可能不同, 这种删失又称为随机删失.

区间删失是指确切的生存时间无法观测, 只知道生存时间在 $[L,R]$, 那么该个体的生存时间在 $[L,R]$ 是区间删失的. 这种类型的删失通常在没有连续监测的情况下发生. 区间删失又可分为第一类区间删失和第二类区间删失.

当个体进行一次观察时, 确切的生存时间未知, 只知道其生存时间是否大于观察时间点, 即 $L=0$ 或 $R=\infty$, 这种删失称为第一类区间删失. 而对个体进行两次观察, 当观察时间 L 和 R 满足 $0<L<R<\infty$ 时, 这种删失称为第二类区间删失, 也称为一般区间删失.

删失数据按照删失变量的性质, 可以划分为随机删失和固定删失. 随机删失是指对于每一个 i, 删失变量 C_i 的值是服从某个概率随机分布的. 而固定删失是指对于所有的 i, 删失变量 C_i 都取固定值 C. 固定删失是删失的一种特殊形式.

1.1.2 删失数据常用的处理方法及参数估计

为了说明处理删失数据常用的方法, 我们以响应变量右删失的情况为例. 考虑如下带有删失数据的线性回归模型:

$$Y_i = X_i^{\mathrm{T}}\beta_0 + \varepsilon_i, \quad i=1,\cdots,n \tag{1-1}$$

Y_i 为响应变量, $X_i=(X_{i1},\cdots,X_{ip})^{\mathrm{T}}$ 为对应于每个 i 的解释变量的值向量, $\beta_0=(\beta_1,\cdots,\beta_p)^{\mathrm{T}}$ 为回归参数向量, ε_i 为随机误差项, 不失一般性, 这里我们假定其服从标准正态分布. 因响应变量随机右删失, 所以我们只能观察到 $\{X_i,Z_i,\delta_i\}, i=1,\cdots,n$, 其中, $Z_i=\min(Y_i,W_i), \delta_i=I(Y_i\leqslant W_i), W_i$ 是随机删失变量, 独立于 X_i,Y_i, 这里我们假定随机误差项服从正态分布.

1. *合成数据方法*

合成数据的基本思想为通过转型改变已观测变量和未观测变量, 使得转型变量与删失变量有相同的期望. $F(\cdot)$ 和 $G(\cdot)$ 分别表示 Y_1 和 W_1 的分布函数, 假定 $G(\cdot)$ 是已知的连续函数, 我们可以将观测值 (Z_i,δ_i) 转换成以下的合成数值:

$$Y_i^* = \phi_1(Z_i;G)\delta_i + \phi_2(Z_i;G)(1-\delta_i)$$

其中 (ϕ_1, ϕ_2) 为满足以下条件的连续函数:

(1) $[1-G(Y)]\phi_1 + \int_{-\infty}^{Y} \phi_2(W)dG(W) = Y$;

(2) ϕ_1 和 ϕ_2 独立于 F.

这种函数的所有 (ϕ_1, ϕ_2) 组合的集合, 我们定义为 K, 很容易得出, 若 $(\phi_1, \phi_2) \in K$, 则 $E(Y_i^*|X) = E(Y_i|X)$ 且 $E(Y_i^*) = E(Y_i)$, 其中 $X = \{X_1, \cdots, X_n\}$.

若 $G(\cdot)$ 是未知的, 我们引用 Kaplan-Meier 估计量

$$\hat{G}_n(t) = 1 - \prod_{j=1}^{n} \left(\frac{N^+(Z_j)}{1+N^+(Z_j)} \right)^{I[Z_j \leqslant t, \delta_j = 0]}$$

其中 $N^+(t) = \sum_{i=1}^{n} I[Z_j > t]$. 这里我们运用改进的 Kaplan-Meier 估计量 $\tilde{G}_n(t)$, 定义如下:

$$\tilde{G}_n(t) = \begin{cases} \tilde{G}_n(t), & t \leqslant Z_{(n)} \text{ 或 } \delta_{(n)} = 0 \\ \tilde{G}_n(Z_{(n)}), & t > Z_{(n)} \text{ 或 } \delta_{(n)} = 1 \end{cases}$$

其中 $Z_{(n)} = \max(Z_i)$, $\delta_{(n)}$ 对应于 δ_i, 很容易验证对于所有的 t, $\tilde{G}_n(t) \leqslant 1 - (n+1)^{-1} < 1$.

用 $\tilde{G}_n(\cdot)$ 代替 $G(\cdot)$ 可得以下合成数据:

$$Y_i^* = \phi_1(Z_i; \tilde{G}_n)\delta_i + \phi_2(Z_i; \tilde{G}_n)(1-\delta_i)$$

有了合成数据以后, 用合成数据集得到模型的估计.

2. 经验似然估计

对于模型 (1-1), 我们引入附加变量 $u_i^* = u_i^*(\beta) = (Y_i^* - X_i^{\mathrm{T}}\beta)X_i$, 其中 Y_i^* 为 Y_i 的无偏转换. β_0 为参数 β 的真值. 若 $\beta = \beta_0$, 则 u_i^* 均值为 0, $p = (p_1, \cdots, p_n)^{\mathrm{T}}$ 为概率向量, 则 $\sum_{i=1}^{n} p_i = 1$ 且 $p_i \geqslant 0$, 对于任意 $i = 1, \cdots, n$, F_p 为概率 p_i 在 u_i^* 处的分布函数, 则可得

$$\sum_{i=1}^{n} p_i u_i^* = 0$$

对于参数真值 β_0 的一个经验似然估计定义为

$$L(\beta_0) = \max \prod_{i=1}^{n} p_i$$

满足 $\sum_{i=1}^{n} p_i u_i^* = 0$ 且 $\sum_{i=1}^{n} p_i = 1$, 通过拉格朗日乘数因子, 可很容易得到

$$p_i = \frac{1}{n} \cdot 1 + \frac{1}{\lambda_n \cdot u_i^*}, \quad i = 1, \cdots, n$$

其中, $\lambda_n = (\lambda_{n1}, \lambda_{n2}, \cdots, \lambda_{np})$ 通过以下函数求得:

$$g(\lambda_n) = \frac{1}{n} \sum_{i=1}^{n} \frac{u_i^*}{1 + \lambda_n \cdot u_i^*} = 0$$

注意到 $\sum\limits_{i=1}^{n} p_i = 1$, 可得其最大值 n^{-n} 在 $p_i = \dfrac{1}{n}$ 处取得, 因此我们可定义 β_0 的经验似然比:

$$R(\beta_0) = \prod_{i=1}^{n} np_i = \prod_{i=1}^{n} 1 + \frac{1}{\lambda_n \cdot u_i^*}$$

相应的经验似然对数比定义为

$$L(\beta_0) = -2 \log R(\beta_0) = 2 \sum_{i=1}^{n} \log(1 + \lambda_n \cdot u_i^*)$$

通过最小化上式即可得到其参数估计值.

3. 贝叶斯估计

贝叶斯估计针对特定的模型分布有着不同的方法, 这里我们以模型误差项服从正态比例混合分布 (scale mixtures of normal distributions, SMN) 为例来说明. 如果一个随机变量 Y 服从定位参数 u, 尺度参数 $\sigma^2 > 0$ 的正态比例混合分布, 那定义 Y 满足以下表达式:

$$Y \stackrel{d}{=} u + U^{-\frac{1}{2}} Z$$

其中, $Z \sim N(0, \sigma^2)$, Z 和 U 独立, U 是一个正值随机变量, 累积分布函数为 $H(\cdot|\eta)$, η 是一个标量, 或者是 U 的分布的向量参数指标, 当 $u = 0$, $\sigma^2 = 1$ 时, 我们称之为标准正态比例混合分布, 定义其分布函数为 $F_{\mathrm{SMN}}(\cdot)$, 概率密度函数为 $f_{\mathrm{SMN}}(\cdot)$ (Garay et al., 2015). 对于模型 (1-1), 随机误差项 $\varepsilon_i \sim \mathrm{SMN}(0, \sigma^2, \eta)$, 假定共有 $1 \leqslant m \leqslant n$ 个 Y_i 的观测值删失, 我们将 n 个 Y_i 的观测值 $y_{\mathrm{obs}} = \{y_{\mathrm{obs}1}, \cdots, y_{\mathrm{obs}n}\}$ 分为 m 个删失数据 $y_{\mathrm{obs}i} (i = 1, \cdots, m)$ 和 $n - m$ 个未删失的数值, 不失一般性, 令前 m 个为删失的, 后 $n - m$ 个为未删失的定义参数向量 $\theta = (\beta^{\mathrm{T}}, \sigma^2, \eta)$, 则删失的正态比例混合模型的对数似然函数为

$$\pi(y_{\mathrm{obs}}|\theta) = \sum_{i=1}^{m} \log \left[F_{\mathrm{SMN}} \left(\frac{y_{\mathrm{obs}i} - x_i^{\mathrm{T}} \beta}{\sigma} \right) \right] + \sum_{i=m+1}^{n} \log[f_{\mathrm{SMN}}(y_{\mathrm{obs}i} | x_i^{\mathrm{T}} \beta, \sigma^2, \eta)]$$

对于任意向量 X 和 Y, 我们用 $\pi(X)$ 表示 X 的密度函数, 用 $\pi(X|Y)$ 表示 $X|Y = y$ 的条件密度函数. 在贝叶斯估计中, 需要事先确定分布的先验特征, 才能对后验特征做出推断. 这里我们假定: $\beta \sim N_p(b_0, S_\beta)$, 其中 b_0 是一个固定的

参数向量, S_β 是一个 $p\times p$ 的正定矩阵, 尺度参数 σ^2 服从逆伽马分布, 即 $\sigma^{-2}\sim \text{Gamma}\left(\frac{a}{2},\frac{b}{2}\right)$, 其中 $a>0$, $b>0$, 假设 θ 的元素是先验独立的, 那么参数完整的先验分布就可表示为

$$\pi(\theta)=\pi(\beta^{\mathrm{T}})\pi(\sigma^2)\pi(\eta)$$

运用蒙特卡罗–马尔可夫 (MCMC) 方法从以下分布中进行抽样.

Y_i 如模型 (1-1) 中给出, 那么:

$$Y_i|U_i=u_i\sim N(X_i^{\mathrm{T}}\beta,u_i^{-1}\sigma^2)$$
$$U_i\sim H(\cdot|\eta),\quad i=1,\cdots,n$$

对应于 m 个删失值, 就有 m 个感兴趣的变量特征. 我们将其归为一个向量 $y_L=(y_1,\cdots,y_m)^{\mathrm{T}}$, y_L 不受变量顺序的影响, 因此, y_i 为 $Y_i\sim \text{SMN}(x_i^{\mathrm{T}}\beta,\sigma^2,\eta)(i=1,\cdots,m)$ 潜在的不可观测变量的一种形式. 构造 MCMC 算法的关键是考虑增强数据 $\{y_{\text{obs}},y_L,u\}$, 其中 $u=(u_1,\cdots,u_n)^{\mathrm{T}}$. 这也就是说, 我们假定 y_L 和 u 已知. 具体步骤如下:

第一步, $y_i(i=1,\cdots,m)$ 独立地从 $\pi(y_i|y_{\text{obs}},u_i,\beta,\sigma^2,\eta)$ 中抽样, 其为截断正态分布:

$$\text{TN}(x_i^{\mathrm{T}}\beta,u_i^{-1}\sigma^2;\lfloor-\infty,w_i\rfloor)$$

因此, 新的数据 $y_{\text{obs}}=(y_1,\cdots,y_m,y_{m+1},\cdots,y_n)$ 是从 m 个删失值和可观测值 $y_i(i=m+1,\cdots,n)$ 中产生的.

第二步, $u_i(i=1,\cdots,n)$ 独立地从 $\pi(u_i|y_{\text{obs}},\beta,\sigma^2,\eta)$ 中抽样, 对于 t 分布, 其为 $\text{Gamma}\left(\frac{\eta+1}{2},\frac{(y_{\text{obs}i}-x_i^{\mathrm{T}}\beta)^2}{2\sigma^2}+\frac{\eta}{2}\right)$.

第三步, β 从 $\pi(\beta|y_{\text{obs}},u,\sigma^2,\eta)$ 中抽样, 即 $N_P\left(A_\beta\left[S_\beta^{-1}b_0+\sigma^{-2}\left(\sum_{i=1}^n u_iy_{\text{obs}i}x_i\right)\right],A_\beta\right)$, 其中

$$A_\beta=\left(S_\beta^{-1}+\sigma^{-2}\sum_{i=1}^n u_ix_ix_i^{\mathrm{T}}\right)^{-1}$$

第四步, σ^{-2} 从 $\pi(\sigma^{-2}|y_{\text{obs}},u,\beta,\eta,\lambda)$ 中抽样, 也就是

$$\text{Gamma}\left(\frac{n+a}{2},\frac{b+\sum_{i=1}^n u_i(y_{\text{obs}i}-x_i^{\mathrm{T}}\beta)^2}{2}\right)$$

第五步, η 的抽样同样也应考虑比例因子的分布, 每一种分布对应不同的处理方式, 这里我们仍以 t 分布为例. λ 从 $\pi(\lambda|\eta)$ 中抽样, 即 $\mathrm{TGamma}(2,\eta;\lfloor c,d\rfloor)$ 运用 Metropolis-Hastings 算法, η 从以下边际条件分布中抽样:

$$\begin{aligned}&\pi(\eta|y_{\mathrm{obs}},\beta,\sigma^2,\lambda)\\&\propto\exp(-\lambda\eta)\left[\sum_{i=1}^{m}\log T_\eta\left(\frac{w_i-x_i^{\mathrm{T}}\beta}{\sigma}\right)+\sum_{i=m+1}^{n}\log[T_\eta(y_i|x_i^{\mathrm{T}}\beta,\sigma^2)]\right]\end{aligned}\tag{1-2}$$

这个过程通过以下方式实现: 在第 $(j-1)$ 步给定一个观测值 $\eta^{(j-1)}$, 从以下对数正态分布中产生一个可能值 $\eta^*\sim\mathrm{LN}(\log\eta^{(j-1)},\delta_\eta^2)$, 新的观测值以

$$\min\left(\frac{\pi(\eta^*|\cdots)\eta^*}{\pi(\eta^{(j-1)}|\cdots)\eta^{(j-1)}},1\right)$$

的概率被接受, 其中 $\pi(\eta^*|\cdots)$ 代表运用当前值进行估计. 这种情况下, 部分样本是从边际分布中产生的, 整合了潜在变量 $u_1,\cdots,u_n$.

通过上述方法获得了数据以后, 再对模型进行参数估计.

1.2 分位数回归理论

1.2.1 分位数回归基本思想

线性回归模型普遍应用于统计分析的各个领域以探究响应变量和协变量之间的关系. 最小二乘方法广泛应用于估计线性回归模型中的参数, 部分是因为其计算过程简单, 除此之外, 如果模型中的随机误差项服从正态分布, 选用最小二乘方法最佳. 因最小二乘方法是对条件均值函数的估计, 所以估计量在极端点处不够稳健, 除非对误差项设定其他限制条件. 在未对随机误差项设定其他限制条件下, Koenker 和 Bassett (1978) 提出分位数回归, 其本质是通过分位数取 0 到 1 之间的任何值, 调节回归平面的位置和转向, 让自变量估计不同分位点的因变量, 充分体现整个分布的各部分信息, 其基本思想如下.

假设随机变量的分布函数为 $F(y)=\Pr(Y\leqslant y)$, Y 的 τ 分位数的定义为满足 $F(y)\geqslant\tau$ 的最小 y 值, 即

$$Q(\tau)=\inf\{y:F(y)\geqslant\tau\},\quad 0<\tau<1$$

对于满足线性关系 (1-1) 的一组随机样本, 因变量序列 $\{y_i,i=1,2,\cdots,n\}$, 自变量序列 $\{x_i,i=1,2,\cdots,n\}$, 样本分位数回归是使加权误差绝对值之和最小, 即

$$\min\sum_{i=1}^{n}\rho_\tau(y_i-x_i^{\mathrm{T}}\beta(\tau))$$

$$=\frac{1}{n}\left[\tau\sum_{i:y\geqslant x_i^{\mathrm{T}}\beta(\tau)}\left|y_i-x_i^{\mathrm{T}}\beta(\tau)\right|+(1-\tau)\sum_{i:y<x_i^{\mathrm{T}}\beta(\tau)}\left|y_i-x_i^{\mathrm{T}}\beta(\tau)\right|\right]$$

其中 $\rho_\tau(u)=\{\tau-I(u<0)\}u$, $I(z)=0$ 是指示函数, z 是条件关系式, 当 z 为真时, $I(z)=1$; 当 z 为假时, $I(z)=0$. 利用线性规划方法对一阶条件进行求解, 则可得到分位回归参数估计值 $\hat{\beta}(\tau)$. 分位数回归与传统的最小二乘方法相比具有以下优势: ①相对于严格的传统的随机误差项的参数型分布假设, 分位数回归并不需要对其做任何分布的假定, 在干扰项非正态的情形下, 分位数估计可能比普通最小二乘估计更为有效; ②分位数回归通过使加权误差绝对值之和最小得到参数的估计, 估计量不易受异常值影响, 估计更加稳健; ③分位数可拟合一簇曲线, 当自变量对不同部分的因变量的分布产生不同影响时, 能更加全面地刻画条件分布的大体特征; ④分位数回归估计出来的参数在大样本下具有渐近优良性.

1.2.2 分位数回归模型参数估计

随着分位数回归理论和应用的发展, 模型参数估计方法的研究也取得了丰富的研究成果. 下面我们主要简单介绍其中的三种方法.

(1) 单纯形法 (simplex algorithm): Koenker 和 Orey (1993) 将分两步解决最优化问题的单纯形法 (Roberts and Barrodale, 1973) 应用于分位数回归的参数估计. 单纯形法的基本思想是先任意选择一个可行解, 检验它是否为最优解, 若不是, 则沿着所有可行解组成的多边形的边界寻找, 直到找到最优解. 由单纯形法估计的模型参数稳定性较好, 但是估计次数往往较多, 大约是样本容量的平方次数, 因此在处理大数据的样本时, 它的运算速度会显著降低, 故单纯形法多适用于样本量不大的参数估计.

(2) 内点法 (interior point method): 为了解决单纯形法的非有效性和处理大样本时的缺陷, Karmarkar (1984) 提出了内点法, Portnoy 和 Koenker (1997) 将其运用于分位数回归的参数估计. 内点法是从初始内点出发, 沿着最速下降方向, 从可行域内部直接走向最优解. 内点法是一种具有多项式时间复杂性的线性规划算法, 其在收敛性和计算速度等方面具有单纯形法无法替代的优势.

(3) 平滑算法 (smoothing algorithm): 上述两种算法各有自己的优点和不足, 但平滑算法可以同时兼顾运算速度和运算效率. Madsen 和 Neslsen (1993) 最早将平滑算法应用于中位数回归的参数估计中, Chen (2004a) 扩展应用于分位数回归中. 平滑算法是用一个平滑函数来逼近目标函数, 经过有限步的计算后得到参数估计值.

上述三种方法各有优点和不足, 不同的情况应选择不同的估计方法. 单纯形法适用于处理小样本数据, 尤其是当样本数据中有异常点值时, 它的稳定性很好. 内点法适用于大样本、少变量的参数估计, 它的运算速度最快. 平滑算法结合了前两者的优点, 适用于处理大量观察值以及很多变量的数据.

1.3 删失分位数回归理论

Powell (1984) 针对响应变量固定删失的情形, 提出了删失回归模型 (或称为删失 Tobit 模型①) 参数的最小绝对偏差 (least absolute deviation, LAD) 估计. 该模型表示为

$$Y_i = \max\{0, X_i^{\mathrm{T}}\beta_0 + \varepsilon_i\}, \quad i = 1, \cdots, n$$

对于上述模型, 可通过最小化下面的表达式得到 β_0 的删失 LAD 估计量 $\hat{\beta}_n$, 即

$$S_n(\hat{\beta}_n) = \frac{1}{n}\sum_{i=1}^{n}\left|Y_i - \max\{0, X_i^{\mathrm{T}}\beta_0\}\right|$$

上式的定义是建立在删失响应变量的中位数与回归向量和参数向量之间简单关系的基础上的, 因此, 这个估计方法仅是利用非线性回归函数 $\max\{0,X_i^{\mathrm{T}}\beta_0\}$ 求得的响应变量 y_i 的中位数最小绝对离差回归. Powell (1986) 将删失回归模型的 LAD 估计方法扩展到一般的删失分位数回归模型中, 给出了删失回归模型的条件分位数的表达形式, 并证明了估计量具有一致性和渐近正态性. 对于给定的分位点 τ, 通过最小化下面的表达式得到 $\beta_0(\tau)$ 的删失 LAD 估计量 $\hat{\beta}_n(\tau)$, 即

$$Q_n(\beta;\tau) \equiv \frac{1}{n}\sum_{i=1}^{n}\rho_\tau(Y_i - \max\{0, X_i^{\mathrm{T}}\beta\})$$

分位数回归模型能够描述解释变量与被解释变量的条件分位数之间的关系, 当数据中存在异方差或异常值时依然具有较好的灵活性和稳定性. 删失分位数回归 LAD 估计方法的提出, 弥补了删失回归 LAD 估计方法的局限性.

鉴于分位数回归具有诸多的优良性质, 越来越多的学者结合分位数回归的方法, 针对不同删失类型的数据进行研究. 对于线性模型, Portnoy (2003) 针对右随机删失的情形, 采用一种重新分配删失权重的方法, 提出了递归加权分位数回归估计量 $\hat{\beta}(\tau_k)(k = 1, \cdots, K)$. 重新分配删失权重这一想法来源于 Efron (1967) 在文章中提到的处理删失数据的简单方法. 由于分位数回归估计仅取决于残差的符号, 因此可以将一部分删失值重新分配到一个很大的观测值 $Y^{+\infty}$ 上.

回归估计量 $\hat{\beta}(\tau_k)(k = 1, \cdots, K)$ 依次在网格点$\{t_1, \cdots, t_K\}$上定义. 该方法假设在一部分正值 t_k 下无删失, 那么就可以通过普通的分位数回归方法 (Koenker,

① Tobit 模型也称为样本选择模型或受限因变量模型, 是因变量满足某种约束条件下取值的模型. 这种模型的特点是模型包含两个部分: 一部分是表示约束条件的选择方程模型, 另一部分是满足约束条件下的某连续变量方程模型.

2005a) 来定义 $\hat{\beta}(t_1)$, 然后再对每个删失观测点 Y_i^* 递归地定义权重 $\omega_i(\tau)$, 它位于分位点 t_j 与 t_{j+1} 之间. 为定义权重, 我们需要先估计删失率. 删失率的估计定义如下: 给定 $\hat{\beta}(t_j)$ 和 $\hat{\beta}(t_{j+1})$(它们只与 t_j 处的权重有关), 对于 $t_j \leqslant \tau \leqslant t_{j+1}$, 令 $\tilde{\beta}(\tau)$ 为 $\hat{\beta}(t_j)$ 和 $\hat{\beta}(t_{j+1})$ 的线性插入, 即

$$\tilde{\beta}(\tau) = \hat{\beta}(t_j) + \alpha(\hat{\beta}(t_{j+1}) - \hat{\beta}(t_j))$$

其中, $\alpha \in (0,1)$, $\tau = \alpha t_j + (1-\alpha)t_{j+1}$. 删失值 C_i 是介于 $X_i^{\mathrm{T}}\hat{\beta}(t_j)$ 和 $X_i^{\mathrm{T}}\hat{\beta}(t_{j+1})$ 之间的, 定义 $\hat{\tau}_i$ 如下:

$$X_i^{\mathrm{T}}\tilde{\beta}(\hat{\tau}_i) = C_i$$

$\hat{\tau}_i$ 也可以有如下定义:

$$\hat{\tau}_i = \hat{\alpha}_{ij}t_j + (1-\hat{\alpha}_{ij})t_{j+1}, \quad \hat{\alpha}_{ij} = \frac{C_i - X_i^{\mathrm{T}}\hat{\beta}(t_j)}{X_i^{\mathrm{T}}(\hat{\beta}(t_{j+1}) - \hat{\beta}(t_j))}$$

同样定义 τ_i 使得 $X_i^{\mathrm{T}}\beta(\tau_i) = C_i$.

在删失观测值穿过分位点 t_j 之前, 若 $\hat{\tau}_i$ 给定, 则对于 $\tau > \hat{\tau}_i$, 定义权重 $\omega_i(\tau)$ 如下:

$$\omega_i(\tau) = \frac{\tau - \hat{\tau}_i}{1 - \hat{\tau}_i}, \quad \delta_i = 0$$

对于未删失的观测值 $(\delta_i = 1)$, 赋予权重 $\omega_i(\tau)$=1. 给定权重时, 删失分位数回归估计值 $\hat{\beta}(\tau)$ 可以通过最小化下面的目标函数得到:

$$\begin{aligned} R_\tau(\beta) \equiv \sum_{i=1}^{n} I(\delta_i = 1)\rho_\tau(Y_i - X_i^{\mathrm{T}}\beta) + I(\delta_i = 0) \\ \times [\hat{\omega}_i(\tau)\rho_\tau(C_i - X_i^{\mathrm{T}}\beta) + (1 - \hat{\omega}_i(\tau))\rho_\tau(Y_i^* - X_i^{\mathrm{T}}\beta)] \end{aligned}$$

其中, Y_i^* 是一个任意充分大的值, ρ_τ 是损失函数.

1.4 分位数框架下的多重插补方法

应用多重填补 (multiple imputation, MI) 方法处理不完整数据的思想, 首先由 Rubin 于 1978 年提出, 之后在文献 (Rubin, 1987) 中得到进一步的推广, 使得在大样本调查的背景下, 一个单一的研究中收集的数据可被大量的调查人员进行不同的分析. 20 世纪 80 年代期望最大算法 (expectation-maximization algorithm, EM) 的提出, 将多重填补方法的应用推向一个新高度.

从本质上讲, 多重填补是单一填补 (single imputation) 思想的拓展. 单一填补方法中通过一些点估计对缺失值进行填补, 仍不能反映由于数值缺失所造成的不确

定性, 这在很大程度上可能误判样本分布的倾向性, 低估了参数估计的标准差, 因此对于任意假设检验, 犯第一类错误的概率明显高于预期的概率. 在 MI 过程中, 每一个缺失的数值将被一组 $m>1$ 的合理数值所取代, 生成 m 组完整数据集, 然后便可采用普通的统计分析方法对这 m 组完整数据集进行分析, 所得结果结合了 Rubin (1987) 提出的参数估计方法和将数值缺失造成的不确定性考虑在内的标准差. 这里用图 1-1 说明多重插补的思想, 其中填补数据 $z^{(1)}=(z_{11},z_{12})^{\mathrm{T}}$, $z^{(2)}=(z_{21},z_{22})^{\mathrm{T}}$, $\cdots$, $z^{(m)}=(z_{m1},z_{m2})^{\mathrm{T}}$ 的确定是多重填补中至关重要的环节.

与极大似然估计方法相比, MI 方法在实际问题的应用中计算更加方便. 因为极大似然估计方法针对的数值缺失机制比较明确, 并且同组数据的不同模型中的缺失数据不同时, 所采用的计算过程也完全不同, 经过多重填补的完整数据集可被不同的分析人员运用不同的分析方法进行多种分析.

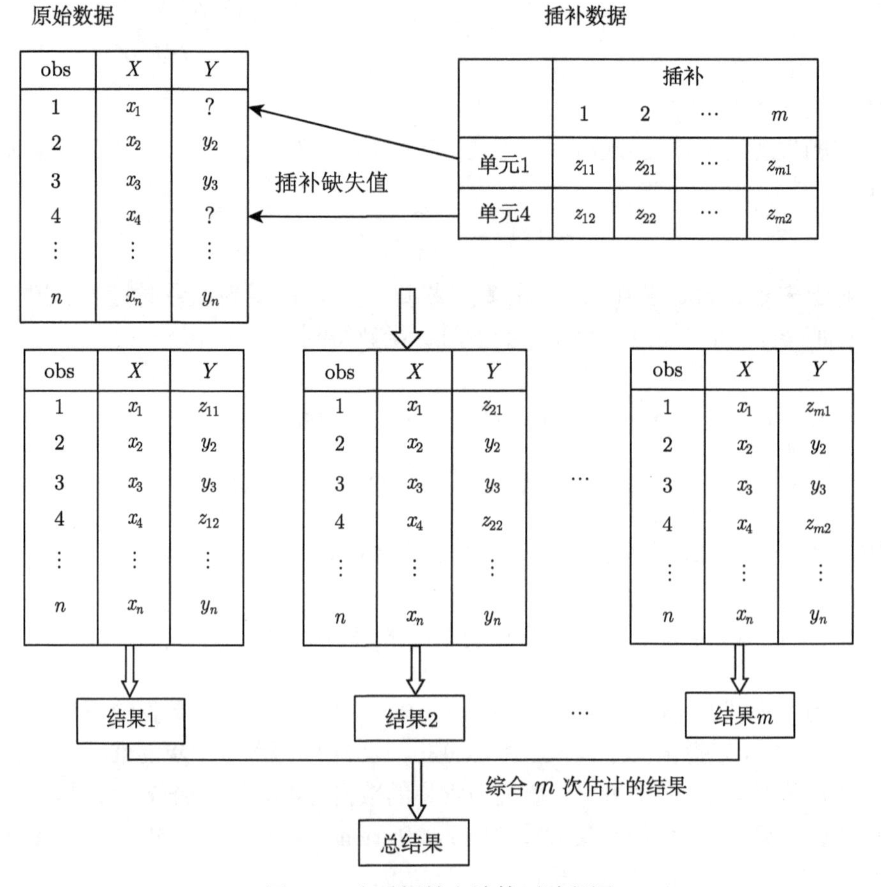

图 1-1 多重插补方法简要过程图

第 2 章　删失一般线性分位数回归模型的填补技术与参数估计

2.1　响应变量删失的一般线性模型

考虑这样一个分位数回归模型, 在给定协变量的条件下, 在分位数时的条件分位数回归形式如下:

$$Q_{Y_i}(\tau|X_i) = X_i^{\mathrm{T}}\beta_0(\tau), \quad i = 1, 2, \cdots, n \tag{2-1}$$

其中, $\tau \in (0,1)$, Y_i 是响应变量, $X_i = (1, X_{i1}, X_{i2}, \cdots, X_{ip})^{\mathrm{T}}$ 是 p 维协变量, $\beta_0(\tau) \in \mathbf{R}^{p+1}$ 是未知的分位数回归系数, 通常的线性回归形式 $Y = X_i^{\mathrm{T}}\beta + \varepsilon_i$ 要求随机误差项 ε_i 与协变量之间是独立同分布的, 这是一个特殊情形, 事实上, 模型可以允许随机误差项 ε_i 与协变量相关, 随机误差项的条件分位数在协变量中是线性的. 带有独立同分布随机误差项的一般线性回归模型 $Y_i = X_i^{\mathrm{T}}\beta + \varepsilon_i$ 是一个特例. 事实上, 模型可以允许随机误差项和协变量相关, 只需要随机误差项的条件分位数是随着协变量线性变化的即可. 当数据存在异质性特性时, 采用分位数回归的灵活性在于可以允许系数 β 随着 τ 的变化而变化. 在给定 X 条件下, Y 条件分布的上下分位数依赖于协变量, 且会有明显的不同, 这时仅通过条件均值或中位数的一般线性回归分析, 是很难将这样一种关系刻画得很清晰的, 相关的说明可详见 Koenker (2005a) 对于分位数回归模型的介绍.

删失分位数回归已经受到了越来越多的重视, 一方面原因是数据删失在实际中经常发生, 另一方面原因是当响应变量 Y 存在删失时, 分位数回归是一个非常有吸引力的工具. 删失分位数回归的 "计量经济学改革" 可以追溯到 Powell (1984, 1986). 如果 Y_i 在常数 C 处左删失, 即对于每一个 X_i, 我们能观测到的是 $\max\{Y_i, C\}$(也记作 $Y_i \vee C$), 则我们能通过求解下面的最小化式子得到模型 τ 分位数回归系数:

$$\min_{\beta \in \mathbf{R}^{p+1}} \sum_{i=1}^{n} \rho_\tau((Y_i \vee C) - (X_i^{\mathrm{T}}\beta \vee C)) \tag{2-2}$$

其中 $\rho_\tau(u) = u(\tau - I(u < 0))$ 是 Koenker 和 Bassett (1978) 中所定义的分位数损失函数. 对于 (2-2) 所定义的 Powell 估计, 计算上最大的挑战是要求解一个非凸的目标函数, 相关的讨论详见 Fitzenberger (1997a), Buchinsky 和 Hahn (1998),

Chernozhukov 和 Hong (2002) 等的文献. Ying 等 (1995) 和 Zhou (2006) 提出了独立删失情况下加权估计方法; 在分位数回归设置中对条件独立随机删失的第一个主要贡献是来源于文献 (Portnoy, 2003), 通过分位数水平的迭代过程, Portnoy (2003) 将 Kaplan-Meier 估计扩展到了分位数领域; Peng 和 Huang (2008) 使用了与删失数据相关联的鞅结构, 并提出了一种删失的分位数回归估计方法, 这与 Portnoy (2003) 的估计方法非常相似. 近年来尽管在一些特定条件下删失分位数回归估计得到了发展 (Huang, 2010; Ma and Yin, 2010; Ma and Wei, 2012; Leng and Tong, 2013), 但是仍然缺少可以处理存在混合删失类型的数据的方法.

如果响应变量存在双删失 (包括左删失和右删失), 并没有太多的文献对此进行研究, 这里介绍两种可以处理双删失数据的方法, 一种是 Lin 等 (2012) 在 Portnoy (2003) 的重新分配删失权重法的基础上提出的, 另一种是由 Ji 等 (2012) 提出的基于自洽估计方程的方法. 区间删失数据方面的研究挑战更大, 相关的文献还不是很多, 其中比较有代表性的是 Kim 等 (2010) 在独立删失条件下的工作. 然而当不同删失类型的数据同时存在于一个数据集中时, 现存的方法并没有很好的效果.

Yang 等 (2018) 提出了一种统一的方法来得到各种删失类型同时存在的数据的分位数回归估计. 他们所提出的方法的核心算法是基于数据增广的一般原理 (Tang and Wong, 1987), 主要是下面两个步骤的反复交替迭代: ①从分位数函数中随机抽取合适的数值对删失的响应变量进行填补; ②用填补以后的数据拟合新的分位数模型. Yang 等 (2018) 把所提出的方法命名为 DArq, 并且指出, 只要条件分位数函数是可识别的, 就可以在任何形式的删失数据下起作用.

2.1.1 分位数框架下的数据增广填补方法

1. 删失机制

Yang 等 (2018) 的方法, 允许模型的响应变量同时存在不同的删失类型, 为此, 对于模型 (2-1), 假设协变量 $\{x_i\}_{i=1}^n$ 是完全被观测到的, 而响应变量 $\{y_i\}$ 存在删失 (这里我们不再区分随机变量的大小写, 用 y_i 表示响应变量, 用 x_i 表示协变量). 设定 δ_i 是第 i 个响应变量的删失指标, 因此存在以下几种可能的删失机制:

$$\delta_i = \begin{cases} 0, & \text{无删失} \\ 1, & \text{在 } L_i \text{ 处左删失} \\ 2, & \text{在 } R_i \text{ 处右删失} \\ 3, & \text{在 } (L_i, R_i) \text{ 处区间删失} \\ 4, & \text{在 } L_i \text{ 处和 } R_i \text{ 处双删失} \end{cases}$$

其中 L_i 和 R_i 是删失水平. 将观察到的数据表示为 $\{y_i^\delta, x_i, \delta_i\}_{i=1}^n$, 并符合以下标记法则:

$$y_i^{\delta}=\begin{cases} y_i, & \delta_i=0 \\ y_i \vee L_i, & \delta_i=1 \\ y_i \wedge R_i, & \delta_i=2 \\ (L_i,R_i), & \delta_i=3 \\ L_i \vee (y_i \wedge R_i), & \delta_i=4 \end{cases}$$

其中, 符号 $\vee$ 表示两者取大, 符号 $\wedge$ 表示两者取小. 在 $\delta_i=3,4$ 这两种删失类型中, L_i 和 R_i 都需要在数据中给定, 而在其他的删失类型中, 我们只需要单独的 y_i^{δ} 值. 在通用形式中, 我们设定 $S(i)$ 为 y_i 所有可能值的集合. 例如, 当 $\delta_i=0$ 时, $S(i)=\{y_i\}$, 但如果 $\delta_i=2$, 则 $S(i)=[R_i,\infty)$. 在此框架下, 观测数据可由 $\{S(i),x_i\},i=1,2,\cdots,n$ 表示.

2. DArq 算法

Yang 等 (2018) 的算法中使用了 (0, 1) 内精细的网格 $\{\tau_k:k=1,\cdots,K_n\}$, 其中 $\tau_k=k/(1+K_n)$, K_n 是预先规定的整数, 实际应用中可取 $K_n=\max\{\lfloor\sqrt{n}\rfloor,100\}$. 该算法需要从一组初始化的 $\beta(\tau_k)(k=1,2,\cdots,K_n)$ 开始, 这组初始化的值可以通过平行分位数回归估计法或者现有的删失分位数回归估计法得到. 填补步骤就是在 $y_i\in S(i)$ 的条件下, 从当前的分位数过程中随机抽取一个满足条件的 y_i. 然后再从填补后所得数据集的一个 Bootstrap 样本中计算后验 $\beta(\tau_k)$, 从而更新了模型的待估参数. 下面将更具体地说明如何估计第 τ_0 分位点的系数估计值 $\beta(\tau_0)$.

DArq 算法的具体步骤如下.

输入:

x_i: 协变量;

$S(i)$: y_i 所有可能值的集合;

$\{\tau_k:k=1,\cdots,K_n\}$: K_n 个分位数水平的网格;

H: 预先设定的迭代次数.

初始化:

$\hat{\beta}^{(0)}(\tau_k),k=1,2,\cdots,K_n$.

对于$h=1,2,\cdots,H$:

(1) 数据增广: 通过 $y_i\in S(i)$ 条件下的 $x_i^{\mathrm{T}}\hat{\beta}^{(h-1)}(\tau_k)$ 得到分位数过程的估计值 $y_i^{(h)}$.

(2) 参数估计: 从 $\{x_i,y_i^{(h)}\}_{i=1}^n$(用 $\{x_i,y_i^{(h)}\}_{i=1}^n$ 表示较方便) 中抽取样本大小为 n 的成对样本 (等概率有放回的 Bootstrap 抽样), 以及通过下式更新分位数参数估

计值:

$$\hat{\beta}^{(h)}(\tau_k) = \arg\min_{\beta} \sum_{i=1}^{n} \rho_{\tau_k}(y_i^{(h)} - x_i^{\mathrm{T}}\beta), \quad k = 0, 1, \cdots, K_n$$

输出:

第 τ_0 分位回归估计值为 $\hat{\beta}(\tau_0) = \dfrac{1}{H}\sum_{h=1}^{H}\hat{\beta}^{(h)}(\tau_0)$.

3. DArq 算法的详细说明

下面将更详细地描述算法的初始化和填补步骤, 首先注意到 DArq 算法与通常的数据增广算法之间的差异. 一个明显的区别在于 DArq 算法的填补步骤不使用似然函数, 而是依赖于基于 τ 上的各段常数分位函数对分位数过程近似估计.

更微妙的差异在于 DArq 算法中参数估计这一步, 其中数据增广算法的后验抽样是利用所给的 "填补数据" 的 Bootstrap 分布抽样来近似. 一般的插补方法是在删失观测数据插补后使用点估计, 而我们使用的数据增广方法则是基于 Bootstrap 分布的参数上的抽样. 之所以采用这种数据增广方法, 是因为一般的插补方法依赖于初始估计量的相合性, 但这并不是所有在删失场景中都可用的. 通过使用 Bootstrap 分布, 我们模拟了通常的数据增广算法中的抽样步骤. 此外, DArq 算法不需要初始估计量具有相合性, 不要求先验 $\beta_0(\tau)$, 因为固定的先验 (独立于样本) 对后验的渐近行为没有影响, 并且后验通过 Bootstrap 分布可以被渐近估计. 因此, DArq 算法并不是通常形式的数据增广算法, 而是模拟渐近意义上的数据增广算法. 有关数据增广算法及其收敛性的相关信息, 可参考 Wong (1987), Rosenthal (1993) 以及 van Dyk 和 Meng (2001) 的文献.

初始化的选择上, 假设 $x_i = (1, z_i)$, 其中 z_i 是没有截距项的协变量, 并且 $\beta(\tau) = (\beta_0(\tau), \beta_1(\tau))$, $\beta_0(\tau)$ 和 $\beta_1(\tau)$ 分别对应于第 τ 分位点处的截距项和斜率. 在存在一组未删失观测值的情况下, 令 $I_U = \{i : \delta_i = 1\}$, 且 $\hat{\beta}_1^{(0)}(0.5)$ 为 I_U 中未删失的观测量上中位数回归 (τ= 0.5) 的斜率估计值. 然后对所有的 $k = 1, \cdots, K_n$, 设定 $\hat{\beta}_1^{(0)}(\tau_k) = \hat{\beta}_1^{(0)}(0.5)$, 但对于每一个 k, 将 $\hat{\beta}_0^{(0)}(\tau_k)$ 设置为 $\{y_i - z_i^{\mathrm{T}}\hat{\beta}_1^{(0)}(0.5) : i \in I_U\}$ 的第 τ_k 分位数. 如果集合 I_U 太小或为空集, 则对于所有的 k, 令 $\hat{\beta}_1^{(0)}(\tau_k) = 0$. 我们将此过程称为 "平行分位数" 初始化. 请注意, 虽然在计算上很简单, 但是初始估计可能不具相合性. 数据增广算法不受初始估计量的影响, DArq 算法适用于任何合理的初始值选择, 更好的初始值可以帮助 DArq 算法以较少的迭代次数 H 获得良好的准确性.

上述基于数据增广算法迭代到第 h 步时, 对于每个 $i = 1, \cdots, n$, 在 $\delta_i \neq 1$ 的情况下, 从 $\{\tau_k : k = 1, \cdots, K_n\}$ 中均匀地抽取随机数 τ_i^*, 并且令 $y_i^* = x_i^{\mathrm{T}}\hat{\beta}^{(h-1)}(\tau^*)$. 如果 $y_i^* \in S(i)$, 则取 $y_i^{(h)} = y_i^*$; 否则重复此过程直到结果满足 $y_i^* \in S(i)$. 如果根

据当前的 $\hat{\beta}^{(h-1)}$ 没有可行值来填补 y_i, 则 y_i 用删失值来填补 (左删失时为 L_i, 右删失时为 R_i, 区间删失时为 $(L_i+R_i)/2$, 等概率的双边删失为 L_i 或 R_i). 此外, 当抽取的分位数水平是 τ_1(或 τ_{K_n}) 时, y_i 用 $S(i)$ 中的最小 (或最大) 值以 1/2 的概率进行填补, 以避免算法中出现无限循环的可能性. $S(i)$ 的最小 (或最大) 值可以是 $-\infty$(或 $+\infty$). 在实践中, 通常用非常大的常数作为运算时的无穷大. 注意到, DArq 算法的参数估计步骤对表示无穷大的 (大) 常数的特定选择不敏感, 因为当低于 (或高于) 特定分位数函数的点向下 (向上) 移动时, 回归分位数估计是不发生改变的.

除了从整个序列 $\{\tau_k : k=1,\cdots,K_n\}$ 中抽取分位数水平以及采用拒绝抽样, 另一种方法是从 τ 的集合 T_i 中抽取一个分位数水平, 使得当 $\tau \in T_i$ 时, $x_i^{\mathrm{T}}\hat{\beta}(\tau) \in S(i)$. 例如, 对于右删失, 集合 T_i 为 $[\tau^*, \tau_{K_n}]$, 其中 τ^* 为能使 $x_i^{\mathrm{T}}\beta(\tau) \geqslant R_i$ 成立的最小的分位数水平. 我们在实践中采用这种方法. 如果对于一个 i, T_i 是空集, 我们用最接近集合 $\{x_i^{\mathrm{T}}\hat{\beta}(\tau_k) : k=1,\cdots,K_n\}$ 的 $S(i)$ 中的值作为 y_i 填补值.

$y_i^{(h)}$ 的抽样基于一个简单的事实, 即对于任何连续分布 F, 如果从 (0,1) 中均匀地抽取 u, 则第 u 个分位数函数 $F^{-1}(u)$ 具有相同的分布 F. 填补值 y_i^* 近似等于给定所有观测数据 y_i 的条件分布, 近似是由于条件分位数函数是由 K_n 个分位数水平的精细网格近似求得.

2.1.2 数值模拟

1. 单边删失

我们考虑从三种不同场景中生成数据, 并且在每种场景下, 响应变量 y_i 保持在恒定值 L 处左删失, 使得整体删失率约为 30%. 在每个模型中真正的分位数系数函数是 $\beta(\tau)=(\beta_0(\tau),\beta_1(\tau),\beta_2(\tau))$, 并且样本大小 $n=200$.

场景 1 $y_i = 2x_{1i}+2x_{2i}+\varepsilon_i$, 其中 x_{1i}, x_{2i} 和 ε_i 是分别从 $N(0,1)$, $N(0,1)$ 和 $t(3)$ 分布中独立生成的. 在这种情况下, $\beta_0(\tau)=F_\varepsilon^{-1}(\tau)$, $F_\varepsilon(\cdot)$ 是 ε 的分布函数, 并且 $\beta_1(\tau)=\beta_2(\tau)=2$.

场景 2 $y_i = 0.2+3x_{1i}(1)-2x_{2i}+(0.5+0.5x_{1i}+x_{2i})\varepsilon_i$, 其中 x_{1i}, x_{2i} 和 ε_i 是分别从 $\chi^2(1)$, $U(0,1)$ 和 $N(0,1)$ 中独立生成的. 在这种情况下, $\beta_0(\tau)=0.2+0.5F_\varepsilon^{-1}(\tau)$, $\beta_1(\tau)=3+0.5F_\varepsilon^{-1}(\tau)$, $\beta_2(\tau)=-2+F_\varepsilon^{-1}(\tau)$.

场景 3 $y_i=b_0(u_i)+b_1(u_i)x_{1i}+b_2(u_i)x_{2i}$, 其中 x_{1i}, x_{2i} 和 u_i 是分别从 $\chi^2(2)$, $N(0,1)$ 和 $U(0,1)$ 中独立生成的, 并且 $b_0(u)=0.5+\Phi^{-1}(u)$, $b_1(u)=2+u^2$ 以及 $b_2(u)=2$. 在这种情况下, $\beta_0(\tau)=0.5+\Phi^{-1}(\tau)$, $\beta_1(\tau)=2+\tau^2$, $\beta_2(\tau)=2$, 其中, $\Phi(\tau)$ 是标准正态分布的分布函数.

场景 1 表示具有独立同分布误差的回归模型, 场景 2 和场景 3 是具有异方差的模型. 所提出的 DArq 方法使用了 $H=100$ 次迭代的平行分位数初始化, 将该方法与 Powell 和 Portnoy 的删失分位数回归估计方法分别在 0.1 到 0.9 的各个不同分位数水平下的参数估计值进行比较. 对于后两个估计方法, 可以通过 R 中 rq 函数的默认选项进行计算. 在 DArq 算法中使用更大次数的迭代 (例如, $H = 1000$) 会得到非常相似的结果.

图 2-1～ 图 2-3 分别展示了在重复 1000 次蒙特卡罗试验的基础上, 利用 DArq 方法和其相比较的两种方法在三种场景下, 得到的分位数估计的均方误差 (MSE) 与完整数据下的分位数估计的均方误差的比值. 在这三种情况下, DArq 方法与其他两个删失的回归分位数估计法相比, 具有更小的均方误差. 由于是左删失, 最明显的差异出现在较低的分位数水平. Powell 的估计具有最大的均方误差, 一部分原因是在某些重复试验中, 难以得到正确的结果. 在场景 1 中, Portnoy 方法并不是总能返回 $\tau= 0.1$ 的结果, 这种情况在低于该分位数函数下的未删失观测值太少时会发生. 在场景 2 和场景 3 中, 当结果可得到时, 在低分位点处 DArq 方法的效率比 Portnoy 方法的效率要高得多. 正如预期的那样, DArq 方法和 Portnoy 方法在高分位数水平时的差异并不显著, 因为只有少数观测值在高于这些分位数水平时删失.

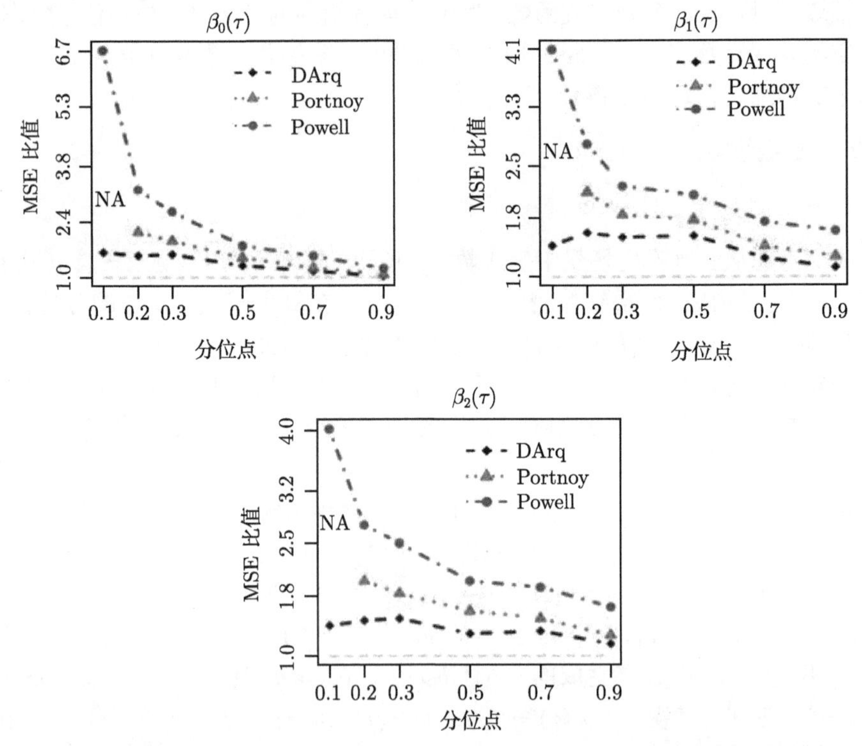

图 2-1　三种方法在场景 1 中 $\tau= 0.1, 0.2, 0.3, 0.5, 0.7, 0.9$ 处, 分位数系数估计的均方误差 (MSE) 的比值 (以完整数据的 MSE 为基准). Portnoy 方法中的 “NA” 表示该方法并不总是返回该分位数水平的估计值. 虚线是 MSE = 1.0 的水平线 (彩图请扫封底二维码)

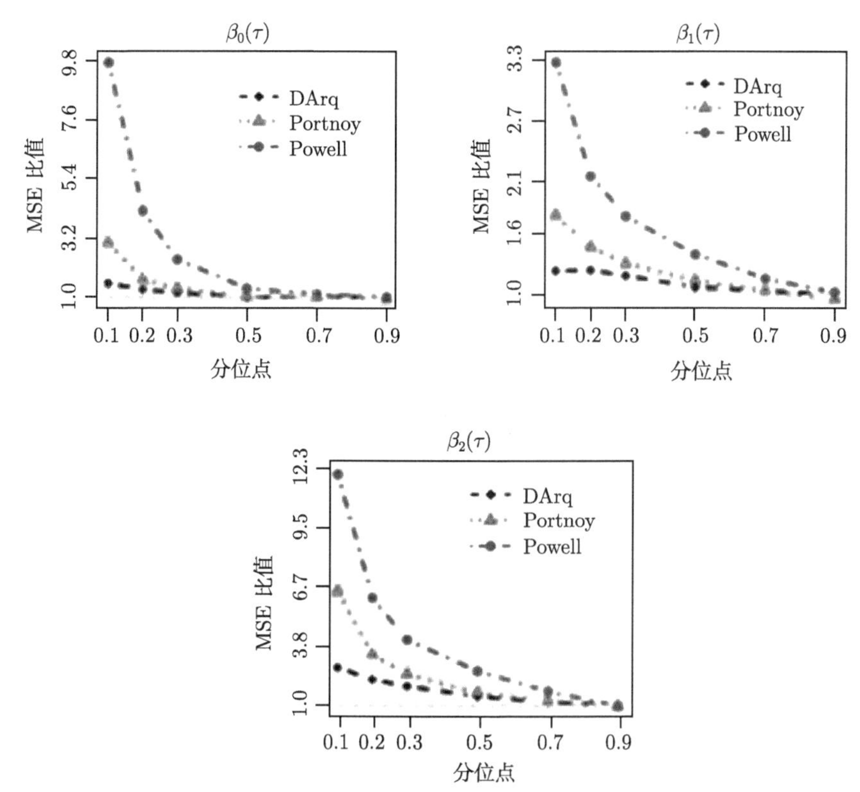

图 2-2 三种方法在场景 2 中 τ= 0.1, 0.2, 0.3, 0.5, 0.7, 0.9 处, 分位数系数估计的均方误差 (MSE) 的比值 (以完整数据的 MSE 为基准)(彩图请扫封底二维码)

Portnoy 的删失分位数回归估计可以被视为 Kaplan-Meier 估计的推广, 并且后者是渐近有效的 (Portnoy and Lin, 2010), 在比较结果过程中惊讶地发现 DArq 方法能够实现显著的效率增益. 事实上, 如果我们使用 Portnoy 方法来作为 DArq 方法的初始化, 只需几次迭代就可以达到相似的增益. 使增益成为可能的做法就是, DArq 方法对每个分位数估计使用完整的分位数过程, 并且条件分位数函数的全局线性性在 DArq 方法的使用要比其他删失分位数回归估计多.

2. **双边删失**

对于双边删失数据, 我们与 Lin 等 (2012) 以及 Ji 等 (2012 年) 提出的两个现有估计方法进行了比较. 数据在以下两个场景中生成, 样本量为 n= 100.

场景 4 $y_i = 1 + 6x_{1i} - 3x_{2i} + (x_{1i} + 0.5x_{2i})\varepsilon_i$, 其中 x_{1i}, x_{2i} 和 ε_i 分别从分布 $U(0,1), U(1,3)$ 和 $N(0,1)$ 中独立生成. 在这种情况下, $\beta_0(\tau) = 1, \beta_1(\tau) = 6+\Phi^{-1}(\tau)$, $\beta_2(\tau) = -3+0.5\Phi^{-1}(\tau)$, 其中 $\Phi(\cdot)$ 是标准正态分布的分布函数. 这种情况与 Lin 等 (2012) 的模型 4 相同, 选择左侧和右侧的固定删失常数以分别达到 20%和 10%的

删失率.

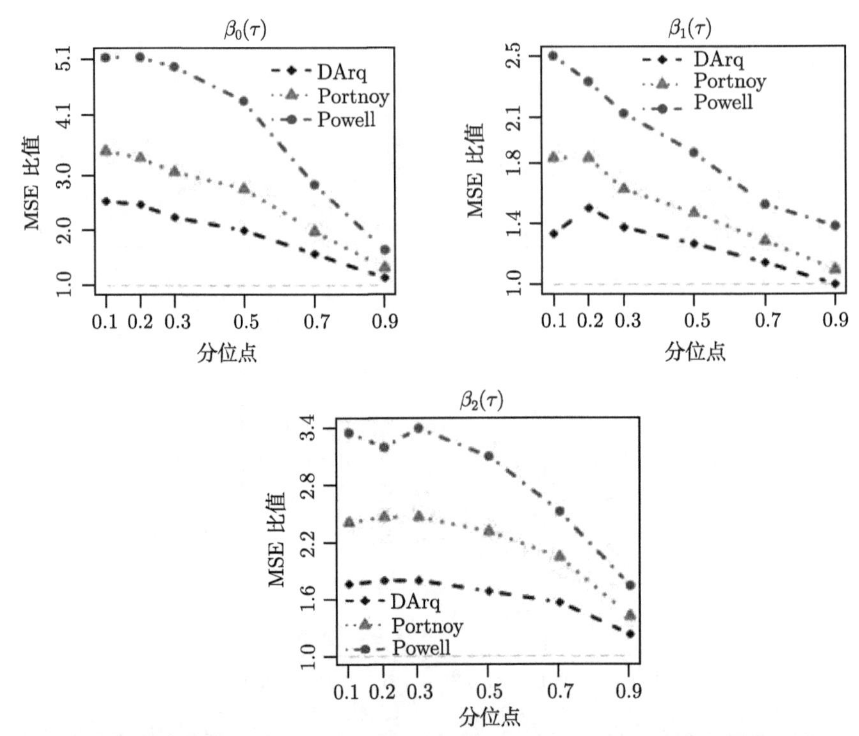

图 2-3　三种方法在场景 3 中 τ= 0.1, 0.2, 0.3, 0.5, 0.7, 0.9 处, 分位数系数估计的均方误差 (MSE) 的比值 (以完整数据的 MSE 为基准)(彩图请扫封底二维码)

场景 5　$y_i = b_1x_{1i} + b_2x_{2i} + \varepsilon_i$, 其中 x_{1i}, x_{2i} 和 ε_i 分别独立地从 $U(0,1)$、成功概率为 0.5 的伯努利分布以及第一类极值分布中生成, 类似于 Ji 等 (2012) 使用的场景. 这里取 $b_1 = 0$, $b_2 = -1.5$ 并且从 $U(0, C_l) \cdot W$ 和 $U(0.1, I_{\{x_{2i=1}\}}, C_u)$ 分布分别生成 $T_i = \exp(y_i)$ 的左右删失时间, 其中 W 是成功概率为 0.2 的伯努利随机变量, $C_l = 1.19$, $C_u = 14.36$. 在这种情况下, 左删失时间 L 在零点处具有 0.2 的概率质量, 使得低分位数是可识别的. 左右删失率均约为 20%.

注: 在场景 5 中 C_l 和 C_u 的值与 Ji 等 (2012) 得出的值并不完全相同. 如果使用与之相同的值, 将不会达到他们文中提出的删失率. 因此, 我们调整了 C_l 和 C_u 的值以达到与 Ji 等 (2012) 相同的删失率.

上面所提出的 DArq 方法使用平行分位数初始化进行 $H = 50$ 次迭代. 图 2-4 和图 2-5 展示了在重复 1000 次蒙特卡罗试验的基础上, DArq 方法与其他两种现有方法的分位数系数估计的均方误差 (MSE) 比值 (仍然利用完整数据的均方误差作为基准). 现有的两种方法并不总是能够得到低分位数和高分位数的估计, 这就是图中有 NA 的原因. 在可以比较的情况下, 我们发现在场景 4 和场景 5 中 DArq 方法的效率明显提高. 值得注意的是, DArq 方法能够估计在 $\tau = 0.1$ 和 $\tau = 0.9$ 时的分位数, 而其他方法却不能做到. 另外, 在中位数处, DArq 方法的估计几乎与在完整数据下获得的估计有一样好的效果, 因为在两种场景中, 删失对中位数的估计几乎没有影响.

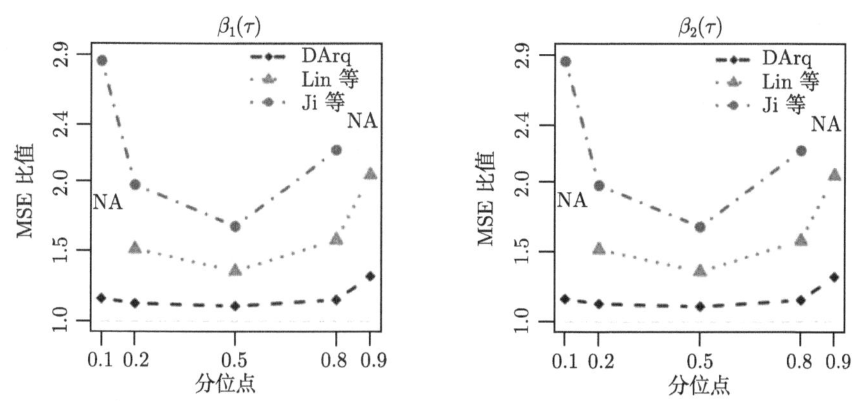

图 2-4 三种方法在场景 4 中 τ= 0.1, 0.2, 0.5, 0.8, 0.9 处, 分位数系数估计的均方误差 (MSE) 的比值 (以完整数据的 MSE 为基准). “NA” 表示该方法并不总是返回该分位数水平的估计值. 虚线是 MSE = 1.0 的水平线

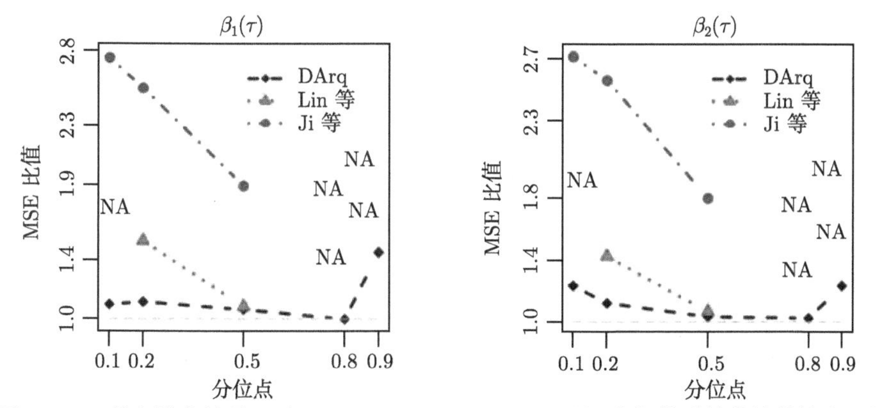

图 2-5 三种方法在场景 5 中 τ= 0.1, 0.2, 0.5, 0.8, 0.9 处, 分位数系数估计的均方误差 (MSE) 的比值 (以完整数据的 MSE 为基准). “NA” 表示该方法并不总是返回该分位数水平的估计值. 虚线是 MSE = 1.0 的水平线 (彩图请扫封底二维码)

2.1.3 在乳腺癌数据分析中的应用

在本小节, 我们利用乳腺癌的数据集来证明, 当感兴趣的响应变量存在右删失和区间删失时, 所提出的 DArq 算法的有效性. 这些数据来自 1976 年至 1980 年间对在波士顿联合放射治疗中心接受治疗的早期乳腺癌患者的回顾性研究.

该研究包括 94 名患者, 其中一部分单独接受放射治疗 (单独使用 RT, 46 名受试者), 另一部分接受放射与辅助化疗的联合治疗 (RT + CT, 48 名受试者). 患者最初被规定每 4 至 6 个月去诊所就诊一次, 随着时间的推移, 频率逐渐降低. 在就诊时, 医生评估了患者的外观, 如乳房收缩, 这种反应对整体外观有负面影响 (有关详细信息, 请参阅 (Finkelstein and Wolfe, 1985)). 我们希望根据有关乳房收缩时间的信息 (以月为单位) 比较两种治疗方法的效果. 然而我们没法观察到精确的乳房收缩时间, 因为如果观察到恶化现象, 只能知道在两次访问之间某时发生了恶化, 此时收缩时间是区间删失. 如果在试验过程中没有观察到收缩, 则收缩时间可视为是右删失的. 在 94 个观察结果中, 有 56 个区间删失和 38 个右删失.

我们基于对数标度来对收缩时间建立分位数回归模型, 表达式为

$$Q_{\log T}(\tau|Z) = \beta_0(\tau) + \beta_1(\tau)Z$$

其中 T 是 (潜在) 收缩时间, Z 表示治疗类型 (单独 RT, 编码为 0, 或者 RT+CT, 编码为 1). 参数 $\beta_1(\tau)$ 代表 Lehmann (1974) 的分位数疗效, 参考 Koenker 和 Machado (1999) 的文献.

为了初始化 DArq 算法, 我们简单地取 56 个区间删失数据, 并使用这些区间的中点作为伪响应, 用伪响应和 Z 进行普通分位数回归, 得到一组值作为初值. 显然, 最初的估计是有偏的, 但是即便这样, DArq 算法也能快速达到收敛状态.

统计推断过程中, 我们生成了 1000 个 Bootstrap 数据集, 并且在每个 Bootstrap 数据集样本中运用 DArq, 其中迭代次数 $H = 100$. 表 2-1 列出了 Bootstrap 数据集均值以及基于 95% 置信水平下的 $\beta_1(\tau)$ 双侧置信区间, τ= 0.1,0.3,0.5,0.7,0.9.

表 2-1 乳腺癌数据: β_1 的分位数参数估计值 (估计值), Bootstrap 标准误差 (SE), 置信区间的下限和上限 (分别记为 95% L-CI 和 95% U-CI)

τ	估计值	SE	95% L-CI	95% U-CI
0.1	0.265	0.460	−0.674	0.969
0.3	−0.260	0.382	−0.826	0.714
0.5	**−0.671**	**0.218**	**−1.051**	**−0.216**
0.7	**−0.519**	**0.198**	**−0.983**	**−0.213**
0.9	**−0.235**	**0.148**	**−0.551**	**−0.002**

注: 统计学上有显著影响的行已用粗体标记.

根据表 2-1, 我们发现分位数治疗效果在较高分位数水平处是显著的, 但在 τ= 0.1,0.3 水平上在统计学上不显著. 结果表明, 对于大多数患者, 联合治疗 RT + CT 倾向于减少乳房收缩时间, 但有一组收缩时间较短的患者, 联合治疗却没有这种效果. Betensky 和 Finkelstein (1999) 提出了一种非参数最大似然估计 (MLE), 专门针对这种具有两种不同治疗方式的删失数据, 可以通过 R 中的 “MLEcens” 包实现.

图 2-6 显示了基于非参数 MLE 的两种生存函数. 两种生存函数存在交叉, 与我们的发现是一致的, 即两个治疗不能通过一个均匀加速失效时间模型或一个比例风险模型进行全局比较. 这就给临床研究人员提出了一个有趣的问题, 即如何通过额外的调查确定这样一个亚组.

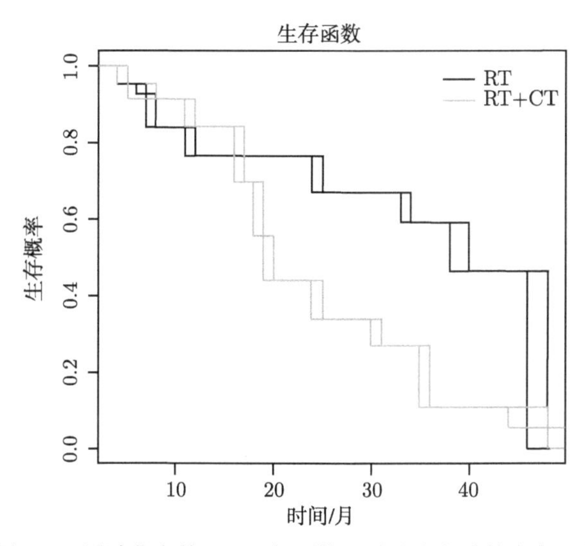

图 2-6 通过非参数 MLE 得到的两种治疗方法的生存函数

2.1.4 在学生成绩分析中的应用

本小节研究密歇根大学本科的学生成绩数据集. 响应变量是 100 分制下的总得分, 但我们只观察成绩评估等级为 A (分数在 90 到 100 之间), B (分数在 80 分到 90 分之间) 和 C (分数在 70 到 80 之间) 的分数. 因此, 所有的观测对象都是区间删失. 协变量为性别 (女性的二进制变量编码为 1)、种族 (亚洲人的二进制变量编码 1)、体重指数 (BMI) 和之前的平均绩点 (GPA). 班级共有 $n=58$ 名学生.

表 2-2 展示了通过 100 次迭代的 DArq 方法, 得到的分位数水平分别为 $\tau=0.1,0.3,0.5,0.7,0.9$ 的回归分位数估计. 估计值、标准误差以及回归系数的 95%水平下置信区间的上下限均是基于 3000 个 Bootstrap 数据集的结果. 我们发现之前的 GPA 对所有分位数水平的当前等级有很大影响. 更有趣的是, 种族在较低分位点 $\tau=0.1$ 处具有 4 点 (共 100 点) 负效应, 这具有统计显著性. 课程的一个主要组成部分是技术写作, 班级中的许多亚洲学生都是非英语母语人士, 这可能解释了班上亚洲学生成绩较低的现象. 总之, DArq 方法在诸如成绩字母评级应用中的显著结果, 证明了删失回归方法在广泛应用中是具有潜力的.

表 2-2　课堂数据: 所有协变量的分位数参数估计 (估计), Bootstrap 标准误差 (SE), 置信区间的下限和上限 (分别记为 95% L-CI 和 95% U-CI)

τ	截距估计	截距的 SE	95% L-CI	95% U-CI
0.1	22.996	14.094	−1.948	51.908
0.3	28.713	14.620	0.954	56.619
0.5	34.995	14.192	5.765	62.180
0.7	40.023	13.028	13.285	64.128
0.9	41.647	12.266	15.063	64.009
τ	性别估计	性别的 SD	95% L-CI	95% U-CI
0.1	−0.560	1.854	−4.216	3.132
0.3	−0.635	1.944	−4.343	3.512
0.5	0.296	2.221	−3.918	4.830
0.7	1.851	1.999	−2.458	5.379
0.9	2.457	1.638	−0.998	5.362
τ	种族估计	种族的 SD	95% L-CI	95% U-CI
0.1	**−3.965**	**1.697**	**−7.277**	**−0.449**
0.3	−3.339	1.802	−6.581	0.327
0.5	−1.809	2.045	−5.909	2.282
0.7	−0.608	1.939	−4.587	3.054
0.9	−0.547	1.770	−4.052	2.918
τ	GPA 估计	GPA 的 SD	95% L-CI	95% U-CI
0.1	**17.879**	**2.821**	**12.251**	**23.196**
0.3	**17.193**	**2.931**	**11.302**	**22.753**
0.5	**15.679**	**3.060**	**10.063**	**21.539**
0.7	**13.840**	**2.816**	**9.585**	**19.983**
0.9	**13.232**	**2.554**	**9.688**	**19.417**
τ	BMI 估计	BMI 的 SD	95% L-CI	95% U-CI
0.1	−0.075	0.262	−0.609	0.456
0.3	−0.116	0.280	−0.662	0.475
0.5	−0.115	0.294	−0.637	0.533
0.7	−0.011	0.303	−0.595	0.518
0.9	0.066	0.278	−0.545	0.503

注: 统计上具有显著影响的行已用粗体标记.

2.1.5　进一步的讨论

本小节将对上述 DArq 算法进一步展开讨论, 主要考虑算法在小样本下、不同初始值下、高删失率下的表现以及 DArq 算法运行的时间. 为了进行有效对比, 本小节的数值模拟设定的模型和 2.1.2 小节中的场景 1 至场景 5 的模型一致.

(1) 小样本下各算法的表现.

为检验处理删失数据的不同算法在小样本情况下的表现, 本小节设定样本量

$n=50$. 考察上述五种场景设定下, 各个算法在小样本下的表现. 我们将比较的结果分别列在表 2-3~ 表 2-12 中 (表中 NA 表示用该方法无法得到相关估计量), 因而不能计算平均 MSE 及 MSE 标准差. 对于每一种场景, 生成样本量 $n=50$ 的 500 个数据集, 删失率仍然设定在 20%. 在表 2-3~ 表 2-7 中, 我们给出了完整数据情况下

表 2-3 不同方法下估计量的平均 MSE 和 MSE 标准差 (场景 1, n=50)

τ	$\beta_0(\tau)$-完整数据	$\beta_0(\tau)$-DArq	$\beta_0(\tau)$-Portnoy	$\beta_0(\tau)$-Powell
0.1	0.249 (0.027)	0.242 (0.011)	NA (NA)	2.232 (0.542)
0.2	0.086 (0.004)	0.117 (0.006)	NA (NA)	0.685 (0.115)
0.3	0.058 (0.003)	0.082 (0.004)	0.139 (0.013)	0.288 (0.074)
0.5	0.041 (0.002)	0.056 (0.003)	0.066 (0.003)	0.100 (0.006)
0.7	0.051 (0.002)	0.062 (0.003)	0.073 (0.003)	0.100 (0.005)
0.9	0.232 (0.015)	0.223 (0.014)	0.251 (0.015)	0.475 (0.026)
τ	$\beta_1(\tau)$-完整数据	$\beta_1(\tau)$-DArq	$\beta_1(\tau)$-Portnoy	$\beta_1(\tau)$-Powell
0.1	0.208 (0.013)	0.175 (0.009)	NA (NA)	0.984 (0.152)
0.2	0.086 (0.004)	0.106 (0.005)	NA (NA)	0.351 (0.031)
0.3	0.059 (0.003)	0.079 (0.004)	0.127 (0.007)	0.204 (0.027)
0.5	0.043 (0.002)	0.061 (0.003)	0.079 (0.004)	0.108 (0.008)
0.7	0.056 (0.003)	0.067 (0.003)	0.081 (0.004)	0.117 (0.007)
0.9	0.184 (0.010)	0.193 (0.010)	0.247 (0.015)	0.321 (0.016)
τ	$\beta_2(\tau)$-完整数据	$\beta_2(\tau)$-DArq	$\beta_2(\tau)$-Portnoy	$\beta_2(\tau)$-Powell
0.1	0.198 (0.010)	0.167 (0.008)	NA (NA)	1.009 (0.143)
0.2	0.079 (0.004)	0.104 (0.005)	NA (NA)	0.339 (0.032)
0.3	0.056 (0.003)	0.080 (0.004)	0.121 (0.006)	0.178 (0.018)
0.5	0.043 (0.002)	0.061 (0.003)	0.077 (0.004)	0.099 (0.006)
0.7	0.053 (0.002)	0.068 (0.003)	0.083 (0.004)	0.114 (0.008)
0.9	0.196 (0.010)	0.204 (0.010)	0.279 (0.016)	0.404 (0.019)

和删失数据情况不同方法下, 500 个数据集估计结果的平均 MSE 和 MSE 标准差 (括号里面是 MSE 标准差). 进一步表 2-8～ 表 2-12 给出了每一种场景在小样本下, 估计量的平均偏差 (Bias)、经验标准差 (emp SD) 和均方误差比 (MSE ratio). 从比较结果来看, 以完整数据集为衡量基准, DArq 方法即便是在样本容量非常小的情况下仍然可以有较高的估计效率.

表 2-4 不同方法下估计量的平均 MSE 和 MSE 标准差 (场景 2, n=50)

τ	$\beta_0(\tau)$-完整数据	$\beta_0(\tau)$-DArq	$\beta_0(\tau)$-Portnoy	$\beta_0(\tau)$-Powell
0.1	0.334 (0.019)	0.421 (0.023)	NA (NA)	9.979 (3.840)
0.2	0.218 (0.012)	0.305 (0.018)	NA (NA)	5.378 (1.284)
0.3	0.182 (0.009)	0.224 (0.013)	0.337 (0.031)	2.044 (0.429)
0.5	0.165 (0.008)	0.172 (0.009)	0.194 (0.011)	0.403 (0.039)
0.7	0.189 (0.011)	0.199 (0.011)	0.206 (0.012)	0.242 (0.022)
0.9	0.353 (0.021)	0.360 (0.021)	0.363 (0.022)	0.347 (0.021)
τ	$\beta_1(\tau)$-完整数据	$\beta_1(\tau)$-DArq	$\beta_1(\tau)$-Portnoy	$\beta_1(\tau)$-Powell
0.1	0.230 (0.010)	0.240 (0.010)	NA (NA)	1.064 (0.129)
0.2	0.171 (0.008)	0.190 (0.009)	NA (NA)	0.688 (0.081)
0.3	0.145 (0.007)	0.154 (0.007)	0.194 (0.009)	0.402 (0.033)
0.5	0.125 (0.006)	0.127 (0.006)	0.141 (0.006)	0.196 (0.009)
0.7	0.129 (0.006)	0.129 (0.006)	0.134 (0.006)	0.155 (0.008)
0.9	0.195 (0.009)	0.196 (0.009)	0.183 (0.008)	0.194 (0.009)
τ	$\beta_2(\tau)$-完整数据	$\beta_2(\tau)$-DArq	$\beta_2(\tau)$-Portnoy	$\beta_2(\tau)$-Powell
0.1	1.355 (0.063)	2.233 (0.100)	NA (NA)	15.713 (1.708)
0.2	0.864 (0.040)	1.550 (0.077)	NA (NA)	12.775 (1.736)
0.3	0.743 (0.035)	1.178 (0.063)	2.508 (0.475)	7.013 (1.061)
0.5	0.680 (0.030)	0.863 (0.040)	1.060 (0.050)	2.312 (0.173)
0.7	0.788 (0.037)	0.920 (0.044)	0.994 (0.051)	1.350 (0.081)
0.9	1.367 (0.067)	1.449 (0.071)	1.452 (0.077)	1.245 (0.065)

表 2-5 不同方法下估计量的平均 MSE 和 MSE 标准差 (场景 3, n=50)

τ	$\beta_0(\tau)$-完整数据	$\beta_0(\tau)$-DArq	$\beta_0(\tau)$-Portnoy	$\beta_0(\tau)$-Powell
0.1	0.162	0.304	NA	1.566
	(0.007)	(0.013)	(NA)	(0.196)
0.2	0.123	0.258	0.494	1.055
	(0.006)	(0.012)	(0.026)	(0.090)
0.3	0.122	0.248	0.421	0.839
	(0.006)	(0.012)	(0.023)	(0.057)
0.5	0.136	0.239	0.369	0.675
	(0.006)	(0.012)	(0.019)	(0.043)
0.7	0.182	0.256	0.360	0.573
	(0.009)	(0.012)	(0.018)	(0.033)
0.9	0.273	0.315	0.404	0.662
	(0.013)	(0.015)	(0.020)	(0.034)
τ	$\beta_1(\tau)$-完整数据	$\beta_1(\tau)$-DArq	$\beta_1(\tau)$-Portnoy	$\beta_1(\tau)$-Powell
0.1	0.031	0.036	NA	0.120
	(0.002)	(0.002)	(NA)	(0.012)
0.2	0.032	0.040	0.060	0.098
	(0.002)	(0.002)	(0.004)	(0.007)
0.3	0.040	0.047	0.063	0.095
	(0.002)	(0.002)	(0.004)	(0.006)
0.5	0.058	0.062	0.077	0.100
	(0.003)	(0.003)	(0.003)	(0.005)
0.7	0.078	0.080	0.092	0.116
	(0.003)	(0.003)	(0.004)	(0.005)
0.9	0.100	0.100	0.111	0.156
	(0.005)	(0.005)	(0.005)	(0.007)
τ	$\beta_2(\tau)$-完整数据	$\beta_2(\tau)$-DArq	$\beta_2(\tau)$-Portnoy	$\beta_2(\tau)$-Powell
0.1	0.083	0.114	NA	0.367
	(0.004)	(0.006)	(NA)	(0.025)
0.2	0.064	0.105	0.177	0.281
	(0.003)	(0.005)	(0.009)	(0.016)
0.3	0.064	0.106	0.167	0.256
	(0.003)	(0.005)	(0.009)	(0.016)
0.5	0.079	0.120	0.181	0.254
	(0.004)	(0.006)	(0.009)	(0.014)
0.7	0.096	0.129	0.186	0.254
	(0.005)	(0.006)	(0.009)	(0.014)
0.9	0.141	0.163	0.225	0.337
	(0.006)	(0.008)	(0.013)	(0.016)

表 2-6　不同方法下估计量的平均 MSE 和 MSE 标准差 (场景 4, n=50)

τ	$\beta_1(\tau)$-完整数据	$\beta_1(\tau)$-DArq	$\beta_1(\tau)$-Lin 等	$\beta_1(\tau)$-Ji 等
0.1	1.567	1.456	NA	5.119
	(0.073)	(0.066)	(NA)	(0.255)
0.2	0.985	1.159	1.767	2.310
	(0.046)	(0.052)	(0.099)	(0.125)
0.5	0.772	0.856	1.079	1.440
	(0.036)	(0.038)	(0.050)	(0.066)
0.8	1.134	1.255	1.826	2.561
	(0.051)	(0.059)	(0.099)	(0.125)
0.9	1.583	1.849	NA	NA
	(0.076)	(0.088)	(NA)	(NA)
τ	$\beta_2(\tau)$-完整数据	$\beta_2(\tau)$-DArq	$\beta_2(\tau)$-Lin 等	$\beta_2(\tau)$-Ji 等
0.1	0.383	0.597	NA	1.277
	(0.017)	(0.027)	(NA)	(0.064)
0.2	0.277	0.363	0.650	0.674
	(0.013)	(0.017)	(0.040)	(0.033)
0.5	0.210	0.243	0.302	0.531
	(0.009)	(0.011)	(0.014)	(0.022)
0.8	0.272	0.288	0.418	0.646
	(0.013)	(0.014)	(0.024)	(0.029)
0.9	0.383	0.383	NA	NA
	(0.016)	(0.017)	(NA)	(NA)

表 2-7　不同方法下估计量的平均 MSE 和 MSE 标准差 (场景 5, n=50)

τ	$\beta_1(\tau)$- 完整数据	$\beta_1(\tau)$-DArq	$\beta_1(\tau)$-Lin 等	$\beta_1(\tau)$-Ji 等
0.1	0.426	0.407	NA	1.227
	(0.066)	(0.062)	(NA)	(0.182)
0.2	0.387	0.362	0.624	0.959
	(0.053)	(0.058)	(0.100)	(0.154)
0.5	0.410	0.404	0.451	1.021
	(0.053)	(0.054)	(0.062)	0.170
0.8	0.939	1.051	NA	NA
	(0.112)	(0.167)	(NA)	(NA)
0.9	2.055	1.445	NA	NA
	(0.267)	(0.216)	(NA)	(NA)

续表

τ	$\beta_2(\tau)$- 完整数据	$\beta_2(\tau)$-DArq	$\beta_2(\tau)$-Lin 等	$\beta_2(\tau)$-Ji 等
0.1	0.168	0.187	NA	0.457
	(0.025)	(0.023)	(NA)	(0.063)
0.2	0.160	0.172	0.230	0.424
	(0.021)	(0.020)	(0.030)	(0.059)
0.5	0.230	0.237	0.236	0.453
	(0.032)	(0.031)	(0.033)	(0.061)
0.8	0.501	0.496	NA	NA
	(0.063)	(0.064)	(NA)	(NA)
0.9	0.796	0.581	NA	NA
	(0.111)	(0.072)	(NA)	(NA)

表 2-8 不同方法下估计量的平均偏差、经验标准差、均方误差比 (场景 1, n=50)

τ	方法	$\beta_0(\tau)$			$\beta_1(\tau)$			$\beta_2(\tau)$		
		Bias	emp SD	MSE ratio	Bias	emp SD	MSE ratio	Bias	emp SD	MSE ratio
0.1	完整数据集	−0.063	0.495	1	0.012	0.455	1	0.007	0.445	1
	DArq	0.158	0.466	0.972	−0.165	0.385	0.845	−0.151	0.379	0.841
	Portnoy	NA	NA	NA	NA	NA	NA	NA	NA	NA
	Powell	−0.158	1.486	8.974	−0.018	0.992	4.744	0.015	1.004	5.083
0.2	完整数据集	−0.023	0.293	1	0.000	0.293	1	0.001	0.281	1
	DArq	0.038	0.340	1.353	−0.075	0.317	1.233	−0.072	0.314	1.316
	Portnoy	NA	NA	NA	NA	NA	NA	NA	NA	NA
	Powell	−0.176	0.809	7.921	0.064	0.589	4.091	0.071	0.578	4.301
0.3	完整数据集	−0.011	0.240	1	0.004	0.242	1	−0.005	0.236	1
	DArq	0.009	0.286	1.423	−0.032	0.279	1.346	−0.042	0.280	1.440
	Portnoy	−0.033	0.371	2.406	0.011	0.356	2.162	−0.012	0.348	2.184
	Powell	−0.096	0.528	5.000	0.056	0.448	3.485	0.042	0.420	3.204
0.5	完整数据集	0.001	0.202	1	0.006	0.208	1	−0.001	0.206	1
	DArq	−0.003	0.237	1.388	0.004	0.246	1.407	−0.009	0.246	1.425
	Portnoy	−0.004	0.257	1.629	0.008	0.281	1.831	−0.004	0.277	1.801
	Powell	−0.067	0.310	2.474	0.057	0.324	2.514	0.038	0.312	2.324
0.7	完整数据集	0.009	0.226	1	0.014	0.237	1	0.000	0.229	1
	DArq	−0.003	0.249	1.203	0.028	0.258	1.195	0.010	0.260	1.288
	Portnoy	0.006	0.271	1.425	0.011	0.284	1.438	−0.006	0.288	1.579
	Powell	−0.042	0.313	1.946	0.036	0.340	2.079	0.010	0.337	2.159

续表

τ	方法	$\beta_0(\tau)$			$\beta_1(\tau)$			$\beta_2(\tau)$		
		Bias	emp SD	MSE ratio	Bias	emp SD	MSE ratio	Bias	emp SD	MSE ratio
0.9	完整数据集	0.069	0.477	1	0.029	0.428	1	−0.001	0.443	1
	DArq	0.038	0.471	0.962	0.074	0.433	1.052	0.037	0.450	1.039
	Portnoy	0.070	0.496	1.081	0.060	0.493	1.343	0.023	0.528	1.424
	Powell	0.242	0.645	2.046	−0.205	0.528	1.749	−0.263	0.578	2.059

表 2-9　不同方法下估计量的平均偏差、经验标准差、均方误差比 (场景 2, n=50)

τ	方法	$\beta_0(\tau)$			$\beta_1(\tau)$			$\beta_2(\tau)$		
		Bias	emp SD	MSE ratio	Bias	emp SD	MSE ratio	Bias	emp SD	MSE ratio
0.1	完整数据集	−0.077	0.573	1	0.101	0.469	1	0.071	1.162	1
	DArq	−0.181	0.623	1.259	0.037	0.489	1.047	0.620	1.359	1.647
	Portnoy	NA	NA	NA	NA	NA	NA	NA	NA	NA
	Powell	−0.776	3.062	29.863	0.352	0.970	4.633	0.015	3.964	11.590.2
0.2	完整数据集	−0.043	0.465	1	0.048	0.411	1	0.033	0.929	1
	DArq	−0.136	0.535	1.398	0.028	0.435	1.109	0.241	1.221	1.795
	Portnoy	NA	NA	NA	NA	NA	NA	NA	NA	NA
	Powell	−0.618	2.235	24.632	0.264	0.786	4.011	−0.259	3.565	14.790.3
0.3	完整数据集	−0.027	0.426	1	0.027	0.380	1	0.029	0.862	1
	DArq	−0.075	0.468	1.229	0.027	0.391	1.057	0.040	1.085	1.585
	Portnoy	−0.064	0.577	1.849	0.042	0.438	1.333	−0.146	1.577	3.37
	Powell	−0.350	1.386	11.212	0.172	0.610	2.764	−0.289	2.632	9.438
0.5	完整数据集	0.008	0.406	1	−0.001	0.353	1	0.000	0.824	1
	DArq	−0.003	0.415	1.044	0.020	0.356	1.022	−0.090	0.924	1.269
	Portnoy	−0.003	0.440	1.171	0.011	0.375	1.132	−0.060	1.028	1.56
	Powell	−0.104	0.627	2.442	0.062	0.438	1.572	−0.136	1.515	3.402
0.7	完整数据集	0.010	0.435	1	−0.007	0.360	1	0.023	0.887	1
	DArq	0.016	0.446	1.053	0.000	0.360	1.000	−0.053	0.957	1.167
	Portnoy	0.014	0.454	1.089	−0.007	0.366	1.036	−0.032	0.997	1.26
	Powell	−0.027	0.491	1.278	−0.010	0.393	1.196	−0.002	1.162	1.713

续表

τ	方法	$\beta_0(\tau)$			$\beta_1(\tau)$			$\beta_2(\tau)$		
		Bias	emp SD	MSE ratio	Bias	emp SD	MSE ratio	Bias	emp SD	MSE ratio
0.9	完整数据集	0.061	0.591	1	−0.089	0.433	1	−0.019	1.169	1
	DArq	0.064	0.597	1.019	−0.086	0.434	1.004	−0.040	1.203	1.060
	Portnoy	0.072	0.598	1.026	−0.088	0.419	0.941	−0.030	1.205	1.063
	Powell	0.039	0.588	0.983	−0.097	0.430	0.997	0.057	1.114	0.911

表 2-10 不同方法下估计量的平均偏差、经验标准差、均方误差比 (场景 3, n=50)

τ	方法	$\beta_0(\tau)$			$\beta_1(\tau)$			$\beta_2(\tau)$		
		Bias	emp SD	MSE ratio	Bias	emp SD	MSE ratio	Bias	emp SD	MSE ratio
0.1	完整数据集	−0.028	0.401	1	0.032	0.174	1	0.005	0.288	1
	DArq	0.113	0.539	1.877	0.004	0.191	1.160	−0.055	0.334	1.374
	Portnoy	NA	NA	NA	NA	NA	NA	NA	NA	NA
	Powell	−0.195	1.236	9.681	0.085	0.337	3.841	0.030	0.605	4.412
0.2	完整数据集	−0.036	0.349	1	0.036	0.175	1	0.007	0.253	1
	DArq	−0.016	0.508	2.100	0.036	0.196	1.245	−0.016	0.324	1.642
	Portnoy	−0.127	0.692	4.018	0.062	0.236	1.865	0.043	0.418	2.751
	Powell	−0.257	0.995	8.575	0.097	0.298	3.069	0.065	0.526	4.368
0.3	完整数据集	−0.031	0.349	1	0.033	0.197	1	0.007	0.253	1
	DArq	−0.064	0.494	2.023	0.045	0.211	1.170	0.007	0.326	1.652
	Portnoy	−0.113	0.639	3.440	0.056	0.245	1.589	0.040	0.407	2.599
	Powell	−0.255	0.880	6.853	0.091	0.294	2.378	0.079	0.500	3.982
0.5	完整数据集	−0.019	0.368	1	0.018	0.240	1	0.002	0.281	1
	DArq	−0.073	0.484	1.763	0.031	0.247	1.070	0.021	0.346	1.526
	Portnoy	−0.060	0.604	2.713	0.027	0.277	1.335	0.015	0.425	2.296
	Powell	−0.180	0.801	4.966	0.053	0.312	1.729	0.055	0.501	3.217
0.7	完整数据集	0.028	0.426	1	−0.031	0.277	1	−0.007	0.310	1
	DArq	−0.021	0.505	1.403	−0.022	0.282	1.026	0.023	0.359	1.341
	Portnoy	0.015	0.600	1.974	−0.033	0.302	1.183	0.000	0.431	1.932
	Powell	−0.029	0.756	3.140	−0.050	0.337	1.487	−0.004	0.504	2.634

续表

τ	方法	$\beta_0(\tau)$			$\beta_1(\tau)$			$\beta_2(\tau)$		
		Bias	emp SD	MSE ratio	Bias	emp SD	MSE ratio	Bias	emp SD	MSE ratio
0.9	完整数据集	0.058	0.519	1	−0.096	0.301	1	0.013	0.375	1
	DArq	0.023	0.561	1.155	−0.092	0.302	1.003	0.046	0.401	1.155
	Portnoy	0.064	0.632	1.479	−0.106	0.316	1.114	0.030	0.473	1.595
	Powell	0.205	0.787	2.425	−0.183	0.351	1.572	−0.162	0.557	2.391

表 2-11　不同方法下估计量的平均偏差、经验标准差、均方误差比 (场景 4, n=50)

τ	方法	$\beta_1(\tau)$			$\beta_2(\tau)$		
		Bias	emp SD	MSE ratio	Bias	emp SD	MSE ratio
0.1	完整数据集	0.083	1.249	1	0.040	0.618	1
	DArq	−0.204	1.189	0.929	0.382	0.671	1.557
	Lin 等	NA	NA	NA	NA	NA	NA
	Ji 等	0.498	1.436	2.344	0.182	0.801	2.433
0.2	完整数据集	0.000	0.993	1	−0.002	0.526	1
	DArq	−0.152	1.066	1.176	0.141	0.586	1.312
	Lin 等	0.051	1.328	1.793	−0.034	0.806	2.348
	Ji 等	0.375	0.968	1.974	0.275	0.569	3.058
0.5	完整数据集	0.016	0.879	1	−0.007	0.458	1
	DArq	0.020	0.925	1.108	−0.020	0.493	1.157
	Lin 等	−0.025	1.039	1.397	0.000	0.550	1.437
	Ji 等	−0.030	1.200	1.864	0.318	0.656	2.526
0.8	完整数据集	−0.038	1.064	1	−0.036	0.520	1
	DArq	−0.050	1.119	1.107	−0.050	0.534	1.059
	Lin 等	−0.022	1.351	1.611	−0.055	0.644	1.538
	Ji 等	−0.230	1.584	2.259	0.307	0.743	2.379
0.9	完整数据集	−0.039	1.258	1	−0.033	0.619	1
	DArq	−0.291	1.329	1.168	−0.017	0.619	0.998
	Lin 等	NA	NA	NA	NA	NA	NA
	Ji 等	NA	NA	NA	NA	NA	NA

表 2-12　不同方法下估计量的平均偏差、经验标准差、均方误差比 (场景 5, n=50)

τ	方法	$\beta_1(\tau)$			$\beta_2(\tau)$		
		Bias	emp SD	MSE ratio	Bias	emp SD	MSE ratio
0.1	完整数据集	0.056	0.650	1	0.020	0.410	1
	DArq	0.023	0.637	0.955	0.060	0.428	1.113
	Lin 等	NA	NA	NA	NA	NA	NA
	Ji 等	0.085	1.105	2.883	0.074	0.672	2.721

续表

τ	方法	$\beta_1(\tau)$			$\beta_2(\tau)$		
		Bias	emp SD	MSE ratio	Bias	emp SD	MSE ratio
0.2	完整数据集	0.087	0.616	1	−0.021	0.400	1
	DArq	0.066	0.598	0.935	0.009	0.414	1.073
	Lin 等	0.108	0.783	1.612	−0.012	0.480	1.437
	Ji 等	0.002	0.979	2.476	0.024	0.651	2.649
0.5	完整数据集	0.076	0.636	1	−0.086	0.472	1
	DArq	0.063	0.632	0.984	−0.090	0.479	1.032
	Lin 等	0.038	0.670	1.099	−0.087	0.478	1.026
	Ji 等	0.000	1.011	2.489	−0.105	0.665	1.971
0.8	完整数据集	0.092	0.965	1.000	−0.157	0.690	1.000
	DArq	0.029	1.025	1.120	−0.109	0.696	0.990
	Lin 等	NA	NA	NA	NA	NA	NA
	Ji 等	NA	NA	NA	NA	NA	NA
0.9	完整数据集	0.170	1.190	0.703	0.074	0.759	0.731
	DArq	0.150	1.426	1	0.002	0.892	1
	Lin 等	NA	NA	NA	NA	NA	NA
	Ji 等	NA	NA	NA	NA	NA	NA

(2) 不同初始值下算法的表现.

在这一小节, 我们分析不同初始值下的 DArq 算法. 由于 MI 是另一种同样需要初始值的插补方法, 因此我们也列出了 MI 在不同初始值下的结果. 此处仅列示了单边删失情形下的结果, 即场景 1、场景 2 和场景 3, 详见表 2-13~ 表 2-15. 对于每一种场景, 生成样本量 $n = 500$ 的 500 个数据集. 响应变量 y_i 在 L 处固定左删失, 删失率为 30%. 尝试对 MI 和 DArq 方法进行数值模拟. 对于每一种方法, 采用 Powell 提出的最小绝对偏差估计方法、Portnoy 提出的加权分位数回归估计方法和平行分位数方法对参数初值进行估计. MI 的插补次数 $m = 10$, DArq 迭代次数 $H = 100$. 表 2-13~ 表 2-15 列出了不同初始值下各算法的 500 个数据集的平均 MSE, 括号里是 MSE 的标准差. 表中符号 Pow, Port, MI 和 DArq 分别代表 Powell (1986) 的方法, Portnoy (2003) 的方法, 多重插补方法和本章提出的数据增广方法. 后缀 PowIni、PorIni 和 ParaIni 表示计算参数初值的方法, 分别为 Powell (1986) 所用方法, Portnoy (2003) 所用方法和本章运用的平行分位数方法.

(3) 该新算法在高删失率下的效果.

这节中, 我们考虑在场景 3 下, 删失率高达 60%的情况. 对于这样一个高删失率数据, 一些现有的方法并不能作出有效估计. 因此, 我们仅考虑那些可用的方法, 列出其相应的平均偏差、经验标准差和均方误差比, 结果见表 2-16, 我们用完整数据下的估计值作为比较的基准. 纵观全表, 与其他方法相比, DArq 方法下的均方误差值最小, 而在某些情况下, DArq 方法下的偏差值则相对较高. 但是, 比起低均方误差, 稍微高一点的偏差可忽略不计.

表 2-13 不同初始值, 不同方法下的 MSE (场景 1, $\times 10^{-2}$)

τ	$\theta_0(\tau)$-完整数据	Pow	MI-PowIni	DArq-PowIni	Port	MI-PorIni	DArq-PorIni	DArq-ParaIni
0.1	1.759	11.094	5.800	4.485	7.461	5.651	4.394	4.679
	(0.118)	(1.093)	(0.360)	(0.243)	(0.602)	(0.383)	(0.231)	(0.235)
0.3	0.480	1.341	1.018	0.858	1.010	0.964	0.884	0.889
	(0.027)	(0.090)	(0.066)	(0.052)	(0.064)	(0.061)	(0.052)	(0.054)
0.5	0.349	0.742	0.586	0.506	0.557	0.554	0.505	0.515
	(0.022)	(0.051)	(0.039)	(0.033)	(0.036)	(0.036)	(0.033)	(0.034)
0.7	0.485	0.732	0.652	0.573	0.638	0.622	0.575	0.584
	(0.031)	(0.054)	(0.048)	(0.039)	(0.042)	(0.043)	(0.040)	(0.040)
0.9	1.696	1.887	1.767	1.541	1.777	1.669	1.598	1.563
	(0.108)	(0.111)	(0.111)	(0.101)	(0.113)	(0.103)	(0.102)	(0.100)
τ	$\theta_1(\tau)$-完整数据	Pow	MI-PowIni	DArq-PowIni	Port	MI-PorIni	DArq-PorIni	DArq-ParaIni
0.1	1.763	6.936	3.546	3.567	5.460	3.631	3.531	3.775
	(0.115)	(0.529)	(0.227)	(0.218)	(0.339)	(0.228)	(0.213)	(0.221)
0.3	0.488	1.297	0.997	0.917	1.043	0.963	0.891	0.901
	(0.031)	(0.093)	(0.069)	(0.060)	(0.069)	(0.062)	(0.053)	(0.057)
0.5	0.414	0.852	0.697	0.632	0.718	0.699	0.629	0.608
	(0.027)	(0.059)	(0.047)	(0.043)	(0.050)	(0.048)	(0.041)	(0.040)
0.7	0.489	0.884	0.762	0.672	0.752	0.741	0.677	0.649
	(0.032)	(0.055)	(0.046)	(0.043)	(0.048)	(0.050)	(0.044)	(0.043)
0.9	1.672	2.236	1.896	1.607	1.957	1.788	1.705	1.624
	(0.104)	(0.129)	(0.112)	(0.097)	(0.115)	(0.108)	(0.103)	(0.097)
τ	$\theta_2(\tau)$-完整数据	Pow	MI-PowIni	DArq-PowIni	Port	MI-PorIni	DArq-PorIni	DArq-ParaIni
0.1	1.709	6.383	3.627	3.746	5.128	3.893	3.761	3.993
	(0.105)	(0.435)	(0.223)	(0.214)	(0.330)	(0.245)	(0.216)	(0.215)
0.3	0.533	1.256	1.014	0.925	1.006	0.977	0.918	0.933
	(0.034)	(0.082)	(0.068)	(0.061)	(0.067)	(0.065)	(0.061)	(0.061)
0.5	0.401	0.795	0.673	0.595	0.661	0.637	0.597	0.585
	(0.025)	(0.053)	(0.044)	(0.037)	(0.042)	(0.041)	(0.037)	(0.037)
0.7	0.509	0.825	0.726	0.630	0.695	0.676	0.641	0.615
	(0.031)	(0.054)	(0.044)	(0.039)	(0.043)	(0.042)	(0.038)	(0.038)
0.9	1.501	2.395	2.010	1.705	2.002	1.887	1.721	1.692
	(0.093)	(0.177)	(0.137)	(0.112)	(0.137)	(0.128)	(0.114)	(0.110)

表 2-14 不同初始值, 不同方法下的 MSE (场景 2, $\times 10^{-2}$)

τ	$\theta_0(\tau)$-完整数据	Pow	MI-PowIni	DArq-PowIni	Port	MI-PorIni	DArq-PorIni	DArq-ParaIni
0.1	2.819	25.447	12.137	5.372	10.100	8.104	5.375	5.287
	(0.189)	(3.651)	(1.551)	(0.522)	(0.857)	(0.698)	(0.502)	(0.474)
0.3	1.612	4.201	2.746	2.109	2.561	2.404	2.107	2.093
	(0.099)	(0.393)	(0.204)	(0.149)	(0.178)	(0.162)	(0.149)	(0.151)
0.5	1.404	2.155	1.677	1.510	1.649	1.634	1.468	1.480
	(0.097)	(0.162)	(0.121)	(0.111)	(0.119)	(0.119)	(0.107)	(0.108)
0.7	1.519	1.715	1.568	1.467	1.580	1.562	1.418	1.416
	(0.099)	(0.124)	(0.108)	(0.103)	(0.112)	(0.109)	(0.098)	(0.097)
0.9	2.780	2.768	2.793	2.471	2.765	2.793	2.406	2.414
	(0.171)	(0.171)	(0.172)	(0.149)	(0.167)	(0.172)	(0.147)	(0.149)
τ	$\theta_1(\tau)$-完整数据	Pow	MI-PowIni	DArq-PowIni	Port	MI-PorIni	DArq-PorIni	DArq-ParaIni
0.1	2.546	7.525	5.693	3.665	4.849	4.298	3.588	3.368
	(0.161)	(0.617)	(0.425)	(0.264)	(0.337)	(0.295)	(0.254)	(0.245)
0.3	1.340	2.530	2.167	1.577	1.846	1.827	1.609	1.583
	(0.086)	(0.163)	(0.140)	(0.104)	(0.120)	(0.118)	(0.103)	(0.103)
0.5	1.231	1.841	1.606	1.289	1.458	1.457	1.305	1.282
	(0.075)	(0.113)	(0.101)	(0.079)	(0.090)	(0.090)	(0.080)	(0.077)
0.7	1.326	1.560	1.398	1.253	1.376	1.362	1.254	1.229
	(0.082)	(0.098)	(0.090)	(0.076)	(0.087)	(0.087)	(0.077)	(0.074)
0.9	2.330	2.310	2.328	2.030	2.308	2.329	2.009	2.000
	(0.136)	(0.135)	(0.136)	(0.118)	(0.133)	(0.136)	(0.117)	(0.115)
τ	$\theta_2(\tau)$-完整数据	Pow	MI-PowIni	DArq-PowIni	Port	MI-PorIni	DArq-PorIni	DArq-ParaIni
0.1	12.464	124.718	72.120	49.967	65.054	51.352	50.378	47.495
	(0.766)	(9.851)	(4.969)	(2.819)	(4.285)	(3.296)	(2.901)	(2.672)
0.3	7.505	30.297	23.211	16.240	10.532	18.711	16.149	15.861
	(0.500)	(2.185)	(1.678)	(1.031)	(1.298)	(1.172)	(1.030)	(0.982)
0.5	6.149	17.171	12.984	10.049	10.803	10.576	(9.685)	9.637
	(0.410)	(1.173)	(0.888)	(0.656)	(0.730)	(0.693)	(0.627)	(0.630)
0.7	7.066	11.961	9.556	8.139	9.207	8.877	8.068	7.972
	(0.456)	(0.742)	(0.601)	(0.540)	(0.583)	(0.569)	(0.520)	(0.521)
0.9	12.193	12.071	12.398	10.741	12.283	12.407	10.397	10.703
	(0.745)	(0.762)	(0.755)	(0.637)	(0.740)	(0.759)	(0.617)	(0.641)

表 2-15　不同初始值, 不同方法下的 MSE (场景 3, $\times 10^{-2}$)

τ	$\theta_0(\tau)$-完整数据	Pow	MI-PowIni	DArq-PowIni	Port	MI-PorIni	DArq-PorIni	DArq-ParaIni
0.1	1.278	6.933	4.660	3.827	5.912	4.093	3.825	3.747
	(0.082)	(0.571)	(0.379)	(0.246)	(0.345)	(0.299)	(0.255)	(0.239)
0.3	1.125	5.207	3.446	2.735	4.058	3.208	2.726	2.726
	(0.077)	(0.384)	(0.249)	(0.177)	(0.207)	(0.184)	(0.177)	(0.166)
0.5	1.400	5.382	3.536	2.858	4.380	3.279	2.865	2.845
	(0.105)	(0.354)	(0.262)	(0.194)	(0.245)	(0.234)	(0.197)	(0.193)
0.7	1.700	5.029	3.466	2.883	4.366	3.294	2.877	2.808
	(0.111)	(0.337)	(0.235)	(0.167)	(0.199)	(0.191)	(0.168)	(0.163)
0.9	2.493	4.216	3.557	3.053	3.934	3.314	3.049	2.944
	(0.144)	(0.254)	(0.202)	(0.170)	(0.205)	(0.186)	(0.171)	(0.166)
τ	$\theta_1(\tau)$-完整数据	Pow	MI-PowIni	DArq-PowIni	Port	MI-PorIni	DArq-PorIni	DArq-ParaIni
0.1	0.195	0.488	0.374	0.307	0.432	0.336	0.299	0.301
	(0.013)	(0.042)	(0.030)	(0.020)	(0.029)	(0.026)	(0.021)	(0.019)
0.3	0.354	0.662	0.516	0.446	0.551	0.497	0.446	0.449
	(0.021)	(0.051)	(0.039)	(0.032)	(0.034)	(0.032)	(0.031)	(0.030)
0.5	0.622	0.988	0.807	0.703	0.904	0.782	0.690	0.716
	(0.041)	(0.064)	(0.056)	(0.047)	(0.054)	(0.052)	(0.045)	(0.047)
0.7	0.866	1.194	1.061	0.916	1.117	1.031	0.910	0.909
	(0.054)	(0.073)	(0.066)	(0.056)	(0.064)	(0.063)	(0.055)	(0.056)
0.9	0.966	1.158	1.064	0.926	1.099	1.028	0.912	0.921
	(0.057)	(0.070)	(0.063)	(0.056)	(0.064)	(0.061)	(0.055)	(0.055)
τ	$\theta_2(\tau)$-完整数据	Pow	MI-PowIni	DArq-PowIni	Port	MI-PorIni	DArq-PorIni	DArq-ParaIni
0.1	0.754	2.208	1.698	1.421	1.924	1.513	1.393	1.400
	(0.048)	(0.139)	(0.103)	(0.085)	(0.103)	(0.091)	(0.087)	(0.084)
0.3	0.729	2.183	1.763	1.389	1.985	1.629	1.403	1.388
	(0.048)	(0.174)	(0.105)	(0.088)	(0.107)	(0.097)	(0.088)	(0.084)
0.5	0.887	2.451	2.064	1.665	2.335	1.907	1.687	1.658
	(0.056)	(0.159)	(0.136)	(0.108)	(0.135)	(0.120)	(0.108)	(0.103)
0.7	1.015	2.460	2.045	1.728	2.329	1.881	1.786	1.711
	(0.062)	(0.168)	(0.132)	(0.104)	(0.131)	(0.116)	(0.108)	(0.105)
0.9	1.275	2.161	2.033	1.677	2.111	1.863	1.704	1.689
	(0.080)	(0.125)	(0.107)	(0.100)	(0.121)	(0.110)	(0.101)	(0.099)

表 2-16 基于场景 3 下的平均偏差、经验标准差、均方误差比 (删失率为 60%)

τ	方法	$\beta_0(\tau)$			$\beta_1(\tau)$			$\beta_2(\tau)$		
		Bias	emp SD	MSE ratio	Bias	emp SD	MSE ratio	Bias	emp SD	MSE ratio
0.1	完整数据集	−0.001	0.189	1	0.008	0.078	1	−0.005	0.127	1
	DArq	0.109	0.271	2.400	−0.014	0.087	1.261	−0.061	0.163	1.874
	Portnoy	−0.039	0.347	3.422	0.016	0.101	1.695	0.006	0.207	2.651
	Powell	−0.041	0.435	5.365	0.023	0.118	2.334	0.008	0.241	3.565
0.2	完整数据集	−0.006	0.175	1	0.010	0.082	1	−0.005	0.120	1
	DArq	0.024	0.250	2.060	0.006	0.092	1.244	−0.025	0.159	1.804
	Portnoy	−0.020	0.293	2.809	0.015	0.102	1.553	0.000	0.185	2.370
	Powell	−0.045	0.368	4.467	0.024	0.116	2.045	0.008	0.213	3.166
0.3	完整数据集	−0.006	0.178	1	0.010	0.096	1	−0.003	0.123	1
	DArq	−0.003	0.253	2.010	0.011	0.107	1.236	−0.010	0.165	1.799
	Portnoy	−0.023	0.298	2.809	0.015	0.117	1.487	0.004	0.194	2.468
	Powell	−0.048	0.379	4.602	0.023	0.133	1.944	0.010	0.224	3.288
0.5	完整数据集	0.001	0.186	1	0.003	0.122	1	−0.005	0.136	1
	DArq	−0.010	0.264	2.021	0.005	0.133	1.185	−0.004	0.183	1.808
	Portnoy	−0.002	0.302	2.654	0.002	0.141	1.321	−0.006	0.209	2.364
	Powell	−0.031	0.382	4.272	0.009	0.158	1.682	0.004	0.245	3.235

(4) 计算时间.

我们在处理器为 Intel(R) Core(TM) i7-4790 CPU @3.60GHz 的电脑上运行 DArq 方法, 记录每个数据集所用的平均时间, 获得基于 10 个模拟数据集的分位数回归估计. 其中, 模拟数据集来源于 2.1.2 小节的数值模拟和 2.1.3 小节、2.1.4 小节中的实证案例. 在表 2-17 中, 我们可以发现, 在所有场景下, DArq 方法仅需要几秒钟, 运行速度非常快.

表 2-17 数值模拟及实证研究中 DArq 方法的计算时间 (单位: 秒)

场景	迭代 50 次	迭代 100 次	样本容量	删失率
1	3.2	6.4	200	0.3
2	3.0	6.0	200	0.3
3	3.1	6.4	200	0.3
4	4.7	9.3	100	0.3
5	4.6	8.9	100	0.4
乳腺癌数据	2.4	4.8	94	1.0
学生成绩数据	2.5	4.7	58	1.0

2.2　协变量删失的线性模型

2.2.1　多重插补的填补过程

目前, 很多学者对响应变量删失问题进行研究, 并提出了很多解决响应变量删失问题的方法. 但协变量删失问题的研究却很少, 这是因为在考虑协变量删失时, 需要将含删失数据的协变量和不含删失数据的协变量分开. 这在一定程度上加大了插补的难度. 本节将对协变量删失的问题进行研究, 通过多重插补方法对删失数据进行填补. Wei 和 Carroll (2009) 对协变量随机删失的分位数回归模型进行了讨论, 考虑下面模型:

$$Y = X^{\mathrm{T}}\beta_{1,\tau} + Z^{\mathrm{T}}\beta_{2,\tau} + \varepsilon$$

其中, $\tau \in (0,1)$, (X, Z) 都是协变量, X 表示存在删失数据的协变量, Z 为不存在删失数据的协变量, 假设 Z 中包含常数项. 此外, n 表示样本大小, n_1 表示不存在删失数据的完整数据组的个数. Wei 和 Carroll (2009) 的方法具体如下.

步骤 1　仅使用完整部分的数据, 即未删失的数据构建一个分位数回归模型, 并将得出的系数估计写成 $\hat{\beta}_\tau$. 也就是, 对于在 $(0,1)$ 上的一个 τ 值集合, $\hat{\beta}_\tau$ 是通过下面的式子获得的:

$$\hat{\beta}_\tau = \arg\min_{\beta} \sum_{i=1}^{n_1} \rho_\tau\{Y_i - (X_i, Z_i)^{\mathrm{T}}\beta\}$$

其中 $\rho_\tau(r) = r\{\tau - I(r < 0)\}$ 是一个非对称的 L_1 损失函数, n_1 为未删失数据的个数. 在实践中, τ 一般是通过 (0, 1) 上的均匀密度格点进行选取的.

步骤 2　基于条件密度函数 $f(X|Y,Z)$ 对存在删失数据的 X 进行插补. 直接对 $f(X|Y,Z)$ 进行求解是很困难的, 但 $f(X|Y,Z)$ 正比于 $f(X|Z)f(Y|X,Z)$. 所以可以先估计出条件密度函数 $f(X|Z)$ 和 $f(Y|X,Z)$, 再通过这两个条件密度函数间接求得 $f(X|Y,Z)$.

步骤 2a　估计条件密度函数 $f(X|Z)$. 定义在给定 Z 的情况下 X 的条件密度函数为 $f(X|Z,\eta)$. 所以 η 可以在完整数据集的基础上估计出来, 假设其估计值为 $\hat{\eta}$, 故 X 的条件密度函数为 $f(X|Z,\hat{\eta})$.

步骤 2b　估计条件密度函数 $f(Y|X,Z)$. 在保持线性分位模型对于所有的分位水平 τ 不变的条件下, 将条件密度 $f(Y|X,Z)$ 写成一个分位数系数过程的函数, 即

$$f(Y|X,Z;\ \beta_0(\tau)) = F'\{Y|X,Z;\ \beta_0(\tau)\}$$

其中 $F\{Y|X,Z;\ \beta_0(\tau)\} = \inf\{\tau \in (0,\ 1) : (X^{\mathrm{T}}, Z^{\mathrm{T}})\beta_0(\tau) > Y\}$, 另外 $\beta_0(\tau)$ 为真分位系数过程. 为了体现条件密度 $f(Y|X,Z)$ 和分位系数函数 $\beta_0(\tau)$ 的相关性, 这里将 $f(Y|X,Z)$ 写成 $f\{Y|X,Z;\ \beta_0(\tau)\}$ 的形式.

虽然系数函数 $\beta_0(\tau)$ 是无限维的函数且具体数值是未知的，但是它可以通过一个自然线性样条来近似逼近，即将在一个适当的分位水平 (τ_k) 的格点上估计得到的一系列 $\hat{\beta}_{\tau_k}$ 作为 $\beta_0(\tau)$ 的很好的近似. 特别地，根据公式 $\tau_k = k/(K_n+1)$ $(k=1,2,\cdots,K_n)$ 选取分位点水平，其中 K_n 是分位水平的数量. 然后再定义 $\hat{\beta}(\tau)$ 是一个在 [0, 1] 上取值的 p 维分段线性函数，满足 $\hat{\beta}(\tau_k)=\hat{\beta}_{\tau_k}$ 且 $\hat{\beta}'(0)=\hat{\beta}'(1)=0$. 在 Wei 和 Carroll (2009) 的文献给定的条件下，$\hat{\beta}(\tau)$ 依概率一致收敛于真分位数系数过程. 根据定义，分位函数是分布函数的逆，所以条件密度函数可以表示成对应分位水平下的分位函数的一阶导数的倒数. 因此，可以将条件密度函数近似表示成：

$$
\begin{aligned}
&\hat{f}\{Y|X,Z,\hat{\beta}(\tau)\}\\
=&\sum_{k=1}^{K_n}\frac{\tau_{k+1}-\tau_k}{(X^{\mathrm{T}},Z^{\mathrm{T}})\hat{\beta}_{\tau_{k+1}}-(X^{\mathrm{T}},Z^{\mathrm{T}})\hat{\beta}_{\tau_k}}I\{(X^{\mathrm{T}},Z^{\mathrm{T}})\hat{\beta}_{\tau_k}\leqslant Y<(X^{\mathrm{T}},Z^{\mathrm{T}})\hat{\beta}_{\tau_{k+1}}\}
\end{aligned}
$$

这里的$f\{Y|X,Z,\ \hat{\beta}(\tau)\}$ 就是求得的条件密度函数，是从分位函数 $(X^{\mathrm{T}},Z^{\mathrm{T}})\hat{\beta}(\tau)$ 的估计过程中推导得到的.

步骤 2c 估计条件密度函数 $f(X|Y,Z)$，再根据该密度函数对删失的 X 进行插补. 由步骤 2 可知 $\hat{f}(X|Y_j,Z_j)\propto\hat{f}\{Y_j|X,Z_j,\hat{\beta}(\tau)\}f(X|Z_j,\hat{\eta})$, $j=n_1+1,\cdots,n$. 引进一个服从 $U(0,\ 1)$ 的随机变量，并将其插入到分位函数 $\hat{F}^{-1}(u|Y_j,Z_j)$ 中，其中 $u\in(0,\ 1)$，来自条件密度函数 $\hat{f}\{X|Y_j,Z_j\}$. 令 u_l 为从 $U(0,\ 1)$ 中产生的第 l 个随机变量，定义 $\tilde{X}_{j(l)}=F^{-1}(u_l|Y_j,z_j)$. 由于第 l 次插补 X 与 (Y_j,Z_j) 有关，因此，可以建立关系式 $\tilde{X}_{j(l)}\sim\hat{f}\{X|Y_j,Z_j\}$.

步骤 3 将插补好的数据囊括进来重新估计 β. 将完整可观测数据和第 l 个插补的数据集进行组合，建立一个新的目标函数：

$$
S_{n(l)}(\beta)=\sum_{i=1}^{n_1}\rho_\tau\left\{Y_i-(X_i^{\mathrm{T}},Z_i^{\mathrm{T}})\beta\right\}+\sum_{j=n_1+1}^{n}\rho_\tau\left\{Y_i-(\tilde{X}_{j(l)}^{\mathrm{T}},Z_j^{\mathrm{T}})\beta\right\}
$$

并定义$\hat{\beta}_{*(l)}=\arg\ \min_\beta S_{n(l)}(\beta)$ 为用第 l 次组合的完整数据得到的估计系数. 重复这个插补估计步骤 m 次，最终得到的多重插补估计值为 $\tilde{\beta}_\tau=m^{-1}\sum\limits_{l=1}^{m}\hat{\beta}_{*(l)}$.

2.2.2 经验似然法估计置信区间

2.2.1 小节介绍了协变量删失的多重插补方法，通过多重插补方法得到协变量 X 对应删失位置的插补值，则插补后的完整数据集为 $\{(Y_i,X_i^*,Z_i):i=1,\cdots,n\}$. Wei 和 Carroll (2009) 的文献中有很多数值模拟的比较结果，此处不再赘述，本小节主要介绍如何估计带删失协变量的分位数回归模型参数的经验似然置信区间.

由 2.2.1 小节可知协变量删失的线性分位数回归模型可以表示为

$$Y_i = X_i^{\mathrm{T}}\beta_{1,\tau} + Z_i^{\mathrm{T}}\beta_{2,\tau} + \varepsilon_i$$

其中 $Y_i \in \mathbf{R}$ 为响应变量, X_i, Z_i 为协变量, ε_i 为不可观测误差. 在满足 $i \geqslant 1$, $0 \leqslant \tau \leqslant 1$ 的条件下, 分位数回归模型满足 $\Pr(\varepsilon_i \leqslant 0|X_i, Z_i) = \tau$. 并假设 $\{(Y_i, X_i, Z_i): i = 1, \cdots, n\}$ 是独立同分布的. 容易证明:

$$E\{\tau - I(Y_i - X_i^{\mathrm{T}}\beta_{1,\tau} - Z_i^{\mathrm{T}}\beta_{2,\tau} \leqslant 0)|X_i, Z_i\} = 0 \tag{2-3}$$

其中 $I(\cdot)$ 为示性函数, 令 $\beta = (\beta_{1,\tau}, \beta_{2,\tau})$, 为了构造参数 β 的置信区间, 首先要构造辅助变量, 辅助变量要满足均值为 0, 则根据式 (2-3) 可知, 辅助变量可以表示为

$$\eta_i(\beta) = (X_i^*, Z_i)[\tau - I(Y_i - X_i^{*\mathrm{T}}\beta_{1,\tau} - Z_i^{\mathrm{T}}\beta_{2,\tau} \leqslant 0)]$$

满足 $E(\eta_i(\beta)) = 0$, 其中 X_i^* 为插补完成后的完整数据. 则 β 的对数经验似然比为

$$R(\beta) = -2\max\left(\sum_{i=1}^{n}\log(np_i)\middle|p_i \geqslant 0, \sum_{i=1}^{n}p_i = 1, \sum_{i=1}^{n}p_i\eta_i(\beta) = 0\right)$$

对于给定的 β 值, 用拉格朗日乘数法可得 p_i 的最佳估计值为

$$p_i(\beta) = n^{-1}(1 + \lambda^{\mathrm{T}}\eta_i(\beta))^{-1}$$

其中, λ 为拉格朗日乘积向量, 满足

$$\frac{1}{n}\sum_{i=1}^{n}\frac{\eta_i(\beta)}{1 + \lambda^{\mathrm{T}}\eta_i(\beta)} = 0, \quad \eta_i(\beta) = (X_i^*, Z_i)[\tau - I(Y_i - X_i^{*\mathrm{T}}\beta_{1,\tau} - Z_i^{\mathrm{T}}\beta_{2,\tau} \leqslant 0)]$$

则对数经验似然比又可以表示成

$$R(\beta) = 2\sum_{i=1}^{n}\log\{1 + \lambda^{\mathrm{T}}\eta_i(\beta)\}$$

参数 β 的估计量就是下式的解:

$$\min_{\beta \in B} R(\beta)$$

在一定的条件下, Owen (1988) 证明了经验似然的非参数 Wilks 定理, 即

$$R(\beta) \to \chi_p^2$$

根据这个定理, 可得参数 β 的置信区间为

$$C_\alpha(\beta) = \{\beta|R(\beta) \leqslant c_\alpha\}$$

其中, $0 < \alpha < 1$, $\Pr(\chi_p^2 \leqslant c_\alpha) = 1 - \alpha$.

2.2.3 数值模拟

本小节将通过蒙特卡罗模拟方法来对上述删失数据处理方法进行验证.

1. 模型设定

这里主要考虑两种模型: 不存在异方差的线性模型和存在异方差的线性模型.

模型 I 同方差模型

$$y_i = 1 + x_i + z_i + \varepsilon_{i1}, \quad \varepsilon_{i1} \sim N(0,1)$$

模型 II 异方差模型

$$y_i = 1 + x_i + z_i + (0.5x_i + 0.5z_i)\varepsilon_{i2}, \quad \varepsilon_{i2} \sim N(0,1)$$

其中, 残差项 ε_{i1} 和 ε_{i2} 独立且服从正态分布, 协变量 (x_i, z_i) 均服从均值为 4, 方差为 1 的正态分布, 且两者之间的相关系数为 0.5. 对模型 I 来说, 第 τ 分位点的截距项的真值为 $1 + Q_\tau(z)$, 其中 z 是一个服从正态分布的随机变量, 因而斜率项的真值均为 1. 对模型 II 来说, 截距项的真值始终为 1, 而对斜率项来说, 各个分位点的斜率都是不一样的, 第 τ 分位点的斜率项的真值为 $1 + 0.5Q_\tau(z)$. 此外, 我们假设 x_i 删失的概率大小为 $\Pr\ (x_i \text{ 删失}|z_i) = \max(0, ((z_i - 3)/10)^{1/20})$, 基于这个假定可知, x_i 的删失率约为 25%.

取样本容量 $n = n_0 + n_1 = 200$, n_1 为完全观测到的样本数据个数, n_0 为存在删失的数据个数, 定义插补次数 $m = 10$, 重复模拟 500 次.

综上所述, 本节取分位点 0.1, 0.5, 0.9, 对样本量为 200 的、删失率为 25% 的 500 组数据进行模拟研究, 主要考虑以下三种处理方法:

(1) 不存在删失的完整数据集 (FEL);

(2) 对数据进行多重插补后的完整数据集 (IEL);

(3) 将删失数据删除后的完整数据集 (CEL).

比较三种情况下估计系数的标准差 (SE) 和平均置信区间长度 (AL). 标准差也称均方差, 是各数据偏离平均数的距离的平均数, 它能反映一个数据集的离散程度. 均方差的值越小, 说明该方法的拟合结果越好. 同样, 置信区间是指由样本统计量所构造的总体参数的估计区间, 置信区间展现的是这个参数的真实值有一定概率落在测量结果的周围的程度, 在同样的置信水平下, 置信区间长度越短, 则说明模型的拟合效果越好. 因此, 在 500 次模拟的情况下, 平均标准差越小, 置信区间平均长度越短, 说明该方法的效果越好.

2. 模拟结果和分析

本小节通过经验似然方法得到分位数回归模型的参数估计, 在此基础上计算得到置信度为 95%的置信区间. 因此, 标准误差越小、平均置信区间长度越短说明该方法预测的模型的精确度越高, 模型的参数拟合效果越好.

模拟结果如下所示, 其中 CEL 表示将删失数据删除后进行经验似然估计, IEL 表示对删失数据进行插补后进行经验似然估计, FEL 表示对不存在删失的完整数据集进行的经验似然估计. SE 表示标准误差, AL 表示平均置信区间长度. 表 2-18 和表 2-19 是对模型 I (同方差模型) 结果的说明, 表 2-20 和表 2-21 是对模型 II (异方差模型) 结果的说明.

表 2-18　模型 I 删失变量 x 的系数估计值、标准差和平均置信区间长度

τ	方法	估计值	SE	AL
0.1	FEL	0.9953	0.1376	0.2190
	IEL	0.9370	0.1539	0.2290
	CEL	1.0046	0.1667	0.2376
0.5	FEL	0.9973	0.1013	0.2000
	IEL	0.9486	0.1152	0.2008
	CEL	1.0022	0.1204	0.2008
0.9	FEL	1.0051	0.1357	0.2188
	IEL	0.9179	0.1506	0.2276
	CEL	1.0037	0.1573	0.2382

表 2-19　模型 I 协变量 z 的系数估计值、标准差和平均置信区间长度

τ	方法	估计值	SE	AL
0.1	FEL	1.0018	0.1365	0.2182
	IEL	1.0368	0.1648	0.2262
	CEL	1.0042	0.1869	0.2360
0.5	FEL	1.0004	0.1008	0.2000
	IEL	1.0226	0.1194	0.2008
	CEL	1.0018	0.1434	0.2012
0.9	FEL	0.9897	0.1372	0.2182
	IEL	0.9870	0.1636	0.2276
	CEL	0.9814	0.2006	0.2374

从表 2-18~ 表 2-21 可以看出:

(1) 分位数相同时, 对模型 I 和模型 II 来说, 不论是删失变量 x 还是不存在删失数据的协变量 z, 多重插补方法得到的参数的估计标准差、平均置信区间都优于直接将删失数据删除方法得到的参数估计结果, 而且基于分位数回归技术的多重插补法得到的估计值更接近于完整数据下的估计值.

表 2-20 模型 II 删失变量 x 的系数估计值、标准差和平均置信区间长度

τ	方法	估计值	SE	AL
0.1	FEL	0.3442	0.5262	0.5469
	IEL	0.3106	0.5607	0.6670
	CEL	0.3477	0.6564	0.7636
0.5	FEL	1.0017	0.3860	0.4633
	IEL	0.9000	0.4364	0.5168
	CEL	0.9978	0.4718	0.5920
0.9	FEL	1.6222	0.5172	0.5569
	IEL	1.4140	0.6388	0.6776
	CEL	1.6326	0.7088	0.7720

表 2-21 模型 II 协变量 z 的系数估计值、标准差和平均置信区间长度

τ	方法	估计值	SE	AL
0.1	FEL	0.3869	0.5229	0.4823
	IEL	0.3908	0.5018	0.5308
	CEL	0.4038	0.8572	0.7558
0.5	FEL	0.9972	0.3824	0.3798
	IEL	1.0808	0.3985	0.4334
	CEL	1.0208	0.6334	0.5832
0.9	FEL	1.6256	0.5198	0.4894
	IEL	1.7181	0.5757	0.5378
	CEL	1.6562	0.8376	0.7698

(2) 分位数不同时, 随着分位数水平的提高, 平均置信区间长度有先减小后增加的趋势. 此外, 从表中可以看出, 各种情况下得到的参数估计的平均置信区间长度都表现为 "U" 型, 即在较低和较高分位水平时, 平均置信区间长度较大, 但在中等分位数水平时, 相对来说, 置信区间长度较短.

(3) 模型不同时, 从标准差和平均置信区间长度来看, 异方差模型, 即模型 II 的参数估计效果相对于同方差模型 I 来说要差. 经典线性回归模型的一个重要假定是: 总体回归函数中的随机误差项满足同方差性, 即它们都有相同的方差. 如果这一假定不满足, 则称线性回归模型存在异方差性. 若线性回归模型存在异方差性, 则用传统估计模型, 得到的参数估计量不是有效估计量, 甚至也不是渐近有效的估计量, 此时也无法对模型参数进行有关显著性检验. 然而从 SE 和 AL 这两个指标来看, 即使在异方差模型下, 通过多重插补的方法对删失数据进行处理, 仍然得到了较好的效果.

此外, 本节在 0.1~0.9 的分位数下, 将多重插补方法得到的参数的置信区间绘制成折线图, 如图 2-7 所示, 图中黑色实线是系数的估计值, 上下虚线分别表示 95% 置信区间的上限和下限.

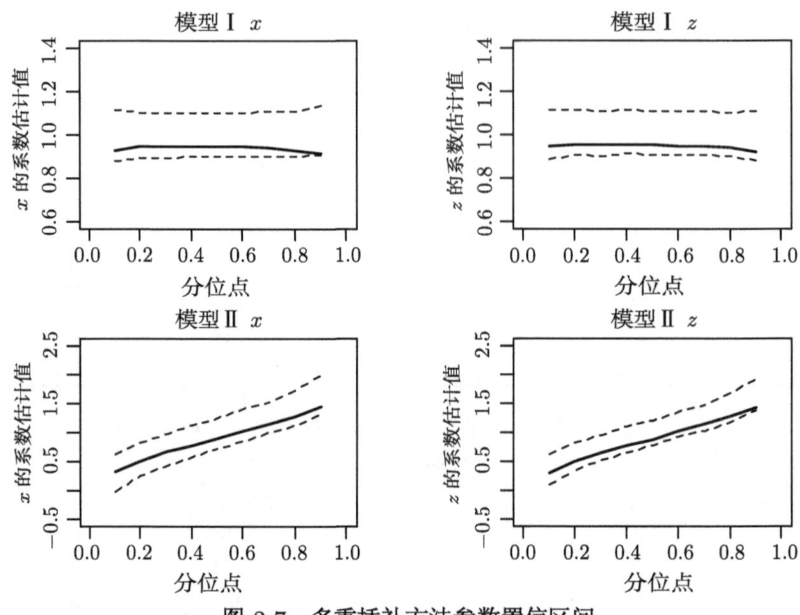

图 2-7　多重插补方法参数置信区间

对模型 I 即同方差模型来说, 删失变量 x 和协变量 z 的真值在不同的分位数下均是 1, 从图 2-7 的上面的两张子图可以看出, 对删失数据进行多重插补后, 进行经验似然估计得到的参数估计值与真值相差不大, 而且删失变量 x 和协变量 z 置信区间长度有一种先减少后增加的趋势. 对模型 II，即异方差模型来说, 模型第 τ 分位点的斜率项的真值为 $1+Q_\tau(z)$, 随着分位数水平的升高而增加, 从图 2-7 下面的两张子图中也可以看出, 线性分位数回归模型的参数估计值随着分位数水平的增加而增加. 模型 II 中删失变量 x 和协变量 z 置信区间长度也有一种先减少后增加的趋势.

总结以上结果, 基于分位数回归的多重插补方法在标准差和平均置信区间长度上均有很好的表现. 但该方法对同方差模型的处理效果明显高于异方差模型.

由上面分析可知, 本节所提出的插补方法对同方差模型的处理效果比异方差模型的好. 因此, 针对同方差模型, 我们进一步考虑协变量之间的相关系数的不同时, 删失变量的系数标准误差和经验似然置信区间变化, 并对其进行数值模拟, 见表 2-22 和表 2-23.

表 2-22　不同相关系数下删失变量系数估计的标准误差

相关系数	0.3			0.5			0.9		
τ	0.1	0.5	0.9	0.1	0.5	0.9	0.1	0.5	0.9
FEL	0.1303	0.0935	0.1346	0.1376	0.1013	0.1357	0.2203	0.1583	0.2295
IEL	0.1364	0.0940	0.1371	0.1539	0.1152	0.1506	0.2723	0.2016	0.2718
CEL	0.1449	0.1059	0.1433	0.1667	0.1204	0.1573	0.3182	0.2301	0.3175

表 2-23 不同相关系数下删失变量系数估计的平均置信区间长度

相关系数	0.3			0.5			0.9		
τ	0.1	0.5	0.9	0.1	0.5	0.9	0.1	0.5	0.9
FEL	0.1767	0.1505	0.1753	0.2190	0.2000	0.2188	0.2212	0.1998	0.2218
IEL	0.2059	0.1685	0.2102	0.2290	0.2008	0.2276	0.2469	0.2045	0.2392
CEL	0.2216	0.1998	0.2224	0.2376	0.2008	0.2382	0.2541	0.2221	0.2553

由表 2-22 和表 2-23 可以看出, 随着协变量相关系数的增加, 删失变量的标准误差越来越大, 平均置信区间长度也越来越大. 这是因为变量之间的相关性越大, 删失所造成的信息损失越大.

2.2.4 CRP 浓度对血压的影响力分析的应用

1. 实证案例

C 反应蛋白 (C-reactive protein, CRP) 是指机体在受到感染或组织损伤时血浆中一些急剧上升的蛋白质 (急性蛋白). CRP 可以激活补体和加强吞噬细胞的吞噬而起调理作用, 从而清除入侵机体的病原微生物和损伤、坏死、凋亡的组织细胞, 在机体的天然免疫过程中发挥重要的保护作用. 关于 CRP 的研究已经有 70 多年的历史, 传统观点认为 CRP 是一种非特异的炎症标志物, 但近十年的研究揭示了 CRP 直接参与了炎症与动脉粥样硬化等心血管疾病, 并且是心血管疾病最强有力的预示因子与危险因子. 另一方面, 高血压被认为是引起心血管疾病的危险因素. 在医学上, 越来越多的研究致力于探究血压和 CRP 之间的关系. 如果证明得到 CRP 会引起高血压, 那么就可以在疾病的早期, 通过降低血液当中的 CRP 浓度, 达到治疗的目的.

目前国际上对 CRP 的研究也有很多, 如 Mendall 等 (1996), Elliott 等 (2009) 研究了 CRP 和冠心病之间的关系. Wang 和 Feng (2012) 分析了年龄、体重指数、人体收缩压和 CRP 之间的关系, 并证明 CRP 与血压之间存在正相关关系.

本小节在 Wang 和 Feng (2012) 的研究基础上, 采用 2007~2008 年美国健康和营养调查的数据进行实证研究, 分析 CRP 对血压的影响. 为了研究方便, 本小节对 315 个年龄在 20 到 40 岁之间的白人女性数据构成的子集进行研究. 研究主要采集了这些个体的收缩压、年龄 (Age)、CRP 水平和体重指数 (BMI). 其中体重指数的计算方法为体重 (千克)/身高 ^{2}(米), 正常的体重指数范围为 18.5~25, 当体重指数超过 30 时即为肥胖. 体重指数过高会影响到身体健康. 在这 315 个研究者中, 大概有 22%的个体的 CRP 水平在最低监测水平 0.05mg/dL 以下, 对这些个体来说, 我们只能得到最低标准数据 0.05mg/dL, 具体数据不可测, 即指标 CRP 的数据存在左删失.

针对该组数据构造如下模型:

$$y_i = \theta_1 + \theta_2 x_i + \theta_3 z_{i1} + \theta_4 z_{i2} + e_i, \quad i = 1, \cdots, 315,$$

其中, y_i 为收缩压数据, x_i 为取对数处理之后的 C 反应蛋白 (CRP) 水平, 即 $x_i = \max(x_i, \log(0.05))$, z_{i1} 为年龄数据, z_{i2} 为取对数处理之后的体重指数 (BMI). 本小节对不存在删失数据的变量 z_{i1} 和 z_{i2} 进行标准化处理, 使其满足均值为 0, 方差为 1.

2. **失拟检验**

回归方程常用于研究变量之间的联系, 常假设它能对所有可能的因变量、自变量及不可观测的误差项成立, 它可能会包含不必要的或无关的变量, 或忽视某些变量. 如果设定的函数形式真实地反映了那些感兴趣变量的关系, 相应的估计或推断过程将是可靠并有效的; 如果回归模型的设定是错误的, 那么统计推断可能是误导的, 甚至是灾难性的. 因此, 评估回归变量的函数形式的充分性将是回归建模不可缺少的部分.

本节所提出的多重插补方法是基于线性分位数回归模型的, 所以, 在将该方法运用到实证数据之前, 我们先要判断实证数据是否可以构建线性分位数回归模型. 本小节采用 Wang (2008) 针对固定删失提出的失拟检验方法去检验实证数据是否满足线性分位数回归模型.

步骤 1 定义原假设和备择假设:

$$H_0: \Pr(y_i \leqslant \theta_1 + \theta_2 x_i + \theta_3 z_{i1} + \theta_4 z_{i2} | x_i, z_{i1}, z_{i2}) = \tau$$
$$H_1: \Pr(y_i \leqslant \theta_1 + \theta_2 x_i + \theta_3 z_{i1} + \theta_4 z_{i2} | x_i, z_{i1}, z_{i2}) \neq \tau$$

步骤 2 构建统计量, 本小节根据 Wang (2008) 所提出的方法构建检验统计量: 令 $\tau \in (0,1)$ 为指定的分位数水平, $A_i = (y_i, z_{i1}, z_{i2})$, 定义 $e_i = I\{A_i^{\mathrm{T}} \eta_0(\mu) > d\}(I\{x_i \leqslant A_i^{\mathrm{T}} \eta_0(\mu)\} - \tau)$.

当原假设成立时, e_i 独立于 A_i 且均值为 0, 则构建的统计量为

$$T_n = \frac{1}{n(n-1)h^3} \sum_{i=1}^{n} \sum_{j \neq i} K\left(\frac{A_i - A_j}{h}\right) \hat{e}_i \hat{e}_j$$

其中, $\hat{e}_i = I\{A_i^{\mathrm{T}} \hat{\eta}(\mu) > d\}(I\{x_i \leqslant A_i^{\mathrm{T}} \hat{\eta}(\mu)\} - \tau)$, $K(\cdot)$ 是一个非负的核函数, h 是一个正的窗宽函数, 当 $n \to \infty$ 时, h 无限接近于 0. T_n 的大样本性质可以说明模拟是否失拟. 本实证中 A_i 有三个维度, 故定义核函数:

$$K(a_1, a_2, a_3) = K_1(a_1) K_2(a_2) K_3(a_3)$$

其中 $K_1(a_1) = \dfrac{15}{16}(1 - a^2)^2 I(|a| \leqslant 1)$ 为单变量四次方的核函数, 此外, 取 $h = n^{-1/7}$.

步骤 3 由 Wang (2008) 和 Hall (1984) 的文献可知

$$nh^{\frac{m}{2}}T_n \to N(0,\xi^2)$$

其中, $\hat{\xi}^2 = \dfrac{2}{n(n-1)h^m}\sum_{i=1}^{n}\sum_{j\neq i}K^2\left(\dfrac{X_i - X_j}{h}\right)\hat{e}_i\hat{e}_j$, $X_i = (x_i, z_{i1}, z_{i2})$.

运用自助法对 (x_i, δ_i, A_i) 进行 500 次重复抽样, 利用重抽样技术可以得到标准误差的估计值, 结合 T_n 的正态性, 可以得到验证失拟检验结果的 p 值. 取 $\tau = 0.1, \cdots, 0.9$, 重复上述步骤, 结果如图 2-8 所示.

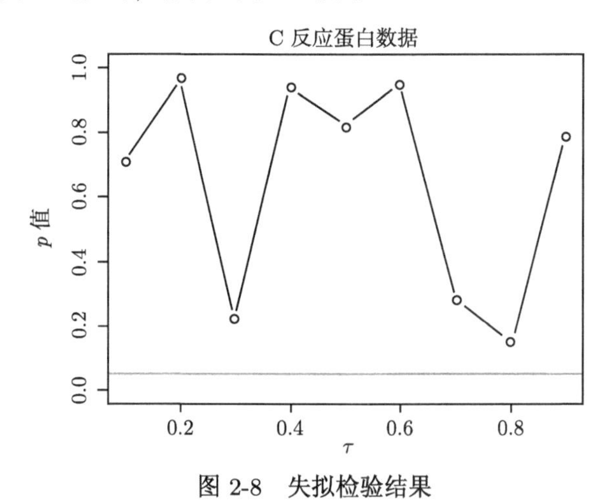

图 2-8 失拟检验结果

由图 2-8 可以看出, 在 $\tau = 0.1, \cdots, 0.9$ 时, 失拟检验得到的 p 值均大于显著性水平 0.05, 故无法拒绝原假设. 由失拟检验结果可以看出, 可以对实证数据进行线性分位数回归.

3. 结果分析

由失拟检验结果可以看出, 该组数据满足线性分位数回归模型的相关条件. 对该组数据运用多重插补方法和经验似然方法, 得到的结果见表 2-24.

表 2-24 中 CC 表示将删失数据直接删除得到的完整数据集, 基于该数据集进行的经验似然估计. MI 表示对删失数据进行多重插补, 基于插补的数据集进行的经验似然估计.

由表 2-24 可以看出, 在 0.1, 0.5, 0.9 分位数下, 两种方法得到的参数估计值相差不大. 但在对删失数据进行多重插补之后, 模型参数的标准误差和参数的置信区间长度均小于直接将删失数据删除的方法得到的结果. 由于该组数据存在左删失, 当分位数为 0.1 时, 模型的拟合效果最差, 系数的标准误差和置信区间长度都比较大. 当分位数为 0.5 时, 模型的拟合效果最好.

表 2-24　CRP 数据参数估计结果

协变量	CC			MI		
	相关系数	SE	AL	相关系数	SE	AL
$\tau = 0.1$						
CRP	1.0039	4.0746	5.1574	3.7316	4.0227	4.6298
Age	0.9504	1.3442	4.2611	0.6396	1.0183	3.9098
BMI	1.6571	1.3099	4.2701	1.1869	1.1612	3.5899
$\tau = 0.5$						
CRP	1.4300	1.4648	2.7718	1.5793	1.3327	2.4898
Age	0.8628	0.6206	1.8871	1.0457	0.4510	1.2898
BMI	3.7605	0.7087	2.4669	3.7794	0.7011	2.1699
$\tau = 0.9$						
CRP	5.5399	4.1995	5.9618	4.1828	3.3622	5.2799
Age	2.2337	1.0550	3.8320	2.4619	0.9308	3.8198
BMI	1.2127	0.8920	2.8198	1.8813	0.7959	1.7947

本书基于分位数回归的多重插补方法, 对 CRP 数据进行多重插补, 得到反映 CRP 水平的填补数据集, 在此基础上进行经验似然估计, 得到分位数回归模型的参数估计值以及 95% 的经验似然置信区间. 结果如图 2-9 所示, 图中黑色实线是系数的估计值, 上下虚线分别表示 95% 置信区间的上限和下限.

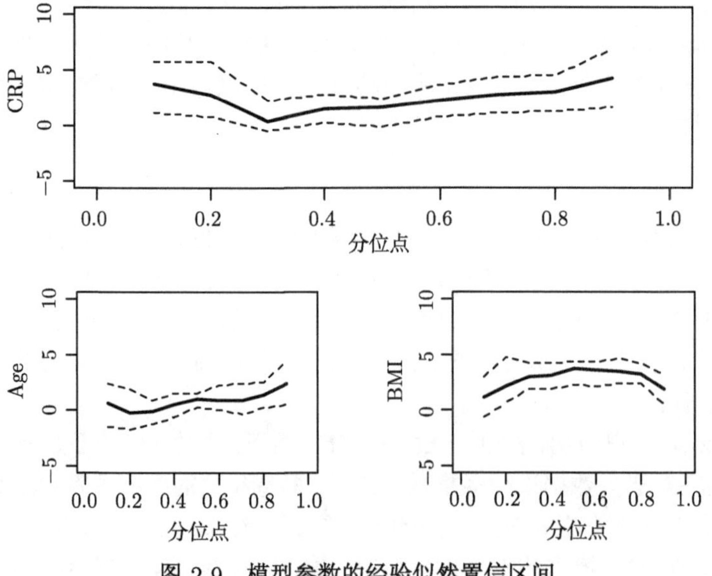

图 2-9　模型参数的经验似然置信区间

从图 2-9 可以看出, CRP 水平与血压之间有很强的正相关关系, 也就是说当血液中 CRP 浓度高时, 血压也会升高. 从不同分位点来看, 分位点越高, CRP 浓度对血压的影响越大. 即对于那些血压分布在上尾部分的人来说, 他们的血压与 CRP 水平呈正相关. 如果我们仅仅使用不存在删失部分的数据进行参数估计的话, CRP 浓度对血压的影响就会被忽视. 与 CRP 浓度类似, 年龄这个变量对血压也有正向的影响, 特别是当分位数水平较高的时候, 年龄对血压的正向影响越大. 此外, 体重指数 (BMI) 对血压也存在正向影响.

第 3 章　删失部分线性模型的填补技术与参数估计

3.1　删失部分线性模型

部分线性模型最早是由 Engle (1986) 提出, 我们考虑以下部分线性模型的一般形式:

$$Y = X^{\mathrm{T}}\beta + g(Z) + \varepsilon \tag{3-1}$$

其中 Y 为响应变量, X 为 p 维随机向量, β 为 p 维未知参数向量, Z 为一维随机变量, $g(\cdot)$ 为 [0,1] 上的未知单调函数, ε 为分布未知的随机误差项. 模型 (3-1) 结合了线性模型和完全非线性模型的特点, 使得响应变量与其中一些变量的关系为线性关系 $X^{\mathrm{T}}\beta$, 与另外的变量又存在非线性的关系 $g(Z)$, 模型具有更大的灵活性, 因此在实际应用中存在较大优势, 如 Mroz (1987) 利用部分线性模型对已婚女性工作时间进行了研究, 分析了已婚女性的劳动参与率; 周涛 (2016) 对森林中的可燃物含水率提出一种部分线性模型的预测模型, 并与逐步回归预测模型作比较, 分析了可燃物含水率与气象因素之间的关系, 得到了更加符合实际情况的预测结果; 姜爱宇 (2012) 利用部分线性模型对股票价格进行了预测, 并与线性模型进行了比较分析, 证明了其具有一定的应用价值; 等等. 除此之外, 在生物医学领域, 部分线性模型也得到了广泛的应用. 然而在实际观测中, 由于各种各样的原因, 我们往往得不到完整的观测数据. 在数据删失情况下, 完整数据下部分线性模型的参数估计方法存在较大偏差, 影响了模型的广泛适用性, 因此, 有必要提出一种新的解决方法.

本节将讨论响应变量有删失的情况下如何对部分线性模型的系数进行估计. 我们假定, Y 由于受到数值范围的限制, 在 Y 处左删失, 即我们仅能观测到 $Y^c = \max(Y, d)$, 其中 d 为已知的常数, $\delta = I(Y < d)$ 表示删失指示变量. 我们也可将此左固定删失机制应用于右固定删失, 方法同样适用.

3.1.1　常用的参数估计方法

在实际观察研究中完整数据总是不容易获得的, 这种情况下, 部分线性模型的推断会产生较大偏差, 不宜直接使用, 这在一定程度上降低了模型的有效性. 对于带有删失数据的部分线性模型, 国内外很多学者也做了大量研究, 致力于提高模型的有效性. 当部分线性模型带有右删失数据时, Wang (1996), Wang 和 Zheng (1997) 基于合成数据的方法给出了部分线性模型的坡度参数 β 和非参数平滑函数 g 的估计, 并验证了所提出估计量的大样本性质和渐近正态性. 合成数据的基本思想为通过转型改变已观测变量和未观测变量, 使得转型变量与删失变量有相同的期望. 秦更生 (1995) 基于核光滑和合成数据方法对具有随机删失的部分线性模型参数进行了估计. Qin 和 Jing (2000) 在删失分布未知条件下, 基于合成的数据, 利用光滑核估计和最小二乘方法分别估计了参数 β 和非参数平滑函数 g, 同时也证明合成数据统计量很容易受到删失率的影响. 蒙家富和张日权 (2008) 引入两阶段估计对部分线性模型的线性部分系数和非线性部分函数进行估计, 并给出了估计的渐近正态性. Chen 等 (2005) 对 Wilcox-Mann-Whitney 估计函数进行了拓展, 并将其应用于 β 的估计. Orbe 等 (2003) 基于重抽样的方法提出了一种估计和推断方法. 但在实际应用中, 对 β 的推断仍然是一件很艰巨的任务, 因为基于正态近似的传统估计方法很难准确获得 β 的表示形式.

很多研究者开始使用经验似然的方法简化 β 置信区间的推断过程. 经验似然是 Owen (1988) 在完全样本下提出的一种非参数统计推断方法, 它的本质就是在约束条件下极大化求非参数似然比, 总体把参数由约束条件带入极大似然比中. 经验似然方法同其他统计学方法相比有许多突出优点, 比如, 用经验似然构造的区间具有域保持性、变换不变性以及置信域的形状完全由数据决定, 更为重要的是经验似然方法在构造置信域时可以避免估计量的渐近方差的估计. 目前国内外有很多研究者将经验似然方法运用到删失数据的处理中. Owen (1991) 和 Chen (1993, 1994) 将经验似然推断过程引入线性模型. 孙志猛等 (2014), 杨宜平等 (2012) 将经验似然方法推广到随机数据下的半参数线性变换模型以及单指标模型, 并对经验似然比检验统计量进行了调整, 得到了调整的经验似然比经验统计量. 刘强和刘黎明 (2011) 将经验似然运用到响应变量随机删失情形下的线性 EV 模型的估计中, 提出了一种修正的最小二乘估计, 证明了未知参数估计的渐近正态性. Zheng 和 Li (2005) 应用经验似然法估计删失数据的独立变量的置信度讨论了对于带有删失数据的线性回归模型中的独立变量的估计. Li 和 Wang (2003) 首次尝试将经验似然运用到删失部分线性模型, 但是他们所构造的经验对数似然比统计量渐近地等于服从标准卡方分布的随机变量的加权和, 由于权重需要进一步的估计, 因此结果不能直接应用于构造置信区间. 此后又有很多学者试图解决这一问题, 如 Wang 等 (2013) 试图用删失经验似然解决这一问题, 但删失经验似然比统计量的构造需要借助于删失变量的删失率, 这一过程较为复杂. Wang (2016) 基于 BJ (Buckley-James) 估计方程对删失部分线性模型参数作经验似然估计, 但在得出相应的结论时, 需要设定很多假设条件, 这在实际应用中是有一定局限性的. 除经验似然外, Castro 等 (2012) 首次应用贝叶斯方法对具有重尾分布的响应变量删失的部分线性模型提出一种稳健估计, 在此模型中服从高斯分布的随机项由服从正态分布的参数和非参数的混合项代替, 充分应用了删失部分的一些信息, 但是这种方法容易受到偏态的影响. 除此之外, 贝叶斯估计需事先对模型分布作出相应的假定, 才能在假定基础上对删失变量的先验分布做出推断.

3.1.2　两阶段估计法

对于模型中参数向量 β 和未知函数 $g(\cdot)$ 的估计已有大量文献对其进行了论述, 其中有一些常用方法, 如核估计、样条估计和局部多项式估计等, 本节将介绍常用的两阶段估计法以及对未知函数 $g(\cdot)$ 的处理方法.

两阶段估计法, 基本思想为:

假定参数向量 β 已知, 采用非参数回归的方法对未知函数 $g(\cdot)$ 进行估计, 获得其估计值 $\tilde{g}(\cdot\,;\beta)$, 然后用得到的估计值 $\tilde{g}(\cdot\,;\beta)$ 去代替模型中的未知函数 $g(\cdot)$, 便可采用普通的最小二乘法对 β 进行估计, 其目标函数如下:

$$\sum_{i=1}^{n}(Y_i - X_i^{\mathrm{T}}\beta - \tilde{g}(Z_i;\beta))^2 \tag{3-2}$$

Watson (1964) 和 Nadaraya (1964) 提出核回归技术, 之后被命名为 Nadaraya-Watson 估计, 假定 β 已知, 利用光滑性给出 $g(\cdot)$ 的核估计:

$$\tilde{g}(Z_i;\beta) = \sum_{i=1}^{n}\omega_{ni}(Z)(Y_i - X_i^{\mathrm{T}}\beta) \tag{3-3}$$

其中 $\{\omega_{ni}(Z), 1 \leqslant i \leqslant n\}$ 是与光滑参数 h 有关的概率权函数, 满足 $\omega_{ni}(Z) \geqslant 0$, $\sum\limits_{i=1}^{n}\omega_{ni}(Z) = 1$, 将 (3-3) 代入 (3-2) 便可得到 β 的估计.

Fan (1993) 提出局部多项式估计量并阐述了它的优势, Hamilton 和 Truong (1997) 将其应用于部分线性模型, 同样假定 β 是事先已知的, 通过极小化

$$\sum_{i=1}^{n}\left\{Y_i - X_i^{\mathrm{T}}\beta - \sum_{j=0}^{k}\beta_j^*(Z_i - Z)^j\right\}^2 K_h(Z_i - Z)$$

就可得到未知函数 $g(\cdot)$ 的估计. 其中 $K_h(\cdot) = K(\cdot/h)$, h 为窗宽, 也称为光滑参数, $K_h(\cdot)$ 为核函数, k 为拟合的多项式阶数.

对部分线性模型而言, 未知函数 $g(\cdot)$ 的处理也十分重要, 一般会对 $g(\cdot)$ 进行参数化处理. 由于函数空间 $\mathbb{R}$ 的维数可以趋于无穷, 对函数空间 $\mathbb{R}$ 加适当的光滑性限定, 便可根据光滑性使得 $\mathbb{R}$ 中的元素参数化. 比如函数空间 $\mathbb{R}$ 中的元在所选定的基 $\{a_j(Z), 1 \leqslant j \leqslant q\}$ 的条件下可以线性表示为

$$g(z) = \sum_{j=1}^{q}a_j(Z)\eta_j$$

其中 q 为一个需要选定的光滑参数. 在基 $\{a_j(Z), 1 \leqslant j \leqslant q\}$ 和 q 的条件下, 可以将未知函数 $g(\cdot)$ 参数化.

Chen (1988) 提出用分段多项式最小二乘估计法对参数 β 和未知函数 $g(\cdot)$ 进行估计. 其基本思想为: 对任意 $Z_i \in [0,1]$, 给定正整数 M, 并且 M 和 n 有关, 将区间 $[0,1]$ 进行等分, 记 $t_{nv} = [(v-1)/M, v/M]$, $1 \leqslant v \leqslant M$, $t_{nM} = [(M-1)/M, 1]$.

用 $I_{nv}(Z)$ 表示 I_{nv} 的示性函数, 为

$$I_{nv}(Z) = \varphi_{nv}(Z)(1, Z - Z_v, \cdots, (Z - Z_v)^K)^{\mathrm{T}}, \quad v = 1, \cdots, M$$
$$I_n(Z) = (I_{n1}^{\mathrm{T}}(Z), \cdots, I_{nM}^{\mathrm{T}}(Z))^{\mathrm{T}}$$

其中 Z_v 可以取 I_{nv} 中任意一点. 那么未知函数 $g(\cdot)$ 就可以用 $[0,1]$ 上的 K 次分段多项式函数 $\gamma^{\mathrm{T}} I_n(Z)$ 来逼近, 即

$$g(Z) \approx \gamma^{\mathrm{T}} I_n(Z)$$

其中 γ 为 $p \times 1$ 的参数向量, $p = (K+1)M$. 通过极小化以下目标函数得 β 和 $g(\cdot)$ 的估计:

$$L_n(\beta, \gamma) = \frac{1}{n} \sum_{i=1}^{n} [Y_i - X_i^{\mathrm{T}}\beta - \gamma^{\mathrm{T}} I_n(Z_i)]^2$$

在实际应用中, 设定 Y 对于 Z 的明确关系形式是很困难的, 甚至是不可能的. 更糟糕的是, 一旦对于它们的响应关系推断错误, 就会使结果出现很大的偏差, 导致分析人员得出错误的结论. 下面我们将给出基于 Schumaker (1981) 所提出的样条函数对未知函数 $g(\cdot)$ 进行估计, 而不是事先设定反应响应关系的关系式, 尽可能减小推断误差.

假定 (Y_i, X_i, Z_i), $i = 1, \cdots, n$ 为满足模型 (3-1) 的随机样本, (β_0, g_0) 表示 (β, g) 的真值, 假设, β_0 属于凸集 $\Theta \in \mathbf{R}^p$, g_0 是一个平滑的单调函数. 与文献 (Lu, 2010) 相似, $T_n = \{t_i\}_1^{m_n+2l}$, $0 = t_1 = \cdots = t_l < t_{l+1} < \cdots < t_{k_n-1} < t_{m_n+l} < t_{m_n+l+1} = \cdots = t_{m_n+2l} = 1$ 是一系列的内点, 将闭区间 $[0,1]$ 分成 $m_n + 1$ 个子集, 其中, 对于 $i = 0, \cdots, m_n - 1$, $I_i = [t_{l+i}, t_{l+i+1})$, $I_{m_n} = [t_{m_n+l}, t_{m_n+l+1}]$, $\vartheta_n(T_n, l)$ 表示以 T_n 为内点, 样条次序 $l \geqslant 1$ 的一系列样条, 根据文献 (Schumaker, 1981) 中定理 4.10, 对于任意 $h \in \vartheta_n(T_n, l)$, 存在一系列 B 样条基函数 $\{B_i, 1 \leqslant i \leqslant k_n\}$, 其中 $k_n = m_n + l$, 使得 $h = \sum_{i=1}^{k_n} \alpha_i B_i$. 因此, 存在一个单调 B 样条空间 $S_n(T_n, l) = \left\{\sum_{i=1}^{k_n} \alpha_i B_i : \alpha_1 \leqslant \cdots \leqslant \alpha_{k_n}\right\}$ 是 $\vartheta_n(T_n, l)$ 的一个子集, 则 $g(\cdot)$ 通过下式逼近

$$g(Z) \approx B^{\mathrm{T}}(Z)\alpha$$

其中 $\alpha=(\alpha_1,\cdots,\alpha_{k_n})^{\mathrm{T}}$ 为样条函数向量系数, $B(Z)=(B_1(Z),\cdots,B_{k_n}(Z))^{\mathrm{T}}$ 是 B 样条基函数向量. 通过对未知函数 $g(\cdot)$ 的参数化处理, 我们就可以用一般的参数估计方法对 β 进行估计.

3.2　删失部分线性模型的多重填补法

3.2.1　多重填补过程

在不对模型分布做出任何推断的情况下, 我们将以 Y_i 的条件分位数来估计删失的 Y_i, 对于已观测变量 $c_i=(X_i,Z_i)$, 我们假定以下线性分位数回归模型:

$$Q_{Y_i}(\tau|c_i)=X_i^{\mathrm{T}}\beta(\tau)+g_u(Z_i),\quad 0<\tau<1$$

正如上式所述, 我们可假定待估计的 Y_i 的 τ 分位数形式如下:

$$\hat{Q}_{Y_i}(\tau|c_i)=X_i^{\mathrm{T}}\hat{\beta}(\tau)+B(Z_i)^{\mathrm{T}}\hat{\alpha}(\tau)$$

其中 τ 是服从 $(0,\hat{\pi}(c_i))$ 上均匀分布的随机变量, $\pi(c_i)=\Pr(Y_i<d|c_i)$ 是 Y_i 删失的条件概率, $\theta(\tau)=(\beta(\tau),\alpha(\tau))$ 表示分位数系数, 假设它是 τ 的光滑函数, 可通过已存在的删失数据线性分位数回归方法对其进行估计. Portnoy (2003) 提出的对于线性模型分位数回归的方法将 Kaplan-Meier 估计量拓展到回归模型的应用中, Koenker (2008) 和 Portnoy 和 Lin (2010) 证明了此方法对于存在固定删失的数据效果仍然较好. 下面将基于 Portnoy (2003) 给出部分线性模型中对于删失变量的分位数系数估计.

特别地, K 表示所有的删失观测值集合, 对于给定的分位数水平 τ, 我们可通过以下目标函数对分位数系数 $\hat{\theta}(\tau)$ 进行估计:

$$\sum_{i\notin K}\rho_\tau(Y_i-c_i^{\mathrm{T}}\theta)+\sum_{i\in K}\{\omega_i(\tau)\rho_\tau(d-c_i^{\mathrm{T}}\theta)+(1-w_i(\tau))\rho_\tau(Y^*-c_i^{\mathrm{T}}\theta)\}$$

其中 $\rho_\tau(u)=U\{\tau-I(u<0)\}$ 表示损失函数, 对于每个删失观测值, 如果 $\hat{\tau}_i$ 给定, 那么对于 $\tau>\hat{\tau}_i$, 权重 $\omega_i(\tau)$ 可被定义为

$$\omega_i(\tau)=\frac{\tau-\hat{\tau}_i}{1-\hat{\tau}_i},\quad 对于\ \delta_i=0$$

Y^* 是任意一个比 $\{c_i^{\mathrm{T}}\theta,i\in K\}$ 都要小的值, 更多的细节可参阅文献 (Portnoy, 2003). 旋转算法可被用于估计分位数系数 θ, 该算法从最低分位点到最高分位点迭代地进行计算. 对于网格中 k_n 个分位点 $\tau_1<\cdots<\tau_{k_n}$ 覆盖集合 $\varepsilon_0\leqslant\tau\leqslant 1-\varepsilon_0$, 其中 $\varepsilon_0>0$, 并且 $\tau_1>\varepsilon_0$, ε_0 是最小的可识别的分位点, 即 τ 分位数水平的 $\theta_0(\tau_0)$ 是

可识别的, 换句话说, 我们将 ε_0 视为最小的分位点, 那么在目前的分位数回归中所有的分位点都是可计算的, 对于线性删失数据分位数回归的渐近性质可参阅文献 (Portnoy, 2003).

多重填补的具体方法如下.

步骤 1 为得到权重 $\omega_i(\tau)$, 每一个删失变量的删失率必须明确求出, 这里我们通过拟合逻辑回归模型来求得 Y_i 的条件删失率, $\pi(c_i) = \Pr(Y_i < d|c_i)$, 模型如下:

$$\log[\pi(c_i)/\{1-\pi(c_i)\}] = c_i^{\mathrm{T}}\lambda_0$$

其中 λ_0 是 p 维未知的参数向量.

步骤 2 选择一个 u 来估计删失的 Y_i 的值. 因此假设 L 表示删失变量的个数, $i = 1, \cdots, L$, 我们从 $(0, \hat{\pi}(c_i))$ 上的均匀分布中随机抽取 u, 并且选择 $Y_i' = c_i^{\mathrm{T}}\hat{\theta}(u)$ 作为填补值, 对于每一个删失的 Y_i, 我们将重复这一步骤 m 次, 因此我们将得到 m 个随机的概率, $u_{i(j)}$ 表示第 i 个删失变量的第 j 次删失率, 填补数据集为 $(Y_{i(j)}', X_i, Z_i), j = 1, \cdots, m$, 其中 $Y_{i(j)}'$ 是与 (X_i, Z_i) 相关的变量 Y 的第 j 次填补值, 对于未删失的情形 $Y_i' = Y_i$. 有时由于我们计算删失率的方法, 得到的填补值 Y_i' 可能比 d 大, 当这种情况出现时, 往往不予考虑进行填补.

步骤 3 对每一个填补数据集运用的完整数据集分析方法进行分析, 获得参数估计值和非线性函数部分的样条参数:

$$\begin{aligned}\hat{\theta}_j = \arg\min & \sum_{i \notin K} (Y_{i(j)} - c_i^{\mathrm{T}}\theta) \\ & + \sum_{i \in K} m\{Y_{i(j)}' - c_i^{\mathrm{T}}\theta\} I\{Y_{i(j)}' < d, u_{i(j)} > \varepsilon_0\}, \quad j = 1, \cdots, m\end{aligned}$$

其中, $Y_{i(j)}'$, $u_{i(j)}$ 的定义同步骤 2, m 是一个凸的损失函数. 最后我们有

$$\hat{\theta} = m^{-1}\sum_{j=1}^{m}\hat{\theta}_j$$

3.2.2 基于多重填补结果的参数估计

假设填补完整后的部分线性模型:

$$Y_M = X^{\mathrm{T}}\beta + g(Z) + \varepsilon$$

其中, Y_M 为填补完整的响应变量, 如前面所述, 对未知参数 $g(\cdot)$ 运用 B 样条基函数进行估计, 则对于每一个样本观测值 $(Y_{M_i},\ X_i,\ Z_i), i = 1, \cdots, n$, 我们有

$$Y_{M_i} = X_i^{\mathrm{T}}\beta + B_i^{\mathrm{T}}\alpha + e_i$$

$B_i=(B_1(Z_i),\cdots,B_{k_n}(Z_i))^{\mathrm{T}}$, 可得样条损失函数:

$$L_n(\beta,\alpha)=\sum_{i=1}^{n}m(Y_i-X_i^{\mathrm{T}}\beta-B_i^{\mathrm{T}}\alpha)$$

满足 $\alpha_1\leqslant\cdots\leqslant\alpha_{k_n}$, 其中 m 是一个凸的损失函数, (β,α) 的 M 估计量被定义为

$$(\hat{\beta}_n,\hat{\alpha}_n)=\min_{\beta,\alpha_1\leqslant\cdots\leqslant\alpha_{k_n}}\arg\{L_n(\beta,\alpha),\alpha_1\leqslant\cdots\leqslant\alpha_{k_n}\}\tag{3-4}$$

下面我们将给出最小二乘损失函数和分位数损失函数下, 对于两个参数的估计方法.

方法 1　损失函数为最小二乘损失函数时, 我们可通过二次规划 (quadratic programming, QP) 对 (3-4) 进行优化, 目标函数重新定义为 $\theta^{\mathrm{T}}H_n\theta+2c_n^{\mathrm{T}}\theta+Y_M^{\mathrm{T}}Y_M$, 其中 $H_n=\sum_{i=1}^{n}T_iT_i^{\mathrm{T}}$, $c_n=Y_M^{\mathrm{T}}T^{\mathrm{T}}$, $Y_M=(Y_{M1},\ \cdots,Y_{Mn})^{\mathrm{T}}$, $T=(T_1,\cdots,T_n)^{\mathrm{T}}$, $T_i=(X_i,B_i)^{\mathrm{T}}$, 因此对于 (3-4) 的处理, 可通过最小化以下目标函数得到:

$$\theta^{\mathrm{T}}H_n\theta+2c_n^{\mathrm{T}}\theta+Y_M^{\mathrm{T}}Y_M,\quad 满足\ \alpha_1\leqslant\alpha_2\leqslant\cdots\leqslant\alpha_{k_n}$$

方法 2　损失函数为 τ 水平的分位数损失函数时, 通过引入 $2n$ 个可加变量 $\{(t_i,v_i),i=1,\cdots,n\}$, 可将目标函数 (3-4) 定义为线性规划 (linear programming, LP) 问题, 其中可加变量满足: $Y_{Mi}-X_i^{\mathrm{T}}\beta-B_i^{\mathrm{T}}\alpha=t_i-v_i$ 并且对于任意的 $i=1,\cdots,n$, 有 $t_i\geqslant 0$, $v_i\geqslant 0$, 可加变量 t_i 和 v_i 分别代表着第 i 次观测的残差的正值和负值. 由此, 最小化 (3-4) 可通过任意的线性规划算法来解决下式:

$$\min=\sum_{j=1}^{m}[\tau t_{i(j)}+(1-\tau)v_{i(j)}]$$

满足 $t_{i(j)}\geqslant 0$, $v_{i(j)}\geqslant 0$, $t_{i(j)}-v_{i(j)}=Y_{i(j)}-X_i^{\mathrm{T}}\beta-B_i^{\mathrm{T}}\alpha$, $j=1,\cdots,m$, $\alpha_1\leqslant\alpha_2\leqslant\cdots\leqslant\alpha_{k_n}$.

3.2.3　数值模拟

1. 最小二乘损失函数下多重填补方法的数值模拟

1) 模型设定

最小二乘损失函数下, 部分线性模型如下:

$$y_i=x_{i1}\beta_1+x_{i2}\beta_2+g_0(z_i)+\varepsilon_i,\quad i=1,\ \cdots,n$$

其中 (x_{i1},x_{i2}) 服从的分布如下设定, 参数真值 $\beta_1=1$, $\beta_2=2$, z_i 服从 $[0,10]$ 上的均匀分布, 随机误差项 ε_i 服从的分布如下设定, 未知函数 $g_0(z)=\exp(z/4)-0.5$.

场景 1 x_{i1} 服从标准正态分布, $x_{i2} \sim B(3, 0.7)$, ε_i 服从标准正态分布.

场景 2 (x_{i1}, x_{i2}) 服从均值为 0, 方差为 1, 相关系数为 0.5 的二元正态分布, ε_i 服从 $t(3)$.

场景 3 (x_{i1}, x_{i2}) 服从均值为 0, 方差为 1, 相关系数为 0.9 的二元正态分布, 随机误差项 $e_i \sim N(0, 0.8^2)$, $e_i = (1 + 0.2x_{i2})e_i$, 模型受异方差的影响.

同样地, 我们仅能观测到 $y_i^c = \max(y, d)$, d 的两个值分别对应着 20% 和 40% 删失点的值, 样本容量 $n = 200$, 所有的结果通过 2000 次模拟所得.

2) 模拟结果

表 3-1～ 表 3-3 给出了不同场景下的数值模拟结果, 其中 COM 表示基于完整数据集的结果; CC 表示将删失数据删除后所得到的结果; KW 表示基于 Chen 等 (2015) 中的方法所得的结果; MI. Por 表示本章采用的多重填补方法以后所得的结果. 其中后缀 Por 表示在多重填补时采用 Portnoy (2003) 的方法. 从表中可知, 随着删失率的增大, 偏差和均方误差都会随之而增大, 但我们的方法优越性更加显著, 场景 1 中, 20%删失水平下, KW 方法下的均方误差分别比 COM 方法下的参数估计增大 148.94%, 340.23%, 534.48%, 由 MI. Por 方法所获得的参数估计均方误差分别增大 36.17%, 58.62%, 75.66%, 当删失率增大到 40%时, KW 均方误差增大 312.77%, 575.86%, 1652.89%, 而 MI. Por 方法增大 93.62%, 140.23%, 307.33%, 因此由 MI. Por 方法估计所得的线性和非线性部分更接近于完整数据信息下的 COM. 与场景 1 中模型分布相比较, 场景 2, 场景 3 中模型分布更为复杂, 自变量相关, 同时随机误差项分布较场景 1 中正态分布而言更加不稳定, 但是由表 3-2, 表 3-3, 经填补后估计所得的线性部分系数和非线性部分函数的偏差和均方误差均要小于 KW 方法, 由此可得, 即使模型分布较为复杂, 我们所提出的多重填补方法较目前已存在的删失数据处理方法仍然有较高的有效性. 最小二乘损失函数下进行的参数估计结果可得: 不论删失率为 20% 或者 40%, MI. Por 方法下估计

表 3-1 y_i 删失率为 20%, 40% 时, 最小二乘损失函数下场景 1 各估计量的偏差和均方误差

方法	20%						40%					
	Bias			MSE			Bias			MSE		
	β_1	β_2	$g(\cdot)$	β_1	β_2	$g(\cdot)$	β_1	β_2	$g(\cdot)$	β_1	β_2	$g(\cdot)$
COM	−0.0014	−0.0026	0.0051	0.0047	0.0087	0.0641	−0.0014	−0.0026	0.0051	0.0047	0.0087	0.0641
CC	−0.0709	−0.1574	0.4780	0.0115	0.0382	0.3523	−0.1023	−0.1998	0.6737	0.0193	0.0590	0.6779
KW	−0.0710	−0.1573	0.5150	0.0117	0.0383	0.4067	−0.1021	−0.1988	0.8286	0.0194	0.0588	1.1236
MI.Por	−0.0106	−0.0189	0.0625	0.0064	0.0138	0.1126	−0.0120	−0.0246	0.1034	0.0091	0.0209	0.2611

所得的偏差和均方误差均要比 KW 方法所获得的小, 可见在所提出的多重填补方法基础上进行的参数估计比已存在的方法更有效.

表 3-2　y_i 删失率为 20%, 40% 时, 最小二乘损失函数下场景 2 各估计量的偏差和均方误差

方法	20%						40%					
	Bias			MSE			Bias			MSE		
	β_1	β_2	$g(\cdot)$	β_1	β_2	$g(\cdot)$	β_1	β_2	$g(\cdot)$	β_1	β_2	$g(\cdot)$
COM	0.0024	0.0052	0.0031	0.0201	0.0223	0.0777	0.0024	0.0052	0.0031	0.0201	0.0223	0.0777
CC	−0.0816	−0.1753	0.2791	0.0291	0.0570	0.2010	−0.1368	−0.2874	0.5165	0.0531	0.1258	0.5518
KW	−0.0810	−0.1759	0.3210	0.0291	0.0573	0.2483	−0.1359	−0.2879	0.6997	0.0529	0.1265	0.8537
MI.Por	−0.0070	−0.0232	0.0916	0.0195	0.0222	0.0882	−0.0026	−0.0236	0.1130	0.0260	0.0285	0.1627

表 3-3　y_i 删失率为 20%, 40% 时, 最小二乘损失函数下场景 3 各估计量的偏差和均方误差

方法	20%						40%					
	Bias			MSE			Bias			MSE		
	β_1	β_2	$g(\cdot)$	β_1	β_2	$g(\cdot)$	β_1	β_2	$g(\cdot)$	β_1	β_2	$g(\cdot)$
COM	−0.0145	0.0109	−0.0015	0.0286	0.0293	0.0278	−0.0145	0.0109	−0.0015	0.0286	0.0293	0.0278
CC	−0.0561	−0.0429	0.0960	0.0410	0.0413	0.0530	−0.0849	−0.0881	0.2237	0.0594	0.0628	0.1437
KW	−0.0569	−0.0428	0.1131	0.0415	0.0419	0.0701	−0.0860	−0.0875	0.3170	0.0610	0.0644	0.2332
MI.Por	−0.0189	0.0105	0.0072	0.0378	0.0388	0.0388	−0.0146	0.0132	0.0050	0.0503	0.0522	0.0884

图 3-1 是在最小二乘损失函数下, 场景 2 中删失率为 20%和 40%时, 模拟所得的非线性函数, 从图中可看出函数呈单调增长趋势. 其中红色曲线为原函数, 绿色曲线为经本书中所提出的多重填补方法对删失数据作填补后模拟所得, 蓝色曲线为 Chen 等 (2015) 提出的 Kaplan-Meier 权重方法所模拟的曲线, 正如表 3-2, 就非线性函数而言, 经 MI. Por 估计得到的偏差和均方误差, 相比于 KW 明显要小, 呈现在图像中, 则 MI. Por 非线性曲线更接近于原函数曲线, 相反 KW 非线性曲线偏离原函数曲线, 除此之外, 我们看到随着删失率由 20% 增大到 40%, KW 非线性曲原函数曲线越来越偏离原函数曲线. 场景 1, 场景 3 中非线性函数图像与图 3-1 相仿, 这里不做赘述.

2. 分位数损失函数下多重填补方法的数值模拟

1) 模型设定

分位数损失函数下, 部分线性模型如下:

$$y_i = x_{i1}\beta_1 + x_{i2}\beta_2 + g_0(z_i) + \varepsilon_i(\tau), \quad i = 1, \cdots, n$$

其中分位数点选定 τ=0.25, 0.5 和 0.75.

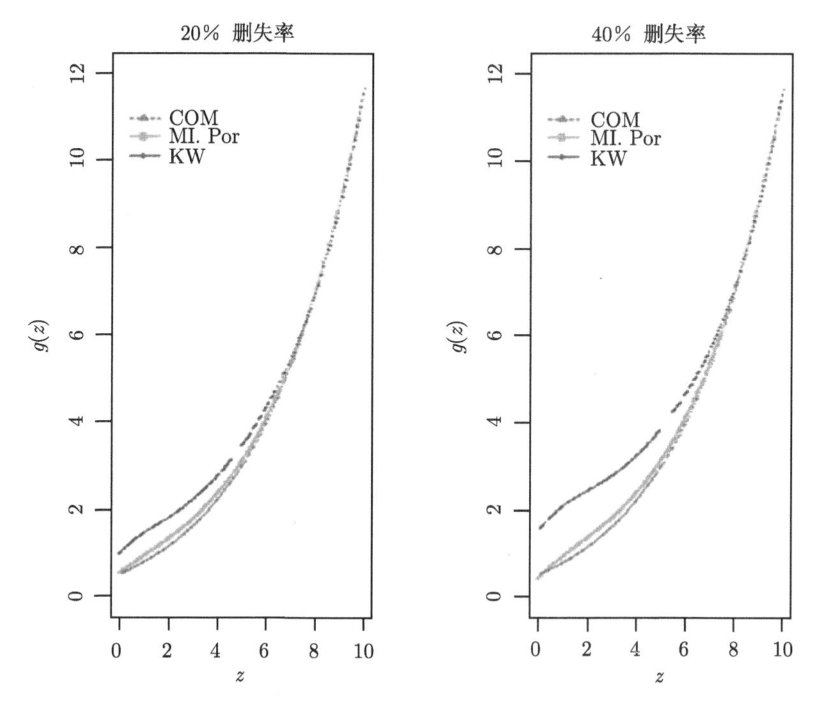

图 3-1 场景 2 非线性函数图像 (彩图请扫封底二维码)

场景 4 x_{i1} 服从标准正态分布, $x_{i2} \sim B(3, 0.7)$, $\varepsilon_i(\tau) = \varepsilon_i - F^{-1}(\tau)$, F 为 ε_i 共同的累积分布函数, ε_i 服从标准正态分布.

场景 5 (x_{i1}, x_{i2}) 服从均值为 0, 方差为 1, 相关系数为 0.5 的二元正态分布, e_i 服从 $t(3)$, $\varepsilon_i(\tau) = e_i - F^{-1}(\tau)$, $F(\cdot)$ 为 e_i 的分布函数.

场景 6 (x_{i1}, x_{i2}) 服从均值为 0, 方差为 1, 相关系数为 0.9 的二元正态分布, 随机误差项 $e_i \sim N(0, 0.8^2)$, $\varepsilon_i(\tau) = (1 + 0.2x_{i2})(e_i - F^{-1}(\tau))$, $F(\cdot)$ 为 e_i 的分布函数. 模型受异方差的影响.

2) 模拟结果

分位数损失函数下, 协变量相互独立, 随机误差项服从正态分布情况, 我们将所提出方法与利用未删失数信息进行参数估计的方法相比较, 分别选取分位点 $\tau = 0.25$, 0.5, 0.75 进行分位数损失函数下的参数估计, 结果见表 3-4 和表 3-5. 随着删失率由 20% 提高到 40%, 所有方法下的偏差和均方误差变大, 如 $\tau = 0.5$ 时, MI. Por 方法所获得相对均方误差比由 20%删失率时的 0.0092, 0.0168, 0.1289 增大到 40% 删失率时的 0.0119, 0.0234, 0.2204. 但是相对于 CC 方法 40% 删失率时的相对均方误差 0.0256, 0.0781, 0.8096 仍要小得多. 由于数据左删失, 因此与分位点 $\tau =$ 0.5, 0.75 相比, 在低分位点 0.25 处, 所得到的系数和非线性函数的估计偏差和均方误差相对较大. 其中在分位点 $\tau = 0.5$ 处效果最佳. 在场景 5 中随机误差项服从自由度为 3 的 t 分布, 模型分布相对于正态分布曲线双侧尾部翘得越高对于两侧分位点的系数估计越有影响, 但是场景 5 的结果和场景 4 一致, 我们所提出的方法仍然适用, 详见表 3-6 和表 3-7. 场景 6 中模型分布较为复杂, 部分线性模型参数估计受到异方差的影响, 同时协变量之间由原来的相互独立变为服从相关系数为 0.9 的二元正态分布, 这势必会影响线性部分的系数估计, 结果见表 3-8, 表 3-9, 经由 MI. Por

表 3-4　分位数损失函数下 y_i 删失率为 20%时, 场景 4 中各估计量的偏差和均方误差

方法	20%					
	Bias			MSE		
	β_1	β_2	$g(\cdot)$	β_1	β_2	$g(\cdot)$
	$\tau=0.25$					
COM	−0.0016	−0.0048	0.0179	0.0091	0.0150	0.1095
CC	−0.0895	−0.1951	0.5956	0.0201	0.0634	0.5767
MI. Por	−0.0173	−0.0437	0.1370	0.0110	0.0216	0.1763
	$\tau=0.5$					
COM	−0.0013	−0.0048	0.0111	0.0080	0.0130	0.0950
CC	−0.0727	−0.1645	0.4886	0.0157	0.0484	0.4161
MI. Por	−0.0065	−0.0254	0.0737	0.0092	0.0168	0.1289
	$\tau=0.75$					
COM	0.0011	−0.0068	0.0099	0.0093	0.0147	0.1090
CC	−0.0620	−0.1402	0.4050	0.0159	0.0432	0.3526
MI. Por	−0.0004	−0.0123	0.0298	0.0102	0.0173	0.1298

表 3-5　分位数损失函数下 y_i 删失率为 40%时, 场景 4 中各估计量的偏差和均方误差

方法	40%					
	Bias			MSE		
	β_1	β_2	$g(\cdot)$	β_1	β_2	$g(\cdot)$
	$\tau=0.25$					
COM	−0.0016	−0.0048	0.0179	0.0091	0.0150	0.1095
CC	−0.1358	−0.2520	0.8473	0.0346	0.1008	1.1137
MI. Por	−0.0171	−0.0585	0.2271	0.0147	0.0318	0.3335
	$\tau=0.5$					
COM	−0.0013	−0.0048	0.0111	0.0080	0.0130	0.0950
CC	−0.1087	−0.2170	0.7079	0.0256	0.0781	0.8096
MI. Por	−0.0099	−0.0399	0.1370	0.0119	0.0234	0.2204
	$\tau=0.75$					
COM	0.0011	−0.0068	0.0099	0.0093	0.0147	0.1090
CC	−0.0959	−0.1876	0.5956	0.0257	0.0703	0.6696
MI. Por	−0.0052	−0.0278	0.0819	0.0124	0.0229	0.1933

表 3-6 分位数损失函数下 y_i 删失率为 20%时, 场景 5 中各估计量的偏差和均方误差

方法	20%					
	Bias			MSE		
	β_1	β_2	$g(\cdot)$	β_1	β_2	$g(\cdot)$
	$\tau = 0.25$					
COM	0.0029	−0.0010	0.0012	0.0209	0.0201	0.0688
CC	−0.0801	−0.1748	0.2271	0.0282	0.0556	0.1735
MI. Por	−0.0133	−0.0335	0.0703	0.0218	0.0243	0.0837
	$\tau = 0.5$					
COM	0.0027	0	0.0031	0.0138	0.0126	0.0473
CC	−0.0636	−0.1324	0.1738	0.0211	0.0356	0.1122
MI. Por	−0.0033	−0.0121	0.0339	0.0149	0.0159	0.0532
	$\tau = 0.75$					
COM	0.0028	−0.001	0.0116	0.0206	0.0192	0.0702
CC	−0.0627	−0.1318	0.1833	0.0317	0.0462	0.1509
MI. Por	0.003	0.001	0.0276	0.0228	0.0226	0.0733

表 3-7 分位数损失函数下 y_i 删失率为 40%时, 场景 5 中各估计量的偏差和均方误差

方法	40%					
	Bias			MSE		
	β_1	β_2	$g(\cdot)$	β_1	β_2	$g(\cdot)$
	$\tau = 0.25$					
COM	0.0029	−0.001	0.0012	0.0209	0.0201	0.0688
CC	−0.1323	−0.274	0.4279	0.047	0.1099	0.4369
MI. Por	−0.0132	−0.0275	0.1062	0.028	0.0314	0.1367
	$\tau = 0.5$					
COM	0.0027	0	0.0031	0.0138	0.0126	0.0473
CC	−0.1052	−0.2204	0.3496	0.0359	0.0771	0.3034
MI. Por	−0.0065	−0.0139	0.0513	0.0196	0.0213	0.0792
	$\tau = 0.75$					
COM	0.0028	−0.001	0.0116	0.0206	0.0192	0.0702
CC	−0.1056	−0.2265	0.3779	0.0529	0.0964	0.3892
MI. Por	0.0034	−0.0033	0.0385	0.0267	0.0288	0.0942

表 3-8　分位数损失函数下 y_i 删失率为 20%时, 场景 6 中各估计量的偏差和均方误差

方法	20%					
	Bias			MSE		
	β_1	β_2	$g(\cdot)$	β_1	β_2	$g(\cdot)$
			$\tau = 0.25$			
COM	−0.0088	0.0066	0.0047	0.0505	0.0499	0.0461
CC	−0.0634	−0.0901	0.1470	0.0644	0.0685	0.0959
MI. Por	−0.0215	−0.0077	0.0326	0.0576	0.0567	0.0550
			$\tau = 0.5$			
COM	−0.0086	0.0067	−0.0005	0.0442	0.0429	0.0390
CC	−0.0520	−0.0804	0.1199	0.0534	0.0574	0.0736
MI. Por	−0.0121	−0.0030	0.0135	0.0492	0.0477	0.0439
			$\tau = 0.75$			
COM	−0.0049	0.0044	−0.0088	0.0517	0.0500	0.0459
CC	−0.0398	−0.0760	0.0935	0.0652	0.0687	0.0743
MI. Por	−0.0029	0.0018	−0.0038	0.0562	0.0539	0.0484

表 3-9　分位数损失函数下 y_i 删失率为 40%时, 场景 6 中各估计量的偏差和均方误差

方法	40%					
	Bias			MSE		
	β_1	β_2	$g(\cdot)$	β_1	β_2	$g(\cdot)$
			$\tau = 0.25$			
COM	−0.0088	0.0066	0.0047	0.0505	0.0499	0.0461
CC	−0.0969	−0.1480	0.2850	0.0848	0.1006	0.2193
MI. Por	−0.0207	0.0013	0.0423	0.0718	0.0723	0.0869
			$\tau = 0.5$			
COM	−0.0086	0.0067	−0.0005	0.0442	0.0429	0.0390
CC	−0.0750	−0.1340	0.2372	0.0732	0.0880	0.1643
MI. Por	−0.0125	0.0018	0.0129	0.0578	0.0585	0.0615
			$\tau = 0.75$			
COM	−0.0049	0.0044	−0.0088	0.0517	0.0500	0.0459
CC	−0.0636	−0.1232	0.1952	0.0862	0.1013	0.1484
MI. Por	−0.0025	0.0003	−0.0055	0.0637	0.0630	0.0618

方法所得的估计量的有效性仍然高于 CC 方法下的结果, 因为不论是偏差还是均方误差, CC 方法所得的结果都较大. 由此我们可得本节中所提出的多重填补方法要比 CC 方法更稳定, 不管部分线性模型服从何种分布, 结论仍然成立. 图 3-2 是场

景 6 中对于非线性函数 g_0 的估计, 从图中可看出, 随着删失率由原来的 20% 增加到 40%, CC 方法下的拟合曲线和原函数曲线偏离得越来越远, 而 MI. Por 方法下的曲线仍十分接近原函数曲线, 因此就非线性部分函数而言, 我们的多重填补方法也显著地提高了删失数据的信息利用率, 得到了更为准确的估计. 场景 4、场景 5 中非线性部分函数图像与场景 6 中函数图像类似, 这里不做赘述.

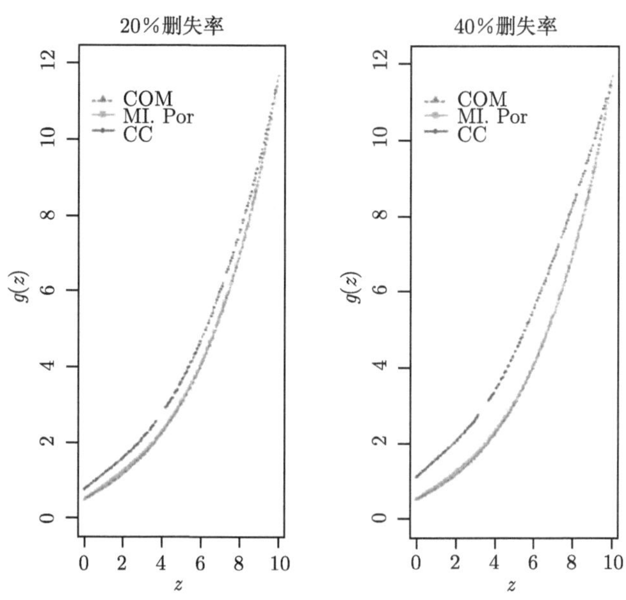

图 3-2 场景 6 非线性函数图像 (彩图请扫封底二维码)

3.2.4 在环境污染数据中的应用

1. *样本数据及统计特征*

在许多环境监测活动中, 由于检测设备的原因, 往往我们收集到一些小于检测限 (删失点) 的数据, 由于左删失数据的影响, 我们很难对实际环境状况作出准确的分析和研究. 本节将所提出的方法应用于空气污染数据集, 数据集包含由挪威公共道路管理局于 2001 年 10 月到 2003 年 8 月在挪威奥斯陆收集到的 500 个观测数据. 这项研究表明道路的空气污染状况与道路交通流量和气象变量有关. 数据集包括平均每小时的可吸入颗粒物浓度 (颗粒)、地面 2 米以上的温度 (℃)、风速 (米/秒)、地面以上 2 米和 25 米之间的温差 (℃)、每小时的车辆数值 (辆)、风向 (0° ~360°). Lu (2010) 在数据完整情况下拟合了部分线性回归模型并对该数据集进行了讨论.

在这里我们设定模型响应变量 y 为平均每小时的可吸入颗粒物 (PM_{10}) 浓度对数值 (颗粒), 自变量 x_1 为地面 2 米以上的温度 (℃), x_2 为风速 (米/秒), x_3 为地

面以上 2 米和 25 米之间的温差 (℃), z 为每小时的车辆数对数值 (辆). 我们设定以下部分线性模型:

$$y = x_1\beta_1 + x_2\beta_2 + x_3\beta_3 + g(z) + \varepsilon$$

图 3-3 为 y, $\log(y)$ 与温度 x_1 的散点图, 为方便观察只选取了数据中前 100 个观测值, 从图中可以看出相对于原始数值 y, 做对数化处理后, 数值更加集中, 负相关趋势较左图更加明显, 因此, 我们将响应变量设置为 PM_{10} 浓度对数值.

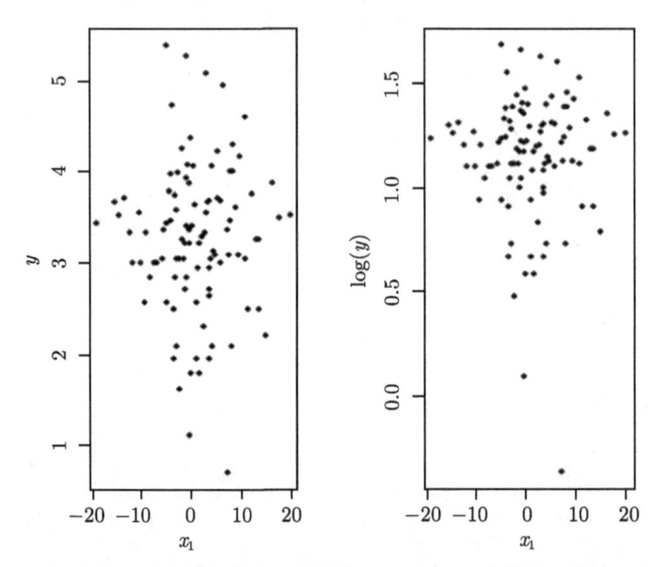

图 3-3　可吸入颗粒物 (PM_{10}) 浓度、PM_{10} 浓度对数值与温度散点图

图 3-4 为可吸入颗粒物浓度对数值与每小时车辆数对数值的散点图, 从图中可观察到随着每小时车辆数的增多, 可吸入颗粒物的浓度也越来越大, 并且试验证据表明更多的车辆将导致更高浓度的可吸入颗粒物, 因此我们假定 $g(\cdot)$ 为单调函数, 这一假定在 Lu (2010) 中也被证明同样合理.

为了与完整情况下数据集的参数估计方法作对比, 我们将设定数据集左删失率分别为 20%和 30%, 应用在前面提出的数据多重填补方法, 对左删失数据进行处理, 并进行进一步的分析研究.

2. 结果分析

在这里我们同样采用 Chen 等 (2015) 所提出的利用 Kaplan-Meier 权重来解释衡量删失的方法作对比, 对空气污染数据进行分析, 以 KW 来表示此方法所得结果, 方法 COM 表示完整数据下对部分线性模型线性和非线性部分的估计, 此方法所得结果为基准估计, CC 方法是基于未删失的 y_i 的所有观测值, MI. Por 代表本节中所提出的方法, 填补次数选定为 $m = 10$. 因系数真值无从得知, 我们将以完整数据下估计得到的系数为标准, 即通过 $\mathrm{MSE}_\beta = \sum_{i=1}^{p}(\hat{\beta}_i - \beta_{i\mathrm{COM}})^2$ 得到所估计系数的均方误差, 其中 p 为自变量维数. 结果见表 3-10~ 表 3-13.

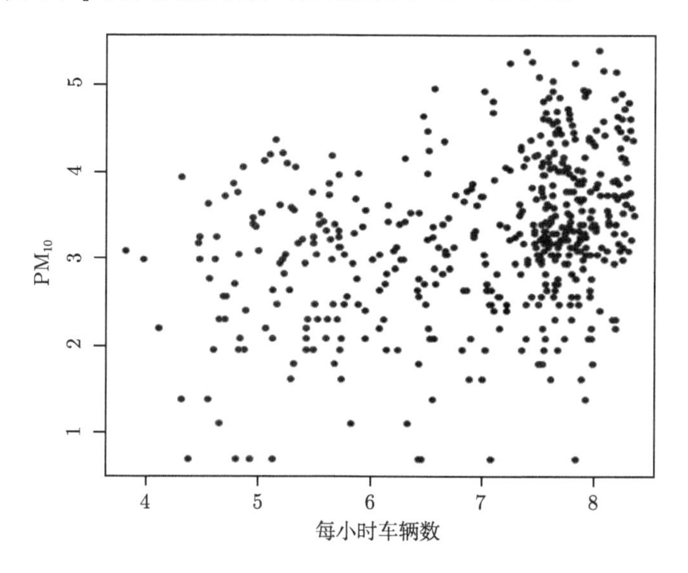

图 3-4 可吸入颗粒物浓度 (PM_{10}) 与每小时车辆数对数值散点图

最小二乘损失函数下, 20%, 30%删失时, 各自变量的系数估计值和相应的均方误差见表 3-10, 表 3-11, 从表中可得, 尽管删失率由原来的 20%, 提高到 30%, 经过多重填补处理后, 我们所得的系数估计值与完整数据下的系数估计值非常接近, 但是由 KW, CC 两种方法估计得到的系数值却与完整数据下的参数值差异较大, 例如, 对于 β_1 的估计. 模型中我们假定自变量 x_1 为地上 2 米以上的温度 (℃), 温度较高时, 大气对流层运动强烈, 污染源排放进入大气的颗粒物扩散能力强, 使颗粒物质量浓度降低, 在地面温度较低情况下, 容易出现逆温天气, 从而使污染加重, 所以温度应与 PM_{10} 的浓度呈负相关的关系. KW, CC 两种方法下得出的系数估计是错误的. 单调函数 95%逐点置信区间拟合曲线如图 3-5、图 3-6 所示. 20%删失时三种方法下的函数曲线均满足单调条件, 并且与我们的假定: PM_{10} 浓度与每小时的车流量呈单调递增的关系相吻合. COM 曲线与 MI. Por 曲线相似度更高, KW 曲线的起始值明显大于前两者, 并且在 $z = 7.5$ 之前增幅较为平缓, 在该点后出现迅速增长的趋势, 与 COM 和 MI. Por 明显不同; 当删失率增大到 30%时, MI. Por 曲线也出现较大偏差, 起始值有所增大, 但整体增幅较为平缓, 此时 KW 曲线受到删失数据影响较为明显, 曲线出现很大波动, 整体光滑度明显下降. 由此可得, 我们所提出的方法相对于其他方法较为稳定, 受删失率影响较小.

表 3-10　最小二乘损失函数 20%删失率下各系数估计值 (与相应的均方误差 MSE×10^5)

方法	β_1	β_2	β_3
COM	−14.749(0.000)	−398.545(0.000)	44.557(0.000)
CC	17.083(0.204)	−187.685(4.852)	15.626(2.454)
KW	16.081(0.189)	−186.817(4.822)	25.449(2.557)
MI. Por	−14.749(0.055)	−398.545(0.356)	44.557(1.405)

表 3-11　最小二乘损失函数 30%删失率下各系数估计值 (与相应的均方误差 MSE×10^5)

方法	β_1	β_2	β_3
COM	−14.749(0.000)	−398.545(0.000)	44.557(0.000)
CC	17.083(0.107)	−187.685(4.462)	15.626(0.092)
KW	16.081(0.100)	−186.817(4.494)	25.449(0.046)
MI. Por	−14.749(0.004)	−398.545(0.024)	44.557(0.001)

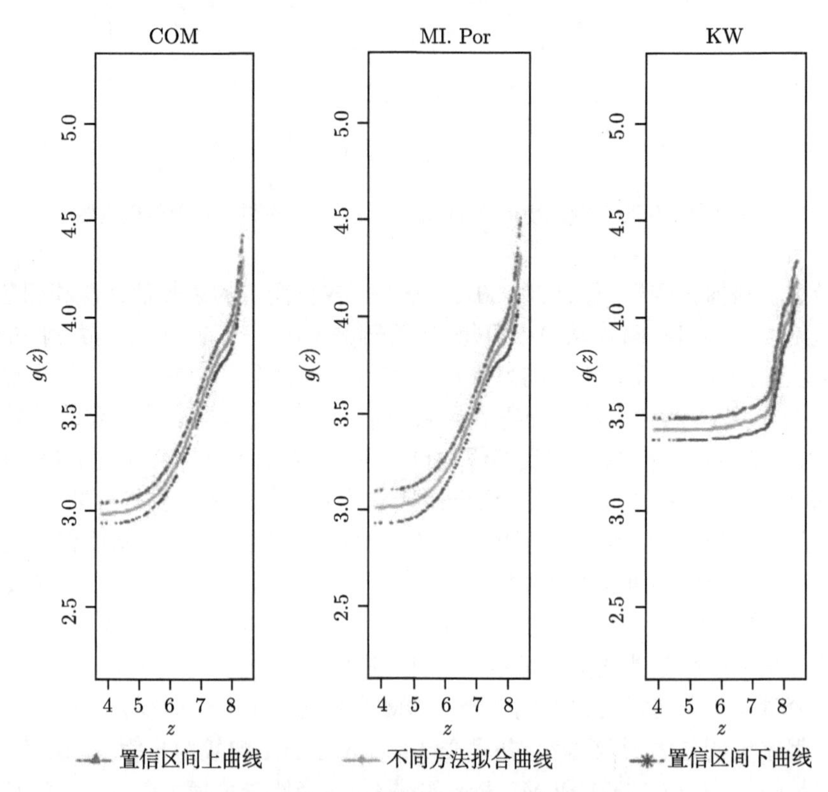

图 3-5　最小二乘损失函数 20%删失率下,
基于不同方法 95%逐点置信区间非线性函数估计曲线 (彩图请扫封底二维码)

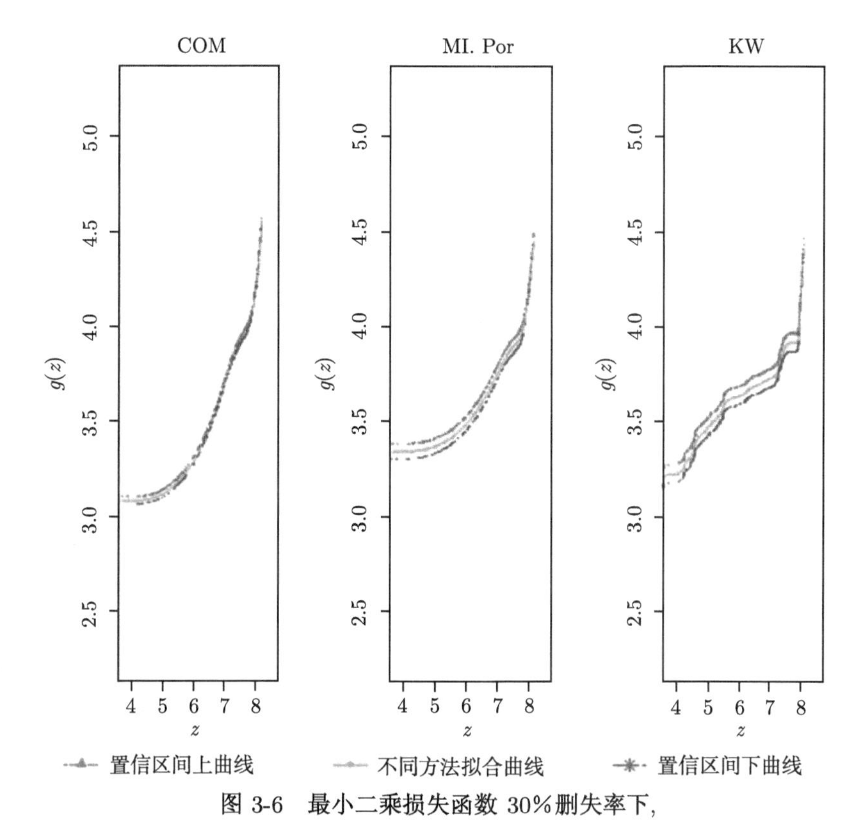

图 3-6 最小二乘损失函数 30%删失率下,
基于不同方法 95%逐点置信区间非线性函数估计曲线 (彩图请扫封底二维码)

分位数损失函数下, 各自变量的系数估计值和相应的均方误差见表 3-12, 表 3-13. 从表中可知, 不同分位点处得到的系数估计值相差较大. 删失率为 20%情况下, 经由 CC 方法估计得到的 β_1 估计值均为正值, 上面已指出变量 x_1 与 y 为负相关关系, 可见 CC 方法所得的结果是不合理的. 因数据设定为左删失, 在低分位点 $\tau=0.25$ 处, MI. Por 方法估计所得的系数值与完整数据值之间存在较大偏差, 但相对于 CC 方法更接近于 COM 方法, 当 $\tau=0.5$ 时, MI. Por 方法与 COM 方法所得估计值很接近, 且各估计值的均方误差都比 CC 方法小, 效果明显优于 CC 方法. 随着删失率的增大, CC 方法仍不能准确估计 β_1, 在 $\tau=0.5$ 处, MI. Por 方法与 COM 方法所得的估计值之间存在一定偏差, 没有 20%删失时的估计更接近 COM 方法, 但偏差和均方误差明显小于经 CC 方法估计所得的系数值. 在 $\tau=0.75$ 处, CC 方法对于 β_1 的估计均存在较大偏差, 不够准确. 分位数损失函数下单调函数拟合曲线如图 3-7, 图 3-8 所示, 20%删失时, 除 CC 方法拟合曲线存在较大偏差外, MI. Por 方法与 COM 方法单调函数拟合曲线与最小二乘函数下结论相同; 当删失率增大至 30%时, MI. Por 方法拟合曲线上移, 但基本趋势与 COM 方法相仿, 但

CC 方法拟合曲线前段凹凸性发生了变化, 由此, 我们所提出的方法更稳定.

表 3-12　分位数损失函数 20% 删失率下, 不同分位点系数估计值 (与相应的均方误差 MSE×10^5)

方法	β_1	β_2	β_3
		$\tau = 0.25$	
COM	−16.679(0.000)	−458.866(0.000)	9.298(0.000)
CC	20.502(0.200)	−216.355(7.107)	49.949(34.795)
MI. Por	−32.389(0.204)	−379.764(2.391)	13.376(25.651)
		$\tau = 0.5$	
COM	−7.302(0.000)	−345.077(0.000)	52.693(0.000)
CC	15.104(0.099)	−233.024(1.521)	38.171(7.119)
MI. Por	−7.302(0.082)	−345.077(0.602)	52.693(2.008)
		$\tau = 0.75$	
COM	17.013(0.000)	−303.524(0.000)	96.779(0.000)
CC	32.577(0.231)	−214.451(5.123)	140.961(9.426)
MI. Por	17.013(0.010)	−303.524(0.855)	96.779(2.781)

表 3-13　分位数损失函数 30% 删失率下, 不同分位点系数估计值 (与相应的均方误差 MSE×10^5)

方法	β_1	β_2	β_3
		$\tau = 0.25$	
COM	−16.679(0.000)	−458.866(0.000)	9.298(0.000)
CC	3.587(0.041)	−109.789(12.190)	82.921(0.558)
MI. Por	−11.288(0.003)	−213.210(6.070)	7.467(0.068)
		$\tau = 0.5$	
COM	−7.302(0.000)	−345.077(0.000)	52.693(0.000)
CC	9.772(0.079)	−144.594(4.064)	101.507(0.328)
MI. Por	−10.875(0.023)	−308.431(0.180)	52.493(0.031)
		$\tau = 0.75$	
COM	17.013(0.000)	−303.524(0.000)	96.779(0.000)
CC	24.981(0.006)	−164.383(1.942)	71.345(0.104)
MI. Por	17.013(0.001)	−303.524(0.058)	96.779(0.499)

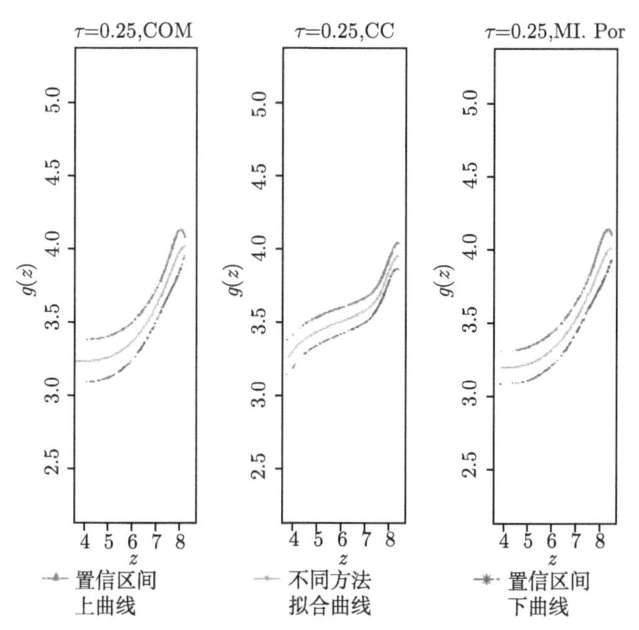

图 3-7 分位数损失函数 20%删失率下，
基于不同方法 95%逐点置信区间非线性函数估计曲线 (彩图请扫封底二维码)

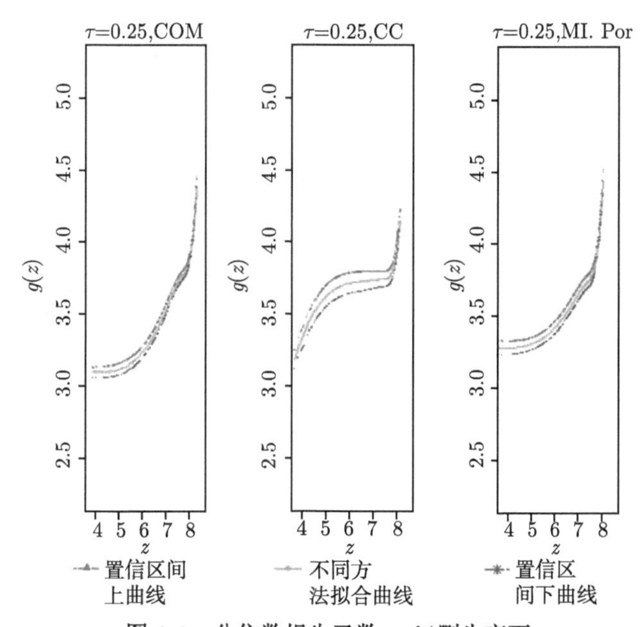

图 3-8 分位数损失函数 30%删失率下，
基于不同方法 95%逐点置信区间非线性函数估计曲线 (彩图请扫封底二维码)

3.3　删失部分线性变系数模型的数据增广法

这节中, 我们进一步讨论部分线性变系数分位数回归模型, 主要利用数据增广的方法来处理带删失的模型的参数估计. 当变系数退化为常数时, 模型就退化成一般的部分线性分位数回归模型. 因此本节的方法也同样适用于普通的删失部分线性分位数模型.

3.3.1　模型及参数估计方法介绍

1. 部分线性分位数回归模型

我们考虑这样一个部分线性变系数分位数回归模型:

$$Y_i = X_i^{\mathrm{T}}\beta(\tau) + Z_i^{\mathrm{T}}\alpha_\tau(U_i) + \varepsilon_i, \quad i = 1, 2, \cdots, n \tag{3-5}$$

其中 Y_i 为响应变量, X_i 和 Z_i 为解释变量, $\beta(\tau) = (\beta_1, \beta_2, \cdots, \beta_p)^{\mathrm{T}}$ 是一个 p 维的未知参数向量, $\alpha_\tau(\cdot) = (\alpha_{\tau 1}(\cdot), \alpha_{\tau 2}(\cdot), \cdots, \alpha_{\tau q}(\cdot))^{\mathrm{T}}$ 是一个 q 维的未知的系数函数向量, ε_i 是随机误差项, 并且关于条件 $W_i = (X_i, Z_i, U_i)$ 的 τ 分位数等于 0, 其中 $\tau \in (0, 1)$. 给定 W_i 下 Y_i 的条件分位数为 $Q_{Y_i}(\tau|W_i)$, 则

$$Q_{Y_i}(\tau|W_i) = \min_a E\{\rho_\tau(Y_i - a)|W_i\}$$

其中 $\rho_\tau(t) = t(\tau - 1(t < 0))$ 被称为损失函数, 模型可以写成:

$$Q_{Y_i}(\tau|W_i) = X_i^{\mathrm{T}}\beta_\tau + Z_i^{\mathrm{T}}\alpha_\tau(U_i)$$

实际上, Y_i 会因为某些原因存在删失, 令 R_i 为右删失时间, L_i 为左删失时间, 左右删失时间分别服从某一特定的分布, δ_i 为删失指标, 若 Y_i 存在双侧删失, 那么 $Y_i^* = L_i \vee (Y_i \wedge R_i)$. 记能够观测到一个相互独立的样本为 $\{Y_i, W_i, \delta_i, 1 \leqslant i \leqslant n\}$.

根据式 (3-5) 中的部分线性变系数分位数模型, 如果 $\alpha_\tau(\cdot)$ 在 u_0 点有三阶连续的导数, 在 u_0 点的一个很小的邻域内, $\alpha_\tau(\cdot)$ 可以近似用下面的线性展开式来表示:

$$\begin{aligned}\alpha_\tau(U) &\approx \alpha_\tau(u_0) + \alpha_\tau'(u_0)(U - u_0) + \alpha_\tau''(u_0)(U - u_0)^2 \\ &:= \alpha_1 + \alpha_2(U - u_0) + \alpha_3(U - u_0)^2\end{aligned} \tag{3-6}$$

根据式 (3-6) 可知, 可以将式 (3-5) 中的部分线性变系数分位数回归模型用如下形式逼近:

$$Y_i = X_i^{\mathrm{T}}\beta(\tau) + Z_i^{\mathrm{T}}(\alpha_1 + \alpha_2(U - u_0) + \alpha_3(U - u_0)^2) + \varepsilon_i, \quad i = 1, 2, \cdots, n \tag{3-7}$$

在式 (3-7) 中, 我们将 $\alpha_\tau(\cdot)$ 近似的等于其三阶泰勒展开式, 通过这个变化, 将变系数回归模型部分转化为线性回归模型. 通过一定的转化可以得到下式:

$$Y_i = X_i^{\mathrm{T}}\beta(\tau) + \alpha_1 Z_{1i}^{\mathrm{T}} + \alpha_2 Z_{2i}^{\mathrm{T}} + \alpha_3 Z_{3i}^{\mathrm{T}} + \varepsilon_i, \quad i = 1, 2, \cdots, n \tag{3-8}$$

式 (3-8) 中, $Z_{1i}^{\mathrm{T}} = Z_i^{\mathrm{T}}, Z_{2i}^{\mathrm{T}} = Z_i^{\mathrm{T}}(U-u_0), Z_{3i}^{\mathrm{T}} = Z_i^{\mathrm{T}}(U-u_0)^2$. 通过转化, 可以将式 (3-5) 转化为式 (3-8). 在估计得到式 (3-8) 的各个系数后, 可以通过 $\alpha_\tau(U) = \alpha_1 + \alpha_2(U-u_0) + \alpha_3(U-u_0)^2$ 得到变系数函数部分的估计.

2. *两种估计方法介绍*

这里将首先介绍两种处理删失部分线性变系数模型系数. 估计的方法: 三阶段方法和双删失分位数回归的迭代算法, 具体如下.

(1) 三阶段方法.

根据 Shen 和 Liang (2018b) 提出的三阶段方法, 将变系数部分的函数系数用泰勒展开式近似表示, 在数据存在右删失时有较好的表现, 本节将方法作一定的拓展, 使其能够在数据存在双删失时仍然适用. 其主要内容如下.

根据式 (3-5) 中的部分线性变系数分位数模型, 如果 $\alpha_\tau(\cdot)$ 在 u_0 点有二阶连续的导数, 在 u_0 点的一个很小的邻域内, $\alpha_\tau(\cdot)$ 可以近似等于以下部分线性展开式:

$$\alpha_\tau(U) \approx \alpha_\tau(u_0) + \alpha_\tau'(u_0)(U-u_0) := \alpha_1 + \alpha_2(U-u_0) + \alpha_3(U-u_0)^2$$

在后面的方法中, 均使用以上式子来近似代表 $\alpha_\tau(U)$.

因此在第一阶段:

$$\begin{aligned}&(\tilde{\alpha}_\tau^1(u_0), \tilde{\alpha}_\tau^{1\prime}(u_0), \tilde{\alpha}_\tau^{1\prime\prime}(u_0), \tilde{\beta}^1(\tau))\\ =& \min_{\alpha_1,\alpha_2,\beta}\sum_{i=1}^{n}\frac{\delta_i}{1-G(Y_i)}\rho_\tau(Y_i - Z_i^{\mathrm{T}}[\alpha_1 + \alpha_2(U_i-u_0)\\ &+ \alpha_3(U_i-u_0)^2] - X_i^{\mathrm{T}}\beta)K\left(\frac{U_i-u_0}{h}\right)\end{aligned}$$

其中 $K(\cdot)$ 是核函数, $h \equiv h_n$ 是窗宽系数, 满足 $0 < h_n \to 0$,

$$G(y) = 1 - \prod_{i:Y_i \leqslant y}\left(\frac{n-R_i}{n-R_i+1}\right)^{1-u_n(Y_i)}$$

其中, $R_i = \sum_{j=1}^{n} I(Y_j \leqslant Y_i)$, $u_n(Y_i) = \dfrac{\sum_{i=1}^{n}\delta_i L\left(\frac{Y_i - Y}{d}\right)}{\sum_{i=1}^{n} L\left(\frac{Y_i - Y}{d}\right)}$, $L(\cdot)$ 是核函数, $d \equiv d_n$ 是窗宽系数, 满足 $0 < d_n \to 0$.

第二阶段:

$$\hat{\beta}^1(\tau) = \min_{\beta} \sum_{i}^{n} \frac{\delta_i}{1 - G(Y_i)} \rho_\tau (Y_i - Z_i^{\mathrm{T}} \tilde{\alpha}_\tau^1 (U_i) - X_i^{\mathrm{T}} \beta)$$

第三阶段:

$$\begin{aligned}&(\hat{\alpha}_\tau^1(u_0), \hat{\alpha}_\tau^{1\prime}(u_0), \hat{\alpha}_\tau^{1\prime\prime}(u_0))\\=&\min_{\alpha_1,\alpha_2} \sum_{i=1}^{n} \frac{\delta_i}{1 - G(Y_i)} \rho_\tau (Y_i - X_i^{\mathrm{T}} \hat{\beta}^1(\tau)\\&- Z_i^{\mathrm{T}} [\alpha_1 + \alpha_2 (U_i - u_0) + \alpha_3 (U_i - u_0)^2]) K\left(\frac{U_i - u_0}{h}\right)\end{aligned}$$

在后面的模拟和实证中, 窗宽系数使用五折交叉验证来选取使均方误差最小的系数.

(2) 双删失分位数回归的迭代算法 (记为 DCRQ).

Portnoy (2003) 将 Kaplan-Meier 估计推广到了右删失分位数回归中, 所采用的方法允许右删失时间 R_i 的分布与协变量 X_i 相关, 而只要求当给定 X_i 时, 响应变量 Y_i 与 R_i 独立, 分位数回归估计值可以通过线性迭代算法有效计算, Portnoy (2003) 使用的递归加权算法是定向的, 不适用于双删失数据.

Lin 等 (2012) 在 Portnoy (2003) 所提出的只针对单边删失的删失分位数回归方法 (记为 crq) 的基础上, 当响应变量存在双删失时, 提出了一种新的双删失分位数回归的迭代算法 (DCRQ), 该方法的主要内容如下.

对于部分线性变系数分位数回归模型, 通过一定的转换, 可以得到式 (3-5), 具体形式为

$$Y_i = X_i^{\mathrm{T}} \beta(\tau) + Z_i^{\mathrm{T}} (\alpha_1 + \alpha_2 (U - u_0) + \alpha_3 (U - u_0)^2) + \varepsilon_i, \quad i = 1, 2, \cdots, n$$

其中, 响应变量 Y_i 存在双删失, 删失指标 δ_i 的设定如下:

$$\delta_i = \begin{cases} 1, & L_i < Y_i < R_i \text{ 无删失} \\ 2, & Y_i \geqslant R_i \text{ 右删失} \\ 3, & Y_i \leqslant L_i \text{ 左删失} \end{cases}$$

δ_i 为删失指标, 作为名义变量表示观测值的删失类型, 其中, 右删失就是 $L_i = -\infty$ 的情况, 同理, 左删失就是 $R_i = \infty$ 的情况.

当响应变量存在双删失时, 我们观察到的是 $\{Y_i^*, \delta_i, X_i\}$, 而不是 $\{Y_i, X_i\}$, L_i 和 R_i 是左右删失点, 并且 $Y_i^* = L_i \vee (Y_i \wedge R_i)$, Y_i 与 L_i, R_i 是相互独立的.

删失率为 $\tau_{R_i} = \Pr(Y_i < R_i | R_i, x_i), \tau_{L_i} = \Pr(Y_i < L_i | L_i, x_i)$, 权重定义为

$$\omega_i^r(\tau) = \frac{\tau - \tau_{R_i}}{1 - \tau_{R_i}}, \quad \delta_i = 2, \tau > \tau_{R_i}; \text{否则 } \omega_i^r(\tau) = 1 \tag{3-9a}$$

$$\omega_i^l(\tau) = \frac{\tau_{L_i} - \tau}{\tau_{L_i}}, \quad \delta_i = 3, \tau > \tau_{L_i}; \text{否则 } \omega_i^l(\tau) = 1 \tag{3-9b}$$

对于部分线性变系数分位数回归模型中 $\hat{\beta}(\tau) = (\beta(\tau), \alpha_i(\tau))$ 参数的估计, 可以通过以下权重分位数回归估计:

$$\begin{aligned}\hat{\beta}(\tau) = \min_{\beta} \Bigg(& \sum_{\Delta_i=1} \rho_\tau(Y_i - X_i^{\mathrm{T}}\beta) \\ & + \sum_{\Delta_i=2} \{\omega_i^r(\tau)\rho_\tau(R_i - X_i^{\mathrm{T}}\beta) + (1-\omega_i^r(\tau))\rho_\tau(y^* - X_i^{\mathrm{T}}\beta)\} \\ & + \sum_{\Delta_i=3} \{\omega_i^l(\tau)\rho_l(L_i - X_i^{\mathrm{T}}\beta) + (1-\omega_i^l(\tau))\rho_\tau(-y^* - X_i^{\mathrm{T}}\beta)\}\Bigg)\end{aligned} \tag{3-10}$$

$\omega_i^r(\tau), \omega_i^l(\tau)$ 分别是右删失观测值 R_i、左删失观测值 L_i 对应的权重, y^* 是一个足够大的常数, 一般取值为 $10^8 + \max|Y_i|$, 这些权重根据向右再分配算法 (Efron, 1967) 改变, 是文献 (Portnoy, 2003) 中所使用权重的一般化.

对于式 (3-10) 的最小化问题, 对于参数 $\hat{\beta}(\tau)$ 相应的梯度为

$$\begin{aligned}\psi(\omega, \beta) = & \sum_i \{I(Y_i < X_i^{\mathrm{T}}\beta) - \tau\} X_i^{\mathrm{T}} I(\Delta_i = 1) \\ & + \sum_i \{\omega_i^r I(R_i < X_i^{\mathrm{T}}\beta) - \tau\} X_i^{\mathrm{T}} I(\Delta_i = 2) \\ & + \sum_i \{-\omega_i^l I(L_i \geqslant X_i^{\mathrm{T}}\beta) + (1-\tau) X_i^{\mathrm{T}} I(\Delta_i = 3)\} \\ = & \sum_i \{I(Y_i \leqslant X_i^{\mathrm{T}}\beta) - \tau\} X_i^{\mathrm{T}} & (3\text{-}11) \\ & + \sum_i \{\omega_i^r I(R_i \leqslant X_i^{\mathrm{T}}\beta) X_i^{\mathrm{T}} I(Y_i > R_i) - I(Y_i \leqslant X_i^{\mathrm{T}}\beta) X_i^{\mathrm{T}} I(Y_i > R_i)\} & (3\text{-}12) \\ & + \sum_i \{(1-\omega_i^l) X_i^{\mathrm{T}} I(Y_i < L_i) I(L_i > X_i^{\mathrm{T}}\beta) \\ & - I(Y_i \leqslant X_i^{\mathrm{T}}\beta) X_i^{\mathrm{T}} I(L_i \geqslant X_i^{\mathrm{T}}\beta)\} & (3\text{-}13)\end{aligned}$$

能够证明 $E[\varphi(\omega, \beta)] = 0$, 把式 (3-11)~ 式 (3-13) 标记为 $S_{(11)}, S_{(12)}, S_{(13)}$.

$$E\left[S_{(11)}\right] = \sum_i \{I(Y_i \leqslant X_i^{\mathrm{T}}\beta) - \tau\} X_i^{\mathrm{T}} = 0$$

$$E\left[S_{(12)}\right] = \sum_i \{E[E[\omega_i^r I(R_i \leqslant X_i^{\mathrm{T}}\beta) X_i^{\mathrm{T}} I(Y_i > R_i) | R_i]]$$

$$
\begin{aligned}
&- E[E[I(Y_i \leqslant X_i^{\mathrm{T}}\beta)X_i^{\mathrm{T}}I(Y_i > R_i)|R_i]]\} \\
&= \sum_i \left\{ E\left[\frac{\tau - \tau_{R_i}}{1-\tau_{R_i}} X_i^{\mathrm{T}} I(R_i \leqslant X_i^{\mathrm{T}}\beta)(1-R_i)\right]\right. \\
&\left. - E[(\tau - \tau_{R_i})X_i^{\mathrm{T}} I(R_i \leqslant X_i^{\mathrm{T}}\beta)] \right\} \\
&= \sum_i \{E[(\tau-\tau_{R_i})X_i^{\mathrm{T}} I(R_i \leqslant X_i^{\mathrm{T}}\beta) - E[(\tau-\tau_{R_i})X_i^{\mathrm{T}} I(R_i \leqslant X_i^{\mathrm{T}}\beta)]]\} = 0
\end{aligned}
$$

$$
\begin{aligned}
E[S_{(13)}] &= \sum_i \{E[E[(1-\omega_i^l)X_i^{\mathrm{T}} I(Y_i < L_i) I(L_i > X_i^{\mathrm{T}}\beta) \\
&\quad - I(Y_i \leqslant X_i^{\mathrm{T}}\beta) X_i^{\mathrm{T}} I(L_i > x_i^{\mathrm{T}}\beta)\,|L_i|]]\} \\
&= \sum_i \left\{ E\left[\left(\frac{\tau}{\tau_{L_i}}\right) X_i^{\mathrm{T}} I(L_i > X_i^{\mathrm{T}}\beta) - \tau X_i^{\mathrm{T}} I(L_i > X_i^{\mathrm{T}}\beta)\right]\right\} = 0
\end{aligned}
$$

因此 $E\left[\varphi(\omega,\beta)\right] = E\left[S_{(11)} + S_{(12)} + S_{(13)}\right] = 0$.

从次级梯度条件可以看到 R_i 的权重仅取决于残差的符号, 因此, R_i 的权重可以重新分配到所有数据之前的任何点 (如式 (3-10) 中的 y^*), 而不一定是在 R_i 前的一个特定值. 同理, L_i 的权重可以重新分配到所有数据之后的任何点 (如 L_i, $-y_i^*$), 而不一定是低于 L_i 的一个特定值. 这个想法允许将删失的观测值分成两个加权的伪观察:

(1) 当 $\delta_i = 2$ 时, $\{X_i, R_i\}$ 的权重为 $\omega_i^r, \{X_i, y^*\}$ 对应的权重为 $1-\omega_i^r$;

(2) 当 $\delta_i = 3$ 时, $\{X_i, L_i\}$ 的权重为 $\omega_i^l, \{X_i, -y^*\}$ 对应的权重为 $1-\omega_i^l$.

对于条件分位数参数 $\beta(\tau)$ 的估计, 根据式 (3-10), 可以通过一个权重分位数回归解决. 但是还不知道 τ_{R_i}, τ_{L_i} 的值, 因此需要通过一个迭代算法来估计它们.

假设有一个分位数回归模型 (3-5) 和一系列估计值 $\hat{\beta}(t_g)$, t_g 是一系列格点 $\{t_g, g = 0, 1, \cdots, M_n+1\}$, $0 = t_0 < \varsigma \leqslant t_1 < \cdots < t_g < \cdots < t_{M_n} \leqslant 1-\varsigma < t_{M_{n+1}} = 1$, 其中 ς 是一个很小的正数, 对于删失率 $\tau_{R_i} = \Pr(Y_i < R_i|R_i, X_i)$ 和 $\tau_{L_i} = \Pr(Y_i < L_i|L_i, X_i)$ 的估计的一种方法如下:

$$
\tau_{R_i} = \begin{cases} \dfrac{(t_g + t_{g-1})}{2}, & \text{最小的 } g \text{ 使得 } X_i^{\mathrm{T}}\hat{\beta}(t_g) \geqslant R_i \text{ 并且 } X_i^{\mathrm{T}}\hat{\beta}(t_{g-1}) < R_i \\ \dfrac{(t_M + t_{M+1})}{2}, & \text{其他} \end{cases} \tag{3-14a}
$$

$$
\tau_{L_i} = \begin{cases} \dfrac{(t_g + t_{g+1})}{2}, & \text{最大的 } g \text{ 使得 } X_i^{\mathrm{T}}\hat{\beta}(t_{g+1}) \geqslant L_i \text{ 并且 } X_i^{\mathrm{T}}\hat{\beta}(t_{g-1}) < L_i \\ \dfrac{(t_0 + t_1)}{2}, & \text{其他} \end{cases} \tag{3-14b}
$$

其中 $1 \leqslant g \leqslant M$.

删失回归分位数估计量 $\beta(\tau)$ 用与文献 (Turnbull, 1974) 相同的方式计算, DCRQ 算法如下.

步骤 1(初始化)　得到右删失和左删失观测值的初始估计值 τ_{R_i}, τ_{L_i}, 我们可以使用未删失的数据来沿着格点拟合回归分位数 $\beta(t_g)$, 然后根据式 (3-14a) 和 (3-14b) 得到 τ_{R_i}, τ_{L_i}.

步骤 2 (重新计算加权分位数回归)　在每一个格点 $t_g, g=1,2,\cdots,M$ 上计算加权回归分位数, 参数 $\beta(t_g)$ 的估计值 $\hat{\beta}(t_g)$ 可以根据最小化以下目标函数来得到:

$$\begin{aligned}R(\beta)=&\sum_{\Delta_i=1}\rho_{t_g}(Y_i-X_i^{\mathrm{T}}\beta)\\&+\sum_{\Delta_i=2}\left\{\omega_i^r(t_g)\rho_{t_g}(R_i-X_i^{\mathrm{T}}\beta)+(1-\omega_i^r(t_g))\,\rho_{t_g}(y^*-X_i^{\mathrm{T}}\beta)\right\}\\&+\sum_{\Delta_i=3}\left\{\omega_i^l(t_g)\rho_{t_g}(L_i-X_i^{\mathrm{T}}\beta)+\left(1-\omega_i^l(t_g)\right)\rho_{t_g}(-y^*-X_i^{\mathrm{T}}\beta)\right\}\end{aligned}$$

其中 $\omega_i^r(\tau)$ 和 $\omega_i^l(\tau)$ 分别是右删失观测值 R_i、左删失观测值 L_i 对应的权重, y^* 是一个足够大的常数.

步骤 3 (更新 τ)　使用步骤 2 计算的回归分位数估计值 $\hat{\beta}(t_g)(g=1,2,\cdots,M)$ 更新 τ_{R_i} 和 τ_{L_i}.

步骤 4　重复步骤 2 和步骤 3 直到停止的条件满足, 这里停止规则是在两个连续步骤中 τ_{R_i} 和 τ_{L_i} 没有变化, 或者是达到了最大的迭代步骤, 在后面的模拟中, 最大的迭代次数是 20.

3.3.2　基于数据增广的填补过程

本节我们将 Yang 等 (2018) 提出的数据增广的方法应用于删失部分线性可加模型, 通过数值模拟考察其在新模型中的表现. 考虑到 Yang 等 (2018) 提出的算法, 允许响应变量存在多种删失, 这里, 我们假设协变量 $\{x_i\}_{i=1}^n$ 是完全观测值, 响应变量 $\{y_i\}$ 存在删失, δ_i 为第 i 个响应变量的删失指标, δ_i 的取值如下:

$$\delta_i=\begin{cases}0, & \text{没有删失}\\1, & L_i\ \text{点左删失}\\2, & R_i\ \text{点右删失}\\3, & (L_i,R_i)\ \text{区间删失}\\4, & L_i,R_i\ \text{点双删失}\end{cases}$$

其中 L_i 和 R_i 是删失水平, 因此根据以下的标记法则, 可以将观测到的数据表示为

$\{y_i^\delta, x_i, \delta_i\}_{i=1}^n$.

$$y_i^\delta = \begin{cases} y_i, & \delta_i = 0 \\ y_i \vee L_i, & \delta_i = 1 \\ y_i \wedge R_i, & \delta_i = 2 \\ (L_i, R_i), & \delta_i = 3 \\ L_i \vee (y_i \wedge R_i), & \delta_i = 4 \end{cases}$$

同 2.1 节阐述的方法一样, 当删失指标 $\delta_i = 3, 4$ 时, L_i 和 R_i 需要在数据中给出, 在一些其他类型的删失数据中, 我们只观测到 y_i^δ 的值, $S(i)$ 为 y_i^δ 的所有可能的值.

3.3.3　数值模拟

1. 数值模拟设定

本小节通过蒙特卡罗模拟研究了所研究的参数在有限样本下的表现, 其中 $K(\cdot)$, $L(\cdot)$ 为 Epanechnikov 核函数, $K(x) = L(x) = \frac{3}{4}(1-x^2)_+$, 窗宽系数将使用五折交叉验证来得到. 蒙特卡罗模拟的次数 $M = 500$, 在模拟中使用了 10% 和 30% 的右删失和双删失数据, 右删失目标分位数点为 0.2,0.4,0.6,0.8, 双删失选取 0.1,0.3,0.5,0.7,0.9 为目标分位数点, 输出对应的参数值. 因此, 在不同的删失率和分位数水平下, 我们可以通过均方误差 (MSE) 来比较所研究的参数在三种方法下的表现, 从而得到表现最佳的方法. 与此同时, 我们将使用真实的数据进行分析. 线性部分和非线性部分的 MSE 表达式如下:

$$\text{线性部分: MSE} = \frac{1}{M}\sum_{i=1}^{M}(\hat{\beta}_i(\tau) - \beta_i(\tau))^2$$

$$\text{非线性部分: MSE} = \frac{1}{M}\sum_{i=1}^{M}(\hat{\alpha}_\tau(U_i) - \alpha_\tau(U_i))^2$$

$$\text{评价指标: MSE 比值} = \frac{\text{MSE}_{\text{删失数据集}}}{\text{MSE}_{\text{完整数据集}}}$$

模拟 1　数据产生于以下模型:

$$T_i = \beta_1 X_{i1} + \beta_2 X_{i2} + \alpha_\tau(U_i) Z_i + \varepsilon_i, \quad i = 1, 2, \cdots, n$$

其中 $\beta_1 = 1$, $\beta_2 = 2$, $\alpha_\tau(U_i) = 1 - U_i^2$, 协变量 X_{i1}, X_{i2} 服从标准正态分布 $N(0,1)$, Z_i, U_i 服从均匀分布 $U[0,1]$, X_{i1}, X_{i2}, Z_i, U_i 相互独立, 随机误差项 ε_i 服从 $t(5)$,

右删失时间 R_i 和左删失时间 L_i 服从均匀分布 $U[\nu,\omega]$, ν, ω 将根据不同的删失率作出调整, 不同的参数会得到不同的删失率.

模拟 2 数据产生于以下模型:

$$T_i=\beta_1X_{i1}+\beta_2X_{i2}+\alpha_\tau(U_i)Z_i+\varepsilon_i,\quad i=1,2,\cdots,n$$

其中 $\beta_1=\mathrm{e}^\tau$, $\beta_2=\mathrm{e}^{1-\tau}/2$, $\alpha_\tau(U_i)=1-U_i^2$, 协变量 X_{i1}, X_{i2} 服从标准正态分布 $N(0,1)$, Z_i, U_i 服从均匀分布 $U[0,1]$; X_{i1},X_{i2},Z_i,U_i 相互独立, 随机误差项 ε_i 服从标准正态分布 $N(0,1)$, 右删失时间 R_i 和左删失时间 L_i 分别服从均匀分布 $U[\nu,\omega]$, ν,ω 将根据不同的删失率作出调整, 不同的参数会得到不同的删失率.

表 3-14 和表 3-15 显示了在模拟 1 和模拟 2 中各种删失情况下三阶段方法中窗宽系数 h 和 d 的选择, 这里我们通过五折交叉验证选择窗宽系数 h 和 d.

表 3-14 模拟 1、模拟 2 右删失 10%, 30% 删失率下的窗宽系数

模拟 1 右删失 10% 删失率下				
分位数水平	0.2	0.4	0.6	0.8
窗宽系数 h	0.5	0.5	0.6	0.6
窗宽系数 d	0.6	0.6	0.5	0.4
模拟 1 右删失 30% 删失率下				
分位数水平	0.2	0.4	0.6	0.8
窗宽系数 h	0.5	0.5	0.6	0.4
窗宽系数 d	0.6	0.7	0.6	0.5
模拟 2 右删失 10% 删失率下				
分位数水平	0.2	0.4	0.6	0.8
窗宽系数 h	0.6	0.7	0.6	0.4
窗宽系数 d	0.6	0.8	0.8	0.7
模拟 2 右删失 30% 删失率下				
分位数水平	0.2	0.4	0.6	0.8
窗宽系数 h	0.8	0.6	0.6	0.8
窗宽系数 d	0.6	0.5	0.5	0.4

2. 模拟结果

在数值模拟中, 通过不同的变量设定构造不同的模型, 图 3-9~ 图 3-20 显示了模拟的结果. 其中, 图 3-9~ 图 3-16 分别显示了两个模拟在不同的删失率和删失水平下, 各种方法参数估计的结果, 图中横坐标为分位数水平, 纵坐标为通过蒙特卡罗模拟各个估计参数的 MSE 与完整数据下的估计参数 MSE 的比值, 通过这个比值能够更加清晰地体现出各个方法的参数估计效率. 图 3-17~ 图 3-20 展示了在不同的删失率和删失类型下, 各个方法所得变系数函数部分的估计曲线, 图中横坐标为 U_i, 纵坐标为对应的函数估计值, 通过与真实的变系数部分函数的对比能够体现出各个方法在变系数函数部分的估计效率.

表 3-15 模拟 1、模拟 2 双删失 10%、30% 删失率下的窗宽系数

模拟 1 双删失 10% 删失率下					
分位数水平	0.1	0.3	0.5	0.7	0.9
窗宽系数 h	0.4	0.8	0.8	0.7	0.6
窗宽系数 d	0.5	0.7	0.7	0.8	0.6
模拟 1 双删失 30% 删失率下					
分位数水平	0.1	0.3	0.5	0.7	0.9
窗宽系数 h	0.5	0.6	0.7	0.6	0.9
窗宽系数 d	0.5	0.5	0.6	0.7	0.5
模拟 2 双删失 10% 删失率下					
分位数水平	0.1	0.3	0.5	0.7	0.9
窗宽系数 h	0.4	0.5	0.7	0.8	0.8
窗宽系数 d	0.4	0.6	0.7	0.8	0.6
模拟 2 双删失 30% 删失率下					
分位数水平	0.1	0.3	0.5	0.7	0.9
窗宽系数 h	0.5	0.4	0.8	0.8	0.8
窗宽系数 d	0.4	0.7	0.8	0.8	0.6

根据图 3-9 和图 3-10 可知, 在模拟 1 中, 当响应变量存在 10% 右删失时, 对于线性部分 β_1, β_2 的估计, DArq 方法、三阶段方法和 crq 方法所得到的估计结果与完整数据下的估计结果相差不大, 其中 DArq 方法下 MSE 的比值相对于其他方法更小, 三阶段方法 MSE 的比值相对是最大的; 在对于变系数部分 $\alpha_\tau(U_i)$ 的估计中, DArq 方法和 crq 方法的误差较小, 而三阶段方法误差较大且较不稳定. 当响应变量存在 30% 右删失时, 对于线性部分 β_1, β_2 的估计, 三阶段方法所得 MSE 比值较

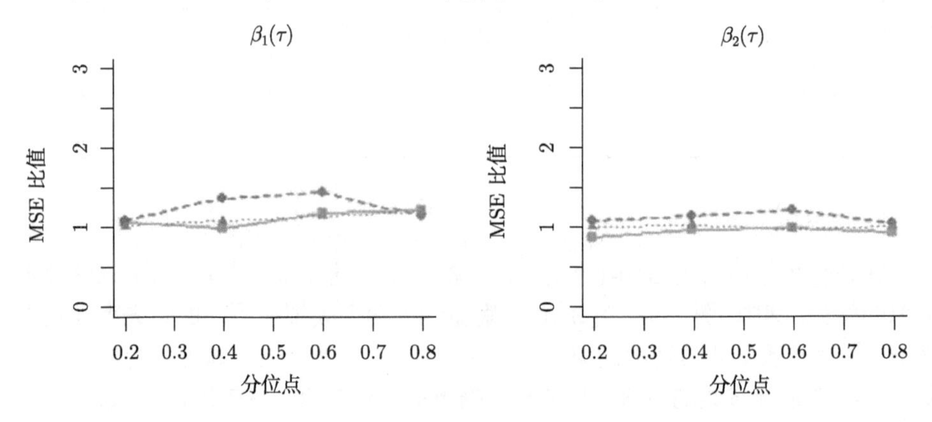

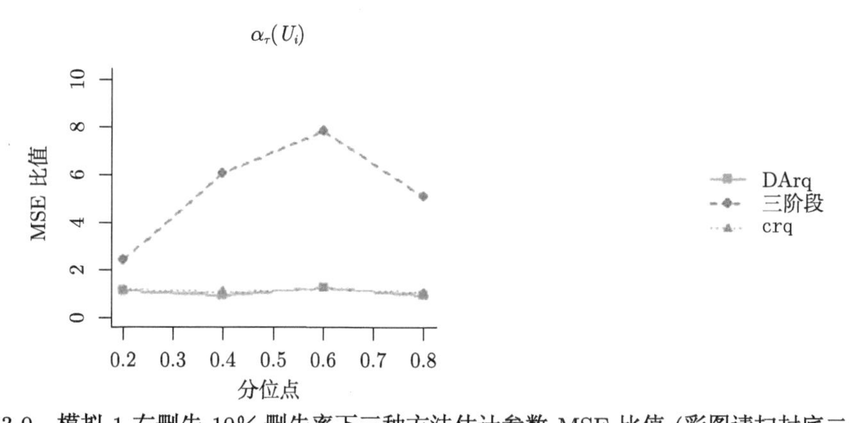

图 3-9 模拟 1 右删失 10% 删失率下三种方法估计参数 MSE 比值 (彩图请扫封底二维码)

大, 而 DArq 方法和 crq 方法 MSE 比值是最小的且表现最为稳定, 在对于变系数部分 $\alpha_\tau(U_i)$ 的估计中, DArq 方法, crq 方法表现依然十分稳定, 可以看出, 在响应变量存在 10% 和 30% 右删失的情况下, DArq 方法和 crq 方法表现较三阶段方法更好.

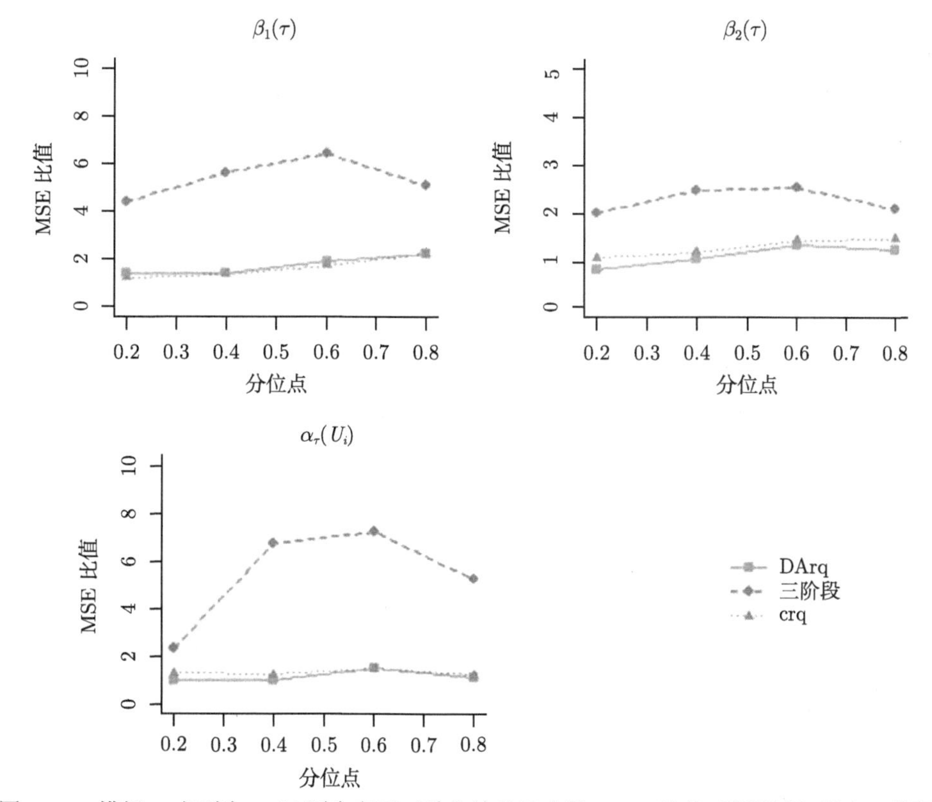

图 3-10 模拟 1 右删失 30% 删失率下三种方法估计参数 MSE 比值 (彩图请扫封底二维码)

根据图 3-11 和图 3-12 可知, 在模拟 2 中, 当响应变量存在 10% 的右删失时, 对于线性部分 β_1, β_2 的估计, DArq 方法、三阶段方法和 crq 方法所得到的估计结果与完整数据下的估计结果相差不大, 其中, DArq 方法所得的 MSE 的比值相对于其他方法更小, 三阶段方法所得的 MSE 的比值相对是最大的; 对于变系数部分 $\alpha_\tau(U_i)$ 的估计, crq 方法的误差显著增大且不稳定, 而三阶段方法表现虽逊于 DArq 方法, 但结果较为稳定. 当响应变量存在 30% 右删失时, 对于线性部分 β_1, β_2 的估计, 三阶段方法所得的 MSE 比值显著增大, 而 DArq 方法所得的 MSE 比值是最小的且表现最为稳定, 对于变系数部分 $\alpha_\tau(U_i)$ 的估计, DArq 方法表现依然十分稳定, 且 MSE 所得的比值始终是三个方法中最小的.

根据图 3-13 和图 3-14 可知, 在模拟 1 中, 当响应变量存在 10% 双删失时, 对于线性部分 β_1, β_2 的估计, DArq 方法所得到的估计结果与完整数据下的估计结果相差不大, 而其他两个方法的表现较差; 对于变系数部分 $\alpha_\tau(U_i)$ 的估计, 三个方法的结果较为稳定, 其中 DArq 方法所得到的 MSE 比值是最小的. 当响应变量存在 30% 双删失时, 对于线性部分 β_1, β_2 的估计, 三阶段方法和 DCRQ 方法所得的 MSE 比值显著增大, 而 DArq 方法所得的 MSE 比值是最小的且表现最为稳定, 对于变系数部分 $\alpha_\tau(U_i)$ 的估计, DArq 方法表现依然十分稳定, 且所得的 MSE 的比值始终是三个方法中最小的.

根据图 3-15 和图 3-16 可知, 在模拟 2 中, 当响应变量存在 10% 双删失时, 对于线性部分 β_1, β_2 的估计, DArq 方法所得到的估计结果与完整数据下的估计结果相差不大, 而其他两个方法的表现相对较差; 对于变系数部分 $\alpha_\tau(U_i)$ 的估计, 三个方法的结果都较为稳定, 其中 DArq 方法所得到的 MSE 比值是最小的. 当响应变量存在 30% 双删失时, 对于线性部分 β_1, β_2 的估计, 三阶段方法和 DCRQ 方法 MSE 比值显著增大, 而 DArq 方法所得的 MSE 比值是最小的且表现最为稳定. 对于变系数部分 $\alpha_\tau(U_i)$ 的估计, DArq 方法表现依然十分稳定, 且 MSE 的比值始终是三个方法中最小的.

图 3-17 和图 3-18 显示了在响应变量右删失删失率为 10%, 30% 的情况下, DArq 方法, 三阶段方法, crq 方法对于变系数部分 $\alpha_\tau(U_i)$ 曲线拟合效果与真实曲线的对比, 从图中可以看出, DArq 方法的拟合效果较其他两种方法更好, 且表现较为稳定.

图 3-19 和图 3-20 显示了在响应变量双删失删失率为 10%, 30% 的情况下, DArq 方法, DCRQ 方法, 三阶段方法对于变系数部分 $\alpha_\tau(U_i)$ 曲线拟合效果与真实曲线的对比. 从图中可以看出, DArq 方法的拟合效果较其他两种方法更好, 且在较高数据删失情况下的表现仍较为稳定.

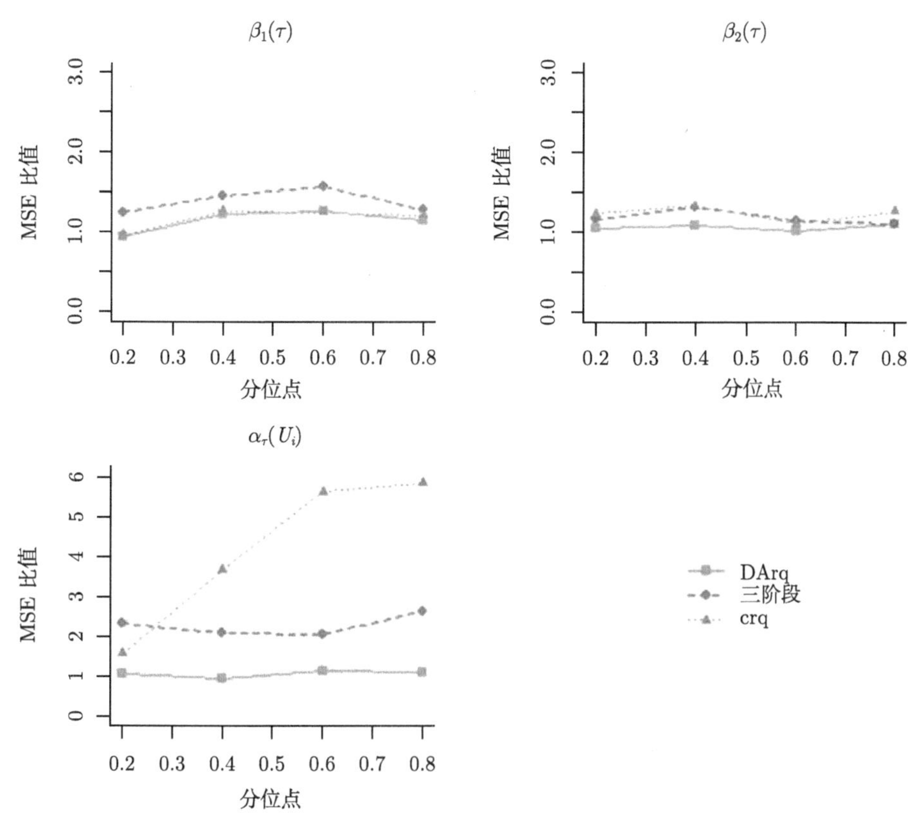

图 3-11 模拟 2 右删失 10% 三种方法参数估计 MSE 比值 (彩图请扫封底二维码)

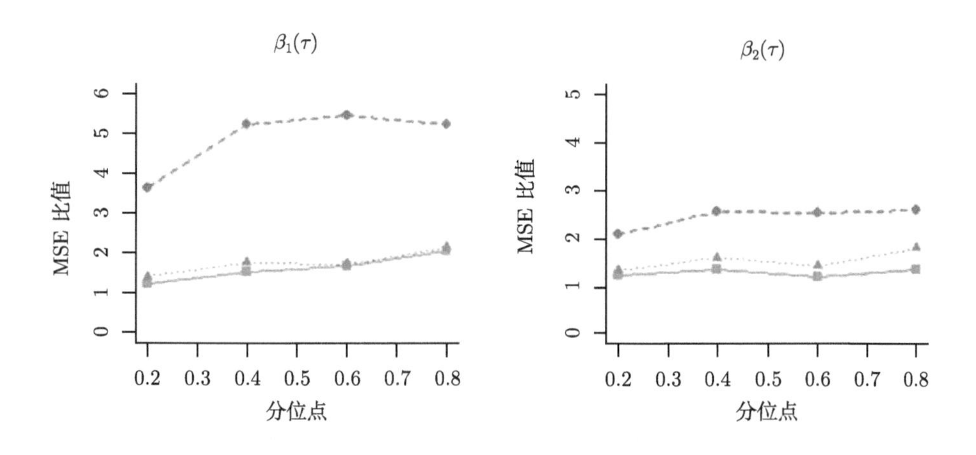

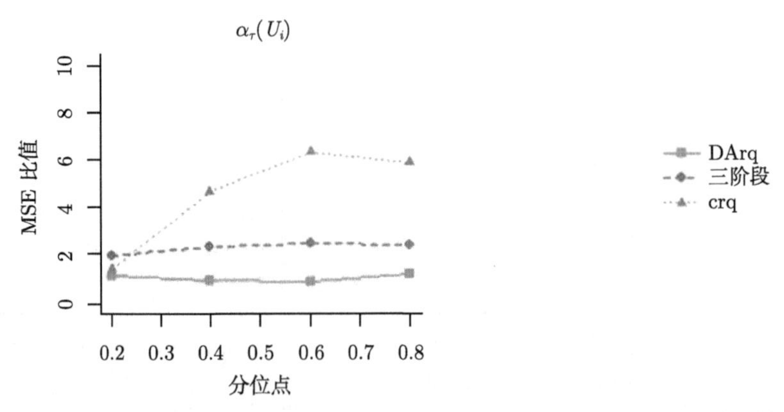

图 3-12　模拟 2 右删失 30% 删失率下三种方法参数估计 MSE 比值 (彩图请扫封底二维码)

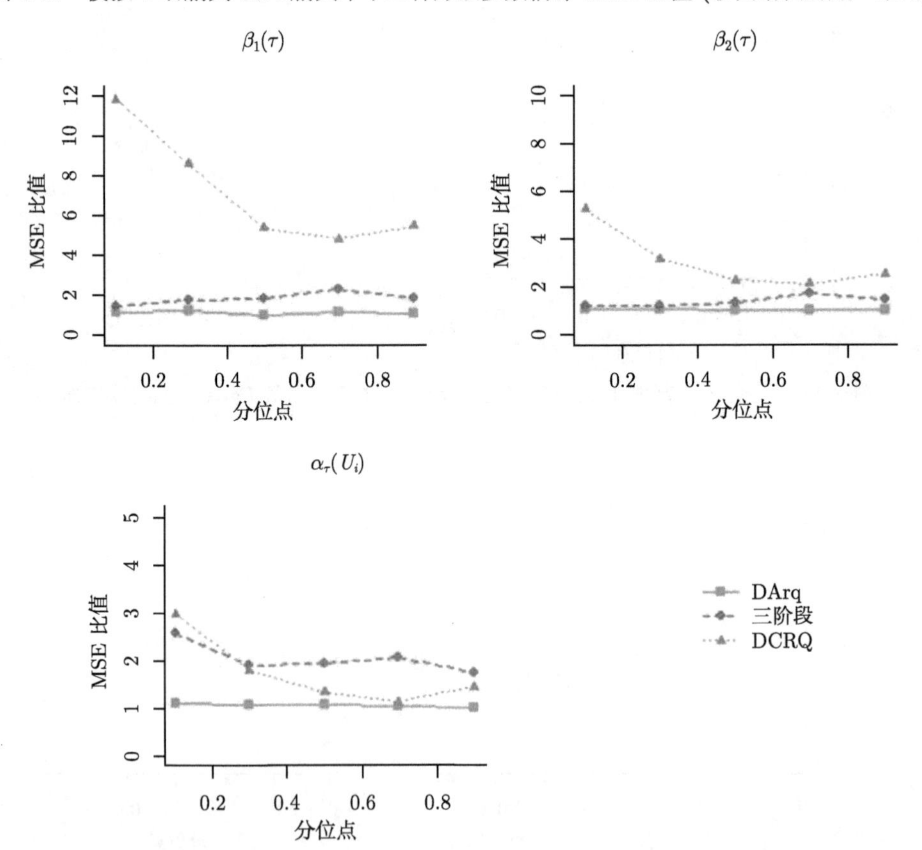

图 3-13　模拟 1 双删失 10% 删失率下三种方法参数估计 MSE 比值 (彩图请扫封底二维码)

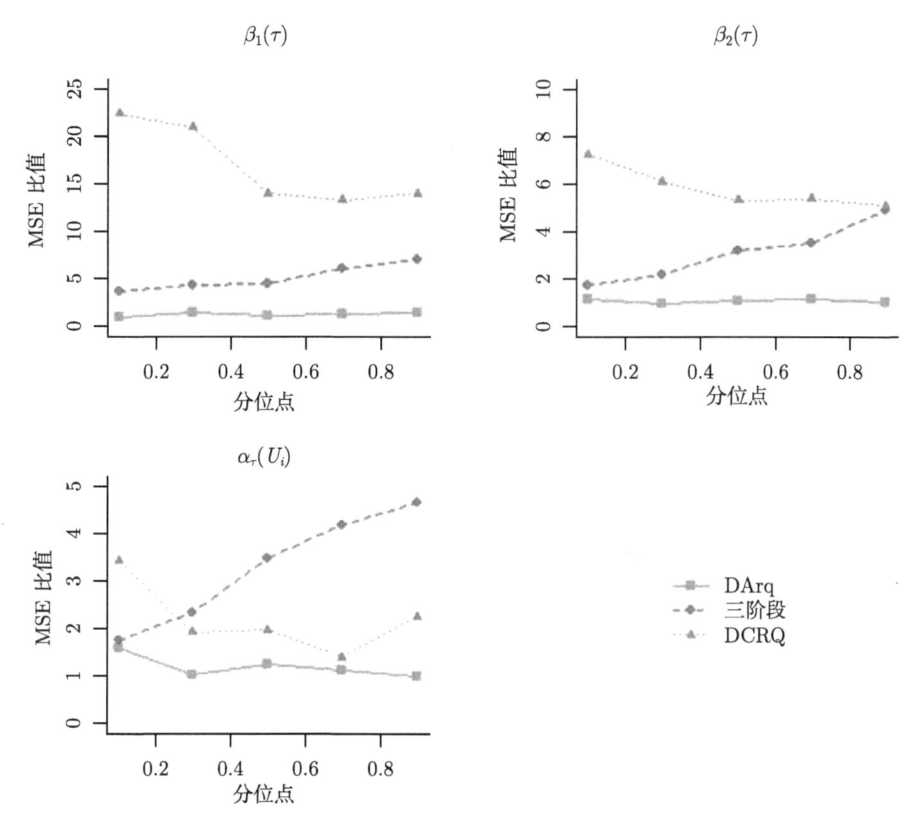

图 3-14 模拟 1 双删失 30% 删失率下三种方法参数估计 MSE 比值 (彩图请扫封底二维码)

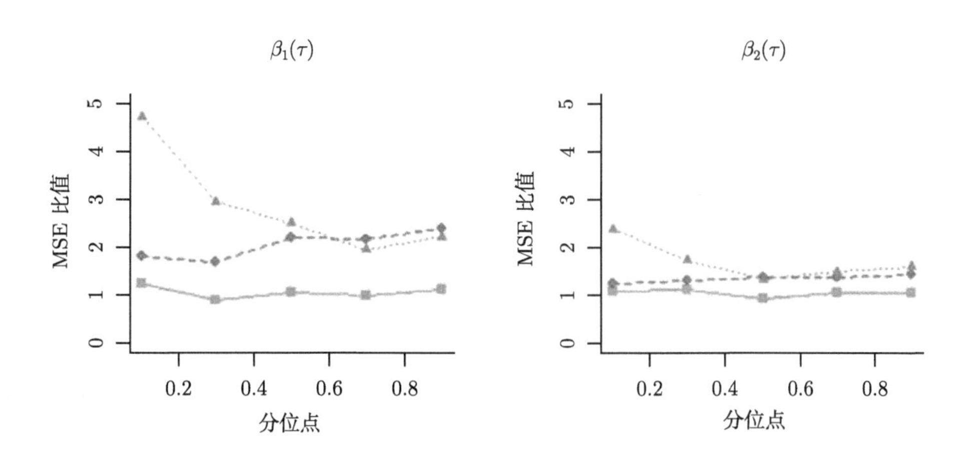

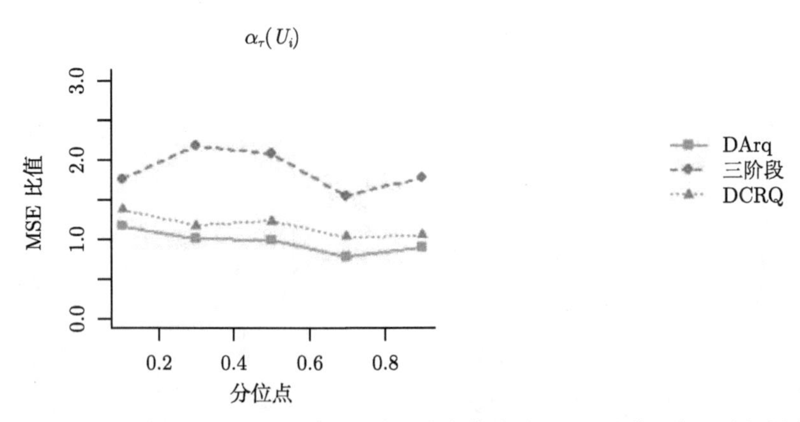

图 3-15　模拟 2 双删失 10% 删失率下三种方法参数估计 MSE 比值 (彩图请扫封底二维码)

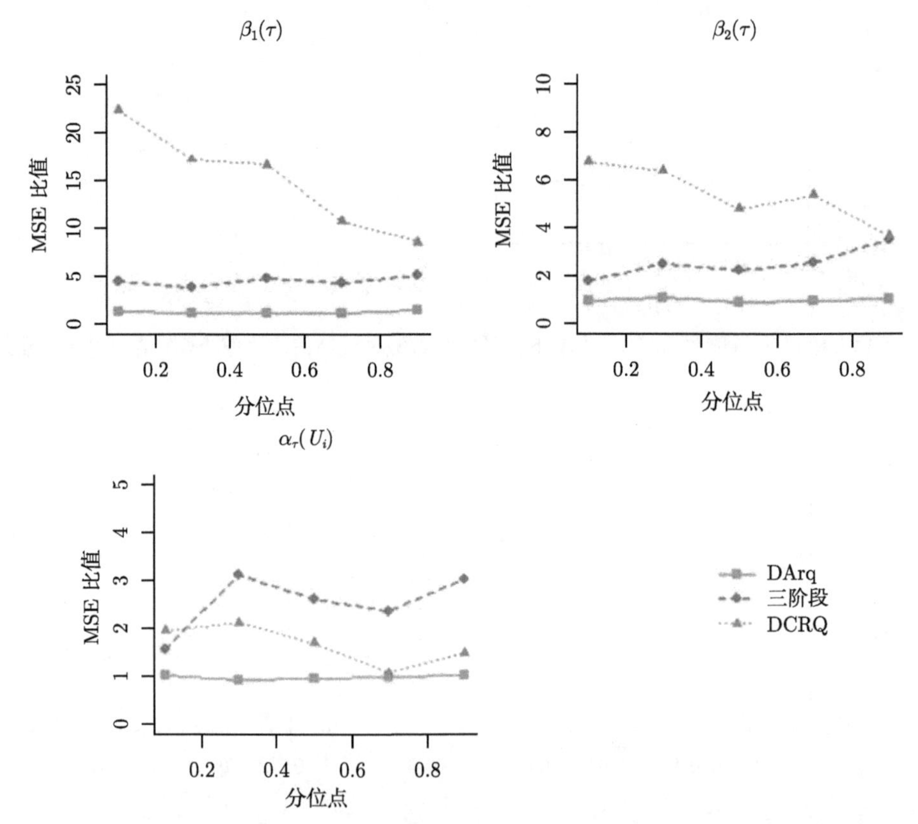

图 3-16　模拟 2 双删失 30% 三种方法参数估计 MSE 比值 (彩图请扫封底二维码)

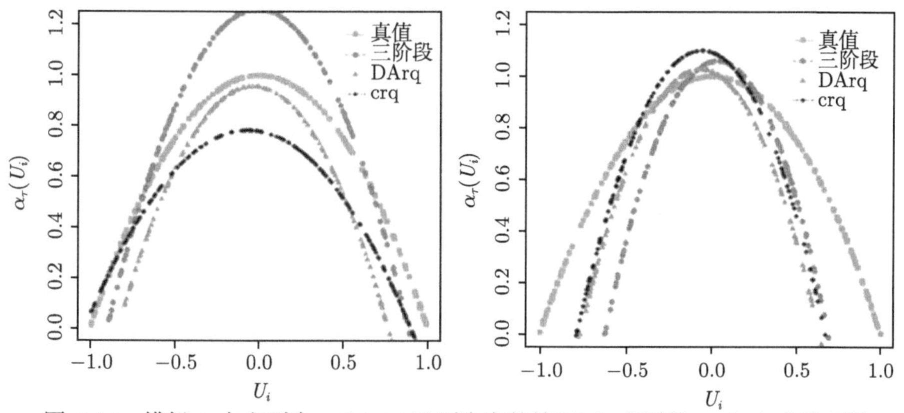

图 3-17　模拟 1 在右删失 10%, 30% 删失率的情况下, 变系数 $\alpha_\tau(U_i)$ 曲线对比
(彩图请扫封底二维码)

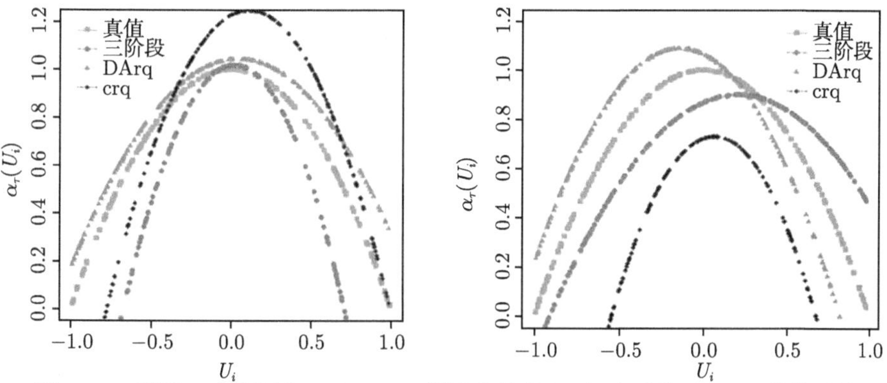

图 3-18　模拟 2 在右删失 10%, 30% 删失率的情况下, 变系数 $\alpha_\tau(U_i)$ 曲线对比
(彩图请扫封底二维码)

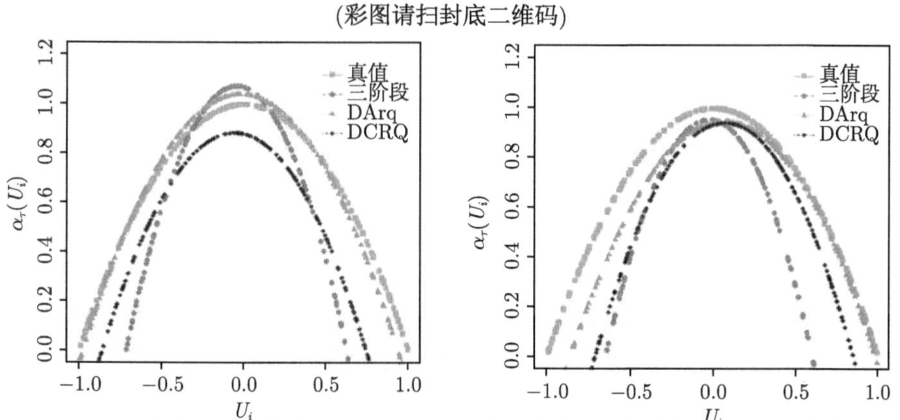

图 3-19　模拟 1 在双删失 10%, 30% 删失率的情况下, 变系数 $\alpha_\tau(U_i)$ 曲线对比
(彩图请扫封底二维码)

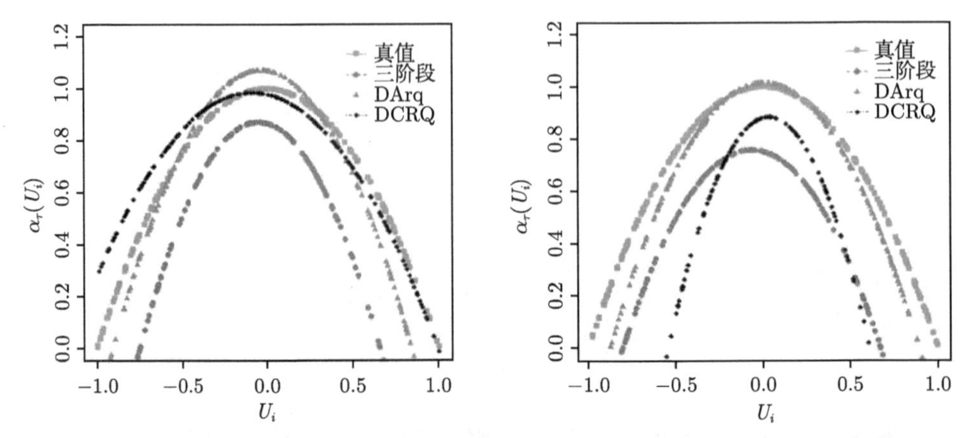

图 3-20 模拟 2 在双删失 10%, 30% 删失率的情况下, 变系数 $\alpha_\tau(U_i)$ 曲线对比 (彩图请扫封底二维码)

3.3.4 在 β-胡萝卜素浓度及其影响因素数据中的应用

1. *数据来源及分析*

近年来, 随着社会经济的快速发展, 居民生活水平不断提高, 人们越来越关注个人的健康问题. 众所周知, β-胡萝卜素浓度与肺癌、结肠癌、乳腺癌和前列腺癌等癌症有着直接的关系 (Fairfield and Fletcher, 2002). 一些观察性流行病学研究表明, 由于 β-胡萝卜素具有强大的抗氧化作用, 因此可以有效地预防癌症的发生, 而且它还可以帮助清除身体中可能致癌的自由基. 充足的 β-胡萝卜素供应还可以增强人体自身的免疫系统, 使其更加有效地对抗癌症等流行性疾病. 因此, 临床医师和营养学家对 β-胡萝卜素的血浆浓度与其他因素如年龄、吸烟状况、饮酒量和饮食摄入之间的关系感兴趣, 因为这些信息对于帮助临床决策和个性化治疗具有潜在的价值. 例如, Nierenberg 等 (1989) 发现膳食胡萝卜素和女性这两个因素与 β-胡萝卜素水平呈正相关, 吸烟和体重指数 (BMI) 与 β-胡萝卜素水平呈负相关, 而年龄与 β-胡萝卜素水平在统计学上显著不相关. Faure 等 (2006) 发现 β-胡萝卜素浓度取决于性别、年龄、吸烟状况、饮食摄入量和居住地. 目前对于这种关系的检验有不同的结果, 并且没有足够的证据得出 β-胡萝卜素与这些因素之间关系的结论.

本小节将采用本节提及的方法, 研究血清中 β-胡萝卜素的浓度与个人特征及饮食因素之间的关系, 分析所用的数据来源于营养流行病学研究中的数据集, 具体变量见表 3-16. 选用 β-胡萝卜素浓度作为响应变量, 年龄、体重指数、膳食 β-胡萝卜素、是否经常吃维生素作为协变量. 除二元变量之外, 对其他所有变量进行标准化处理. 对数据集分别用线性模型和非参数可加模型进行拟合, 发现响应变量血浆 β-胡萝卜素浓度可能与协变量年龄具有非线性关系, 与其他协变量具有线性关

系, 因此我们可以建立如下部分线性变系数分位数模型:

$$
\begin{aligned}
&\log(\text{Beta-carotene}) \\
&= \beta_0 + \beta_1 \text{Betadiet} + \beta_2 \text{Smoking} + \beta_3 \text{Alcohol} + \alpha_\tau(U_i)\text{Quetelet} + \varepsilon
\end{aligned}
$$

表 3-16　β-胡萝卜素浓度及其影响因素数据

变量名称	定义
Beta-carotene	β-胡萝卜素的血浆浓度 (微克/毫升)
Betadiet	每日膳食 β-胡萝卜素摄入量 (微克)
Smoking	每日吸烟量 (支)
Alcohol	每周酒精摄入量 (毫升)
Quetelet	体重指数 (体重/身高的平方)
U_i	每日胆固醇摄入量 (转换成 [0,1] 区间取值)(毫克)

2. *在三阶段方法中窗宽系数的选择*

表 3-17 和表 3-18 是三阶段方法中窗宽系数 h 和 d 的选择, 这里我们通过五折交叉验证选择窗宽系数 h 和 d, 给出了 β-胡萝卜素浓度在存在右删失和双删失 (删失率为 10%, 30%) 时的结果.

表 3-17　右删失删失率 10%, 30% 下的窗宽系数

右删失 10% 删失率下				
分位数水平	0.2	0.4	0.6	0.8
窗宽系数 h	0.9	0.7	0.4	0.9
窗宽系数 d	0.6	0.8	0.7	0.7
右删失 30% 删失率下				
分位数水平	0.2	0.4	0.6	0.8
窗宽系数 h	0.7	0.7	0.7	0.9
窗宽系数 d	0.8	0.8	0.7	0.8

表 3-18　双删失删失率 10%, 30% 下的窗宽系数

双删失 10% 删失率下					
分位数水平	0.1	0.3	0.5	0.7	0.9
窗宽系数 h	0.5	0.7	0.7	0.6	0.4
窗宽系数 d	0.6	0.8	0.5	0.6	0.7
双删失 30% 删失率下					
分位数水平	0.1	0.3	0.5	0.7	0.9
窗宽系数 h	0.4	0.5	0.7	0.6	0.5
窗宽系数 d	0.6	0.6	0.7	0.5	0.7

3. 结果分析

经交叉验证得到窗宽系数后, 通过 Bootstrap 方法, 在不同的删失类型和删失水平下, 得到了影响 β-胡萝卜素的浓度的各个变量的点估计和 95%的置信区间. 下面将对比三种方法所得结果的差异性.

图 3-21 显示了数据右删失情况下, 三阶段方法、crq 方法和 DArq 方法变系数函数部分的图像, 图 3-22 显示了数据双删失情况下, 三阶段方法、DCRQ 方法和 DArq 方法变系数函数部分的图像, 其中横坐标为 U_i, 纵轴为对应的函数值.

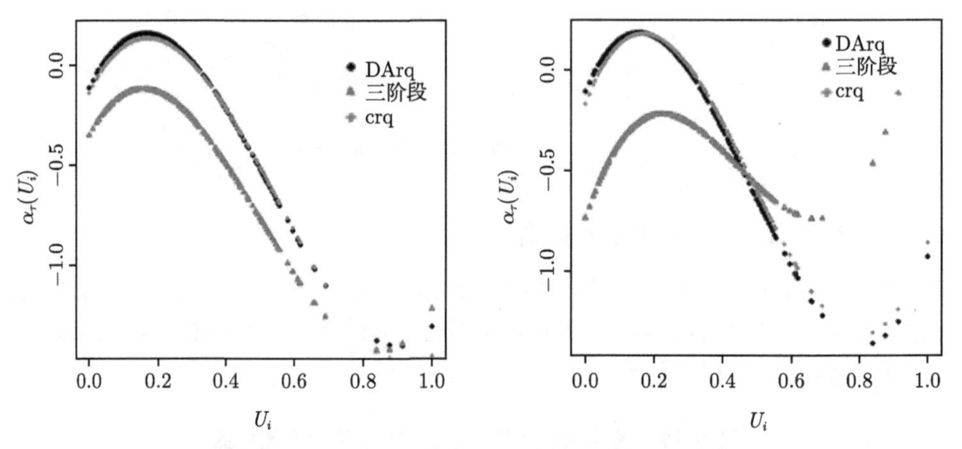

图 3-21　右删失 10%, 30%变系数 $\alpha_\tau(U_i)$ 拟合曲线 (彩图请扫封底二维码)

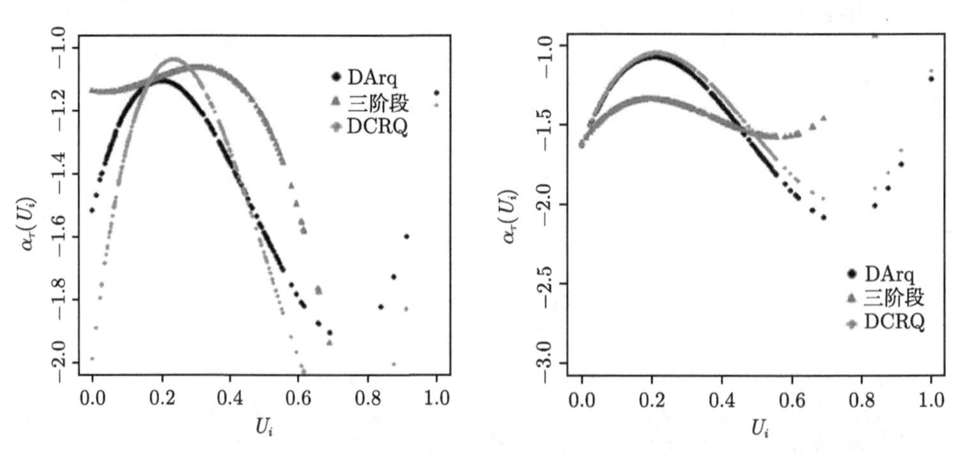

图 3-22　双删失 10%, 30%变系数 $\alpha_\tau(U_i)$ 拟合曲线 (彩图请扫封底二维码)

本小节通过构建部分线性变系数分位数回归模型研究了年龄、每日膳食 β-胡萝卜素摄入量、每日吸烟量、每周酒精摄入量、体重指数、每日胆固醇摄入量这几个变量对 β-胡萝卜素的血浆浓度的影响, 其中, 每日胆固醇摄入量为变系数部分的协变量, 其余变量用于线性部分的建模协变量. 将数据分别设定为删失率为 10% 和 30% 的右删失和删失率为 10% 和 30% 的双删失, 从各个参数的点估计中可以看出, 在不同的分位数水平下, 无论删失率高低, 各种方法的结果均显示体重指数、每日吸烟量、每周酒精摄入量与 β-胡萝卜素的血浆浓度呈负相关的关系; 在拟合曲线中可以看出, 每日胆固醇的摄入量越多, 对于 β-胡萝卜素的血浆浓度的负面影响越大, 协变量每日膳食 β-胡萝卜素摄入量与响应变量基本呈正相关的关系; 每日膳食 β-胡萝卜素摄入量越多, 则 β-胡萝卜素的血浆浓度越高; 体重指数越大、吸烟、每周酒精摄入量和每日胆固醇摄入量越多, β-胡萝卜素的血浆浓度越低. 因此在日常生活中要合理控制体重, 过重的体重会导致体重指数增大, 从而导致 β-胡萝卜素的血浆浓度降低. 此外, 想要提升 β-胡萝卜素的血浆浓度, 应该及时戒烟, 减少酒精和胆固醇的摄入量, 这样才利于身体健康; 合理增加膳食 β-胡萝卜素摄入量, 有助于 β-胡萝卜素的血浆浓度的提高.

表 3-19～表 3-22 中给出了几种方法在不同分位数下 95% 的置信区间, 可以看出 DArq 方法相对于其他几种方法, 其置信区间普遍较短且在边界分位数水平下仍然表现得十分稳定; 而 DCRQ 方法在中间分位数水平下与 DArq 方法所得的置信区间相差不大, 但在边界分位数水平下, DCRQ 方法所得的置信区间较长, 说明 DCRQ

表 3-19 右删失 10% 删失率下的点估计和区间估计

分位数水平		β_1	β_2	β_3	β_4
0.2	crq 方法	0.62	−0.35	−0.36	−1.07
		(−0.08,1.47)	(−0.76,0.01)	(−1.39,0.46)	(−1.84,−0.50)
	三阶段方法	0.47	−0.37	−0.36	−0.92
		(−0.32,1.47)	(−0.92,0.06)	(−1.64,0.55)	(−1.96,−0.13)
	DArq 方法	0.59	−0.34	−0.39	−1.07
		(−0.08,1.44)	(−0.78,0.03)	(−1.39,0.32)	(−1.79,−0.55)
0.4	crq 方法	0.85	−0.31	−0.28	−1.30
		(0.17,1.35)	(−0.50,−0.12)	(−0.91,0.11)	(−1.67,−0.88)
	三阶段方法	0.60	−0.30	−0.34	−1.11
		(−0.32,1.37)	(−0.70,0.03)	(−1.178,0.35)	(−1.71,−0.18)
	DArq 方法	0.87	−0.32	−0.29	−1.29
		(0.19,1.41)	(−0.53,−0.15)	(−0.98,0.15)	(−1.65,−0.86)
0.6	crq 方法	1.18	−0.42	−0.22	−1.21
		(0.60,1.76)	(−0.61,−0.16)	(−0.60,0.34)	(−1.69,−0.67)
	三阶段方法	0.76	−0.37	−0.30	−0.96
		(−0.14,1.42)	(−0.79,−0.01)	(−0.89,0.37)	(−1.67,−0.18)
	DArq 方法	1.18	−0.41	−0.23	−1.21
		(0.59,1.69)	(−0.60,−0.18)	(−0.69,0.45)	(−1.70,−0.68)

续表

分位数水平		β_1	β_2	β_3	β_4
0.8	crq 方法	0.89	−0.48	−0.35	−1.25
		(0.30,1.69)	(−0.84,−0.19)	(−0.95,0.56)	(−1.94,−0.66)
	三阶段方法	0.53	−0.31	−0.32	−0.63
		(−0.14,1.17)	(−0.67,0.06)	(−1.02,0.47)	(−1.27,0.05)
	DArq 方法	0.86	−0.47	−0.36	−1.22
		(0.20,1.65)	(−0.80,−0.16)	(−0.99,0.53)	(−1.90,−0.68)

方法在边界分位数水平下表现得并不稳定; 三阶段方法所得的置信区间普遍比 DArq 方法更长, 且在极端分位数水平下的表现也较差. 因此, 综合来看, 对部分变系数分位数回归模型来说, DArq 方法是最适合的.

表 3-20　右删失 30% 删失率下的点估计和区间估计

分位数水平		β_1	β_2	β_3	β_4
0.2	crq 方法	0.58	−0.36	−0.38	−1.05
		(−0.05,1.48)	(−0.75,0.01)	(−1.39,0.37)	(−1.76,−0.52)
	三阶段方法	0.11	−0.24	−0.32	−0.77
		(−0.99,1.02)	(−0.74,0.11)	(−1.41,0.39)	(−1.57,0.01)
	DArq 方法	0.61	−0.36	−0.38	−1.08
		(−0.07,1.60)	(−0.77,0.02)	(−1.51,0.48)	(−1.86,−0.59)
0.4	crq 方法	0.89	−0.31	−0.29	−1.27
		(0.25,1.71)	(−0.51,−0.13)	(−0.96,0.10)	(−1.65,1.53)
	三阶段方法	0.00	−0.18	−0.35	−0.90
		(−0.67,0.79)	(−0.51,0.06)	(−1.02,0.20)	(−1.35,−0.21)
	DArq 方法	0.90	−0.32	−0.27	−1.27
		(0.20,1.62)	(−0.51, −0.13)	(−1.05, 0.12)	(−1.69, −0.83)
0.6	crq 方法	1.31	−0.42	−0.24	−1.25
		(0.48,2.25)	(−0.66, −0.16)	(−0.64, 0.32)	(−1.71, −0.71)
	三阶段方法	0.18	−0.21	−0.24	−0.72
		(−0.46, 1.14)	(−0.43, 0.05)	(−0.72, 0.66)	(−1.30, −0.08)
	DArq 方法	1.00	−0.39	−0.24	−1.13
		(0.40,1.65)	(−0.63, −0.12)	(−0.69, 0.39)	(−1.72, −0.57)
0.8	crq 方法	1.12	−0.52	−0.148	−1.30
		(−0.041, 3.17)	(−1.22, −0.07)	(−1.07, 1.26)	(−2.52, −0.35)
	三阶段方法	0.20	−0.11	−0.18	−0.40
		(−0.65, 1.04)	(−0.41, 0.13)	(−0.75, 0.74)	(−1.06, 0.14)
	DArq 方法	0.65	−0.28	−0.23	−0.78
		(0.18,1.35)	(−0.57, −0.02)	(−0.84, 0.51)	(−1.34, −0.20)

表 3-21 双删失 10% 删失率下的点估计和区间估计

分位数水平		β_1	β_2	β_3	β_4
0.1	DCRQ 方法	0.50 (−0.55, 1.59)	−0.60 (−1.15, −0.08)	−0.37 (−1.77, 0.70)	−1.11 (−2.30, −0.42)
	三阶段方法	0.53 (−0.11, 1.53)	−0.34 (−0.59, −0.03)	−0.40 (−1.10, 0.09)	−0.78 (−2.16, −0.24)
	DArq 方法	0.48 (−0.88, 1.56)	−0.64 (−1.18, −0.09)	−0.30 (−1.46, 0.70)	−0.98 (−1.92, −0.26)
0.3	DCRQ 方法	0.73 (−0.11, 1.41)	−0.27 (−0.60, −0.06)	−0.33 (−1.22, 0.23)	−1.21 (−1.66, −0.73)
	三阶段方法	0.62 (−0.11, 1.38)	−0.17 (−0.44, 0.21)	−0.29 (−0.66, −0.05)	−1.09 (−2.30, −0.22)
	DArq 方法	0.71 (−0.105, 1.52)	−0.28 (−0.63, −0.04)	−0.31 (−1.15, 0.23)	−1.19 (−1.66, −0.74)
0.5	DCRQ 方法	1.06 (0.61,1.54)	−0.37 (−0.54, −0.23)	−0.25 (−0.80, 0.23)	−1.28 (−1.72, −0.76)
	三阶段方法	0.83 (−0.10, 1.46)	−0.31 (−0.61, −0.01)	−0.34 (−0.65, −0.13)	−1.24 (−2.17, −0.66)
	DArq 方法	1.06 (0.58,1.54)	−0.37 (−0.55, −0.20)	−0.26 (−0.74, 0.11)	−1.28 (−1.61, −0.81)
0.7	DCRQ 方法	1.04 (0.44,1.59)	−0.44 (−0.82, −0.12)	−0.24 (−0.77, 0.52)	−1.14 (−1.82, −0.59)
	三阶段方法	0.93 (−0.37, 1.33)	−0.32 (−0.64, 0.11)	−0.35 (−0.85, −0.05)	−1.02 (−1.99, −0.21)
	DArq 方法	1.03 (0.38,1.65)	−0.46 (−0.79, −0.15)	−0.26 (−0.76, 0.41)	−1.15 (−1.72, −0.71)
0.9	DCRQ 方法	0.85 (0.05,2.27)	−0.40 (−0.71, −0.02)	−0.39 (−1.21, 2.25)	−1.36 (−2.01, −0.63)
	三阶段方法	0.51 (−0.63, 1.12)	−0.26 (−0.51, 0.49)	−0.38 (−1.28, 0.46)	−1.06 (−1.60, −0.16)
	DArq 方法	0.54 (0.04,1.19)	−0.39 (−0.69, 0.01)	−0.31 (−1.19, 0.87)	−1.30 (−1.77, −0.58)

表 3-22 双删失 30% 删失率下的点估计和区间估计

分位数水平		β_1	β_2	β_3	β_4
0.1	DCRQ 方法	1.21 (−0.53, 2.85)	−1.40 (−2.95, 0.07)	−1.78 (−10.94, 1.98)	−3.77 (−9.54, −0.74)
	三阶段方法	0.52 (0.14, 1.84)	0.01 (−0.29, 0.11)	−0.21 (−0.98, 0.07)	−0.72 (−2.09, −0.15)
	DArq 方法	0.46 (0.03,1.18)	−0.25 (−0.55, −0.03)	−0.37 (−0.92, 0.11)	−0.75 (−1.33, −0.31)

续表

分位数水平		β_1	β_2	β_3	β_4
0.3	DCRQ 方法	0.78 (−0.08, 1.58)	−0.30 (−0.62, −0.04)	−0.53 (−1.93, 0.22)	−1.42 (−2.13, −0.88)
	三阶段方法	0.68 (0.04, 1.75)	−0.14 (−0.44, 0.05)	−0.28 (−0.79, 0.16)	−1.05 (−2.13, −0.23)
	DArq 方法	0.69 (−0.13, 1.39)	−0.28 (−0.56, −0.04)	−0.55 (−1.37, 0.14)	−1.18 (−1.68, −0.71)
0.5	DCRQ 方法	1.11 (0.54,1.72)	−0.37 (−0.54, −0.19)	−0.29 (−1.07, 0.34)	−1.34 (−1.86, −0.79)
	三阶段方法	0.95 (−0.03, 1.58)	−0.24 (−0.55, 0.14)	−0.25 (−0.89, 0.37)	−0.97 (−1.99, −0.20)
	DArq 方法	1.08 (0.55,1.72)	−0.37 (−0.55, −0.19)	−0.35 (−1.05, 0.24)	−1.26 (−1.78, −0.67)
0.7	DCRQ 方法	1.40 (0.43,2.70)	−0.50 (−0.84, −0.14)	−0.27 (−0.91, 0.52)	−1.29 (−1.98, −0.75)
	三阶段方法	0.91 (−0.05, 1.47)	−0.23 (−0.60, 0.15)	−0.32 (−1.02, 0.43)	−0.79 (−1.71, −0.07)
	DArq 方法	1.11 (0.42,1.74)	−0.47 (−0.82, −0.12)	−0.25 (−0.91, 0.48)	−1.15 (−1.77, −0.61)
0.9	DCRQ 方法	5.78 (0.81,25.28)	−1.44 (−3.59, −0.23)	−0.98 (−3.37, 3.13)	−4.28 (−11.12, −1.42)
	三阶段方法	0.47 (−0.13, 1.09)	−0.23 (−0.51, 0.20)	−0.23 (−0.99, 0.61)	−0.58 (−1.43, 0.02)
	DArq 方法	0.55 (0.04,1.13)	−0.34 (−0.67, 0.02)	−0.29 (−0.94, 0.62)	−1.10 (−1.68, −0.49)

图 3-21 和图 3-22 中给出了, 在响应变量分别存在右删失和双删失删失率为 10%, 30%的情况下, 变系数 $\alpha_\tau(U_i)$ 部分在 $\tau = 0.5$ 的拟合曲线. 从三个方法各自的曲线中可以看出, 三条曲线的走势大致相当, 都随着自变量 U_i 的增大而先增大后减小, 也就是说随着胆固醇摄入量的先增大后减小, 体重指数对 β-胡萝卜素的血浆浓度的负面影响不断增加.

3.3.5 在台北房价及其影响因素数据中的应用

房地产估价的市场历史数据集来自中国台湾新北市新店区. 选用单位面积的房价作为响应变量, 房屋年龄、便利店数量和到最近的地铁站的距离作为协变量, 对所有变量进行标准化处理. 对数据集分别用线性模型和非参数可加模型进行拟合, 发现响应变量单位面积的房价可能与协变量到最近的地铁站的距离具有非线性关系, 与其他协变量具有线性关系, 因此我们可以建立如下部分线性变系数分位数模型:

$$Y = \beta_0 + \beta_1 X_1 + \beta_2 X_2 + \alpha_\tau(U_i) X_3 + \varepsilon$$

其中具体变量见表 3-23.

表 3-23 台北房价及其影响因素数据

变量名称	定义
Y	单位面积的房价
X_1	房屋年龄
X_2	便利店数量
X_3	到最近的地铁站的距离
U_i	房价 (转换成 [0,1] 区间取值)

这里设定响应变量分别存在右删失和双删失, 删失率分别为 10%和 30%, 本小节将研究这两种删失率下, 三种方法在上述模型中的表现, 采用对各个参数的点估计和 95% 的区间估计来评估.

表 3-24 和表 3-25 是三阶段方法中窗宽系数 h 和 d 的选择, 这里我们通过五折交叉验证选择窗宽系数 h 和 d, 表中响应变量分别存在右删失和双删失, 删失率为 10% 和 30%.

表 3-24 右删失 10%, 30%删失率下窗宽系数

右删失 10% 删失率下				
分位数水平	0.2	0.4	0.6	0.8
窗宽系数 h	0.3	0.7	0.5	0.6
窗宽系数 d	0.8	0.6	0.6	0.7
右删失 30% 删失率下				
分位数水平	0.2	0.4	0.6	0.8
窗宽系数 h	0.4	0.7	0.7	0.5
窗宽系数 d	0.6	0.5	0.6	0.5

表 3-25 双删失 10%, 30%删失率下窗宽系数

双删失 10% 删失率下					
分位数水平	0.1	0.3	0.5	0.7	0.9
窗宽系数 h	0.4	0.6	0.6	0.9	0.5
窗宽系数 d	0.7	0.5	0.6	0.5	0.5
双删失 30% 删失率下					
分位数水平	0.1	0.3	0.5	0.7	0.9
窗宽系数 h	0.5	0.5	0.9	0.6	0.4
窗宽系数 d	0.6	0.7	0.7	0.7	0.7

在通过交叉验证得到窗宽系数后, 通过 Bootstrap 方法, 在不同的删失类型和删失水平下, 得到了影响台北房价的各个变量的点估计和 95%的置信区间 (表 3-26～ 表 3-29), 对比了三种方法在所建立的部分线性变系数分位数回归模型中的具体表现.

表 3-26　右删失 10% 删失率下点估计和区间估计

分位数水平		β_1	β_2	β_3
0.2	crq 方法	0.41	−1.21	0.20
		(0.28,0.53)	(−1.46, −0.99)	(0.12,0.30)
	三阶段方法	0.13	−0.45	0.19
		(0.05,0.24)	(−0.70, −0.31)	(0.13,0.26)
	DArq 方法	0.12	−0.56	0.19
		(0.04,0.24)	(−0.89, −0.36)	(0.13,0.27)
0.4	crq 方法	0.25	−1.33	0.19
		(0.15,0.40)	(−1.55, −1.06)	(0.11,0.28)
	三阶段方法	0.10	−0.49	0.10
		(0.04,0.20)	(−0.80, −0.30)	(0.04,0.16)
	DArq 方法	0.10	−0.58	0.15
		(0.04,0.20)	(−0.89, −0.39)	(0.11,0.20)
0.6	crq 方法	0.23	−1.35	0.20
		(0.09,0.35)	(−1.56, −1.14)	(0.13,0.29)
	三阶段方法	0.11	−0.45	0.13
		(0.06,0.20)	(−0.73, −0.25)	(−0.11, 0.19)
	DArq 方法	0.11	−0.54	0.13
		(0.05,0.20)	(−0.83, −0.36)	(−0.10, 0.17)
0.8	crq 方法	0.23	−1.26	0.27
		(0.06,0.35)	(−1.51, −1.04)	(0.16,0.37)
	三阶段方法	0.13	−0.39	0.13
		(0.07,0.24)	(−0.64, −0.22)	(−0.12, 0.18)
	DArq 方法	0.15	−0.48	0.14
		(0.08,0.24)	(−0.75, −0.31)	(−0.10, 0.19)

表 3-27　右删失 30% 删失率下点估计和区间估计

分位数水平		β_1	β_2	β_3
0.2	crq 方法	0.41	−1.21	0.20
		(0.27,0.55)	(−1.47, −1.00)	(0.11,0.30)
	三阶段方法	0.09	−0.45	0.17
		(−0.02, 0.21)	(−0.97, −0.11)	(0.11,0.25)
	DArq 方法	0.11	−0.81	0.18
		(0.01,0.21)	(−1.24, −0.54)	(0.13,0.25)
0.4	crq 方法	0.25	−1.33	0.19
		(0.14,0.43)	(−1.54, −1.08)	(0.11,0.27)
	三阶段方法	0.05	−0.53	0.14
		(0.00,0.12)	(−0.87, −0.26)	(−0.10, 0.21)
	DArq 方法	0.09	−0.80	0.15
		(0.03,0.18)	(−1.22, −0.53)	(0.12,0.21)

续表

分位数水平		β_1	β_2	β_3
0.6	crq 方法	0.17	−1.35	0.19
		(0.06,0.31)	(−1.52, −1.13)	(0.12,0.27)
	三阶段方法	0.06	−0.43	0.12
		(0.00,0.13)	(−0.73, −0.25)	(−0.12, 0.16)
	DArq 方法	0.08	−0.76	0.14
		(0.03,0.15)	(−1.18, −0.49)	(0.10,0.19)
0.8	crq 方法	0.08	−1.30	0.27
		(−0.10, 0.36)	(−1.53, −1.06)	(0.13,0.42)
	三阶段方法	0.06	−0.35	0.11
		(0.02,0.15)	(−0.65, −0.18)	(−0.13, 0.16)
	DArq 方法	0.10	−0.71	0.15
		(0.04,0.19)	(−1.11, −0.45)	(0.11,0.20)

表 3-28 双删失 10% 删失率下点估计和区间估计

分位数水平		β_1	β_2	β_3
0.1	DCRQ 方法	0.12	−0.50	0.21
		(0.00,0.28)	(−0.76, −0.32)	(0.14,0.31)
	三阶段方法	0.11	−0.47	0.21
		(0.01,0.21)	(−0.71, −0.29)	(0.15,0.29)
	DArq 方法	0.11	−0.51	0.21
		(0.00,0.20)	(−0.76, −0.35)	(0.15,0.28)
0.3	DCRQ 方法	0.13	−0.46	0.17
		(0.05,0.25)	(−0.73, −0.29)	(0.12,0.24)
	三阶段方法	0.12	−0.40	0.17
		(0.05,0.21)	(−0.64, −0.27)	(0.13,0.22)
	DArq 方法	0.13	−0.47	0.17
		(0.05,0.24)	(−0.72, −0.31)	(0.13,0.22)
0.5	DCRQ 方法	0.11	−0.44	0.13
		(0.05,0.22)	(−0.75, −0.28)	(−0.10, 0.17)
	三阶段方法	0.11	−0.38	0.03
		(0.06,0.20)	(−0.59, −0.25)	(−0.10, 0.13)
	DArq 方法	0.11	−0.47	0.13
		(0.05,0.20)	(−0.73, −0.30)	(0.10,0.18)
0.7	DCRQ 方法	0.14	−0.40	0.13
		(0.08,0.23)	(−0.65, −0.25)	(−0.10, 0.18)
	三阶段方法	0.15	−0.34	0.14
		(0.08,0.24)	(−0.58, −0.20)	(−0.11, 0.18)
	DArq 方法	0.14	−0.42	0.14
		(0.08,0.22)	(−0.67, −0.27)	(−0.10, 0.18)

续表

分位数水平		β_1	β_2	β_3
0.9	DCRQ 方法	0.17	−0.35	0.14
		(0.10,0.29)	(−0.58, −0.19)	(−0.11, 0.19)
	三阶段方法	0.16	−0.32	0.14
		(0.09,0.26)	(−0.49, −0.19)	(−0.12, 0.19)
	DArq 方法	0.17	−0.36	0.14
		(0.10,0.29)	(−0.58, −0.22)	(−0.11, 0.18)

表 3-29　双删失 30% 删失率下点估计和区间估计

分位数水平		β_1	β_2	β_3
0.1	DCRQ 方法	0.79	−1.33	0.56
		(−0.04, 2.54)	(−2.80, −0.52)	(0.10,1.05)
	三阶段方法	0.02	−0.40	0.13
		(−0.03, 0.09)	(−0.63, −0.19)	(0.05,0.24)
	DArq 方法	0.03	−0.65	0.18
		(−0.05, 0.14)	(−1.03, −0.40)	(0.11,0.28)
0.3	DCRQ 方法	0.12	−0.74	0.18
		(0.03,0.23)	(−1.15, −0.49)	(0.13,0.25)
	三阶段方法	0.06	−0.42	0.11
		(0.01,0.13)	(−0.71, −0.24)	(0.07,0.19)
	DArq 方法	0.11	−0.65	0.16
		(0.04,0.20)	(−0.96, −0.44)	(0.11,0.21)
0.5	DCRQ 方法	0.09	−0.73	0.10
		(0.03,0.17)	(−1.12, −0.49)	(0.04,0.17)
	三阶段方法	0.08	−0.42	0.07
		(0.03,0.17)	(−0.68, −0.23)	(−0.20, 0.14)
	DArq 方法	0.10	−0.62	0.10
		(0.04,0.18)	(−0.93, −0.42)	(0.04,0.16)
0.7	DCRQ 方法	0.11	−0.66	0.14
		(0.04,0.20)	(−1.04, −0.39)	(−0.10, 0.19)
	三阶段方法	0.12	−0.36	0.13
		(0.06,0.20)	(−0.58, −0.18)	(−0.11, 0.18)
	DArq 方法	0.12	−0.58	0.14
		(0.06,0.20)	(−0.89, −0.37)	(−0.11, 0.19)
0.9	DCRQ 方法	0.13	−1.10	0.16
		(0.02,0.25)	(−2.10, −0.39)	(0.11,0.22)
	三阶段方法	0.11	−0.30	0.13
		(0.03,0.18)	(−0.52, −0.15)	(−0.11, 0.19)
	DArq 方法	0.14	−0.54	0.14
		(0.07,0.22)	(−0.84, −0.34)	(0.11,0.20)

图 3-23 显示了数据右删失情况下, 三阶段方法、crq 方法和 DArq 方法变系数函数部分的图像, 图 3-24 显示了数据双删失情况下, 三阶段方法、DCRQ 方法和 DArq 方法变系数函数部分的图像, 其中横坐标为 U_i, 纵轴为对应的函数值.

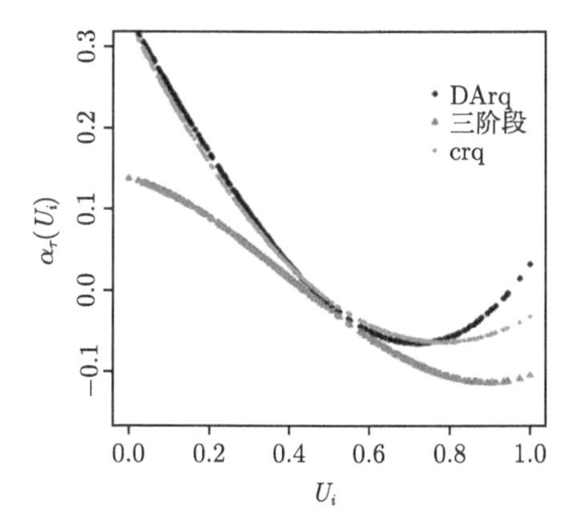

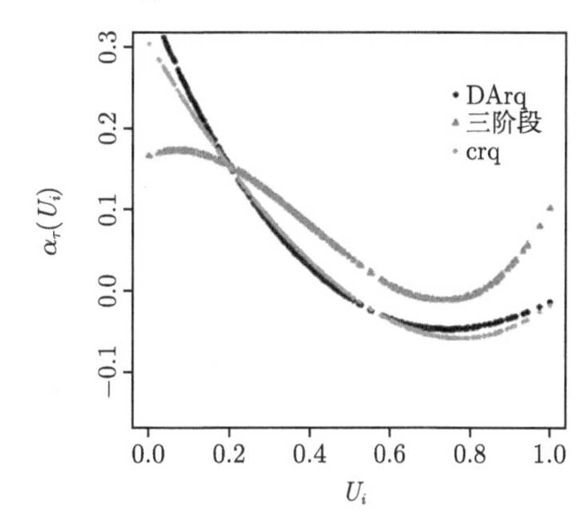

图 3-23　右删失删失率分别为 10%, 30% 时变系数 $\alpha_\tau(U_i)$ 拟合曲线 (彩图请扫封底二维码)

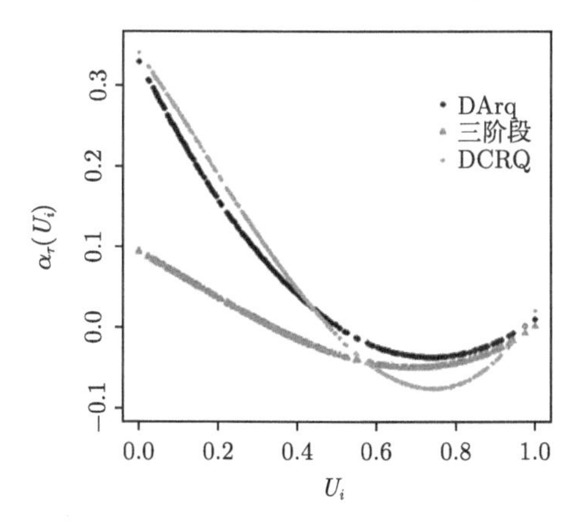

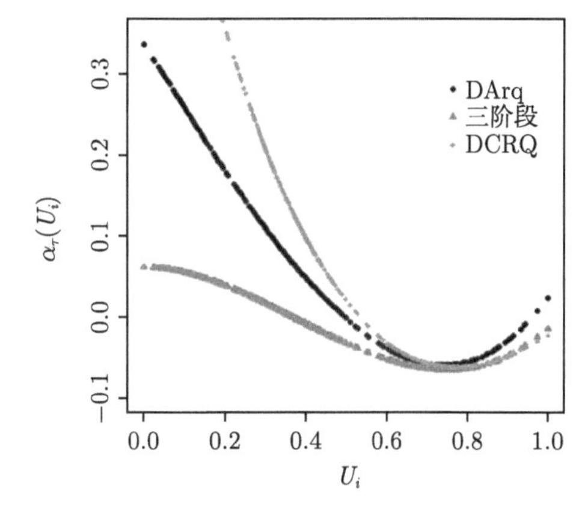

图 3-24　双删失删失率分别为 10%, 30% 时变系数 $\alpha_\tau(U_i)$ 拟合曲线 (彩图请扫封底二维码)

本节探究了便利店数量、到最近的地铁站的距离、房屋年龄和成交年份四个因素对单位面积房价的影响, 通过构建部分线性变系数分位数回归模型, 我们将响应变量数分别设定为删失率为 10% 和 30% 的右删失与删失率为 10% 和 30% 的双删失. 在不同的条件下, 我们发现, 房屋年龄和到最近的地铁站的距离对单位面积房价有负面的影响, 房屋年龄越大, 到地铁站距离越远, 单位面积房价越低; 便利店数量和成交年份对单位面积房价有正面影响, 便利店数量越多, 单位面积房价越高, 成交年份越大, 也就是成交时间越晚, 单位面积房价越高, 这也是符合常识的. 在日常的买房或者租房过程中, 买家一般都是通过这几个因素来评估房屋的价值, 对于卖方来说, 便利店数量、最近的地铁站的距离、房屋年龄也决定着房屋定价的高低,而成交时间也影响着房价的高低.

表 3-26~ 表 3-29 给出了 DArq 方法以及三阶段方法、DCRQ 方法的估计结果, 在不同的删失水平下, 包括了各个分位点上的点估计和区间估计, 根据结果可知, 在不同的删失率、各个分位点下, DArq 方法所得出的置信区间都是相对最小的, 而且在边界分位点处表现十分稳定, 而 DCRQ 方法在边界分位点上表现不够稳定, 三阶段方法所得的置信区间长度要相对大于 DArq 方法.

图 3-23 和图 3-24 给出了在响应变量分别存在右删失和双删失, 删失率为 10% 和 30%的情况下, 变系数 $\alpha_\tau(U_i)$ 部分在 $\tau = 0.5$ 时的拟合曲线. 从三个方法的各自的曲线中可以看出, 三条曲线的基本走势大致相当, 都随着自变量 U_i 的增大而逐渐减小, 也就是说随着成交年份的不断增大, 房屋年龄对于单位面积房价的积极影响不断减小, 最后转为负面影响, 即尽早交易对单位面积房价具有积极影响.

第 4 章　删失部分线性可加模型的填补技术与参数估计

4.1　部分线性可加模型

部分线性可加模型是多元线性回归模型的推广, 同时也可以看作广义非参数可加回归模型的一个特例. 它可以更加准确地描述每一个解释变量对响应变量的影响, 当响应变量以线性的方式依赖于某些变量而与其余变量又具有非线性关系时, 部分线性可加模型的表现要比完全的非参数可加模型更好.

近几十年来, 关于部分线性可加模型的估计和推断有诸多研究成果. Stone (1985)、Opsomer 和 Ruppert (1997) 采用 backfitting 算法对部分线性可加模型进行了估计. 随后 Opsomer 和 Ruppert (1999) 讨论了基于核回归的 backfitting 估计的渐近性质. Liang 等 (2008) 基于核回归方法研究了线性部分协变量存在测量误差的部分线性可加模型. 以上提出的方法均不能对参数分量和非参数分量同时进行估计, 且都基于最小二乘方法, 需假设误差项服从正态分布或有有限的方差, 然而在实际应用中很难满足这样的假设. Liu 等 (2011) 采用多项式样条来逼近可加的非参数分量, 基于最小二乘回归对部分线性可加模型进行了研究. Guo 等 (2013) 基于复合分位数回归和多样式样条逼近, 提出了部分线性可加模型的参数估计和变量选择方法. 该方法无需对误差项的分布做任何假设, 且可以同时估计参数分量和非参数分量. 当误差服从非正态分布时, 该方法比基于最小二乘的估计方法更加有效.

4.1.1　删失部分线性可加模型概述

自 Engle 等 (1986) 首次提出部分线性模型以来, 该模型受到了学者的广泛关注, 同时也取得了一系列丰富的研究成果. 部分线性可加模型作为多元线性回归模型和非参数可加回归模型的一个扩展形式, 它同时具有参数模型与非参数模型所具有的性质, 并且比参数模型表现出更好的灵活性, 又比非参数模型更加有效, 是一种半参数模型. 部分线性可加模型的一般形式为

$$Y = X^{\mathrm{T}}\beta + \sum_{j=1}^{J} g_j(Z_j) + \varepsilon \tag{4-1}$$

其中, Y 是响应变量, X 是线性部分中的 P 维随机变量, Z 是非线性部分中的 J 维

随机变量, $g_1(\cdot),\cdots,g_J(\cdot)$ 是未知的光滑函数, β 是 P 维未知参数向量, ε 是分布未知的随机误差项且满足 $E(\varepsilon|X,Z)=0$. 为保证光滑函数的可识别性, 我们假设对于 $j=1,\cdots,J$, 有 $E\{(g_j(Z_j))\}=0$.

4.1.2 部分线性可加模型的参数估计

对于模型 (4-1) 中线性部分系数 β 和非线性部分光滑函数 $g_1(\cdot),\cdots,g_J(\cdot)$ 的估计, 目前学者已经提出了多种方法. 例如, Opsomer 和 Ruppert (1997) 提出了一类基于核函数的 backfitting 估计, 并且研究了其渐近性质. Li (2000) 利用级数方法对线性部分系数进行了估计. Manzan 和 Zerom (2005) 采用替代变量的方法对该模型提出了核估计方法. Liu 等 (2011) 采用了多项式样条的估计方法. 当模型中非线性部分的光滑函数有较多项时, 我们应保证估计方法有效并且计算简单, 使其可以在常用的环境 (如 R) 中计算, 最终得到相应结果. 基于核函数的估计方法 (Opsomer and Ruppert, 1997) 虽然具有可靠的理论基础, 但计算方法是不可行的. 而基于样条的估计方法 (Li, 2000) 在计算上是可行的, 但它又缺乏可靠的理论支持. 鉴于此, 本节将采用多项式样条逼近的方法来估计非线性部分的光滑函数, 这样部分线性可加模型就转化成了形式更为简单的线性模型, 参数分量可以很容易地求解出来. 最重要的是, 估计量仍然是近进正态的.

本节将基于 B 样条基函数来逼近非线性函数, 下面给出 B 样条基函数的定义.

在单参数 u 的取值区间 $[a,b]$ 上, 取分割 $a=u_0\leqslant u_1\leqslant\cdots\leqslant u_n=b$ 为节点, B 样条基函数的递推定义为

$$\begin{cases} B_{i,0}(u)=\begin{cases}1, & u_i\leqslant u\leqslant u_{i+1}\\ 0, & \text{其他}\end{cases}\\ B_{i,0}(u)=\dfrac{u-u_i}{u_{i+k}-u_i}B_{i,k-1}(u)+\dfrac{u_{i+k+1}-u}{t_{i+k+1}-u_{i+1}}B_{i+1,k-1}(u)\\ \text{规定 }\dfrac{0}{0}=0\end{cases}$$

其中, i 表示 B 样条基函数 $B_{i,k}(u)$ 的序号, k 表示 B 样条基函数 $N_{i,k}(u)$ 的次数. 上述公式称为 Cox-de Boor 递推公式. 从该递推公式可以看出, 若要确定第 i 个 k 次 B 样条基函数 $B_{i,k}(u)$, 需要用到 $u_i,u_{i+1},\cdots,u_{i+k+1}$ 共 $k+2$ 个节点. 称区间 $[u_i,u_{i+k+1}]$ 为 B 样条基函数 $B_{i,k}(u)$ 的支撑区间, 它仅在此区间内有不为零的值.

假设 $\{(X_i,Z_i,Y_i):i=1,\cdots,n\}$ 是来自模型 (4-1) 的独立同分布随机样本, 则有

$$Y_i=X_i^{\mathrm{T}}\beta+\sum_{j=1}^{J}g_j(Z_{ij})+\varepsilon_i \tag{4-2}$$

其中 $Z_i=(Z_{i1},Z_{i2},\cdots,Z_{iJ})^{\mathrm{T}}$, 不失一般性, 假设 Z_{ij} 在区间 [0,1] 上取值. 与 Lu

(2010) 相似, 我们引入一个含有 J_n 个内节点的节点序列 $T_n = \{t_i\}_1^{J_n+2\rho}$: $t_{-\rho} = \cdots = t_{-1} = 0 = t_1 < \cdots < t_{J_n} < 1 = t_{J_n+1} = \cdots = t_{J_n+\rho}$, 它们将区间 [0,1] 分割为 J_n+1 个子区间, 其中 $I_j = [t_j, t_{j+1}), j = 1, \cdots, J_n - 1$, $I_{J_n} = [t_{J_n}, 1]$. 令 ς_n 为含有节点 T_n 的 $r(r \geqslant 1)$ 次多项式样条空间. 根据文献 (Schumaker, 1981) 中的定理 4.10, 对于任意的函数 $g_{nj} \in \varsigma_n$, ς_n 中都存在一组规范化的 B 样条基函数 $\{B_w, w = 1, \cdots, m_n\}$, 其中 $m_n = J_n + r$, 使得 $g_{nj}(t) = \sum_{w=1}^{m_n} \alpha_{wj} B_w(t)$. 在合理的光滑假设下, 我们可以用 ς_n 中的基函数来逼近任何光滑函数. 因此模型 (4-2) 中非线性部分的函数可以写成 $g_j(Z_j) \approx \sum_{w=1}^{m_n} \alpha_{jw} B_w(Z_{ij}), j = 1, \cdots, J$. 注意到, 对于每个函数 $g_j(Z_{ij})$ 可能指定不同的 m_n 值, 为简化模型, 这里假设 m_n 值相同并且取相同间隔的节点. 由于 $g_j(Z_{ij})$ 要满足约束条件 $\sum_{i=1}^{n} g_j(Z_{ij}) = 0, j = 1, \cdots, J$, 那么令 $\varphi_{iw}(Z_{ij}) = B_w(Z_{ij}) - \sum_{i=1}^{n} B_w(Z_{ij})/n, w = 1, \cdots, m_n$, 我们通过下式对光滑函数进行逼近:

$$g_j(Z_{ij}) \approx \sum_{w=1}^{m_n} \gamma_{jw} \varphi_{jw}(Z_{ij}) = \psi_j^{\mathrm{T}} \gamma_j, \quad j = 1, \cdots, J \tag{4-3}$$

其中 $\psi_j = (\varphi_{j1}(Z_{ij}), \cdots, \varphi_{jm_n}(Z_{ij}))^{\mathrm{T}}$, $\gamma_j = (\gamma_{j1}, \cdots, \gamma_{jm_n})^{\mathrm{T}}$ 是待估的样条系数向量. 记 $\psi_{ij} = (\varphi_{j1}(Z_{ij}), \cdots, \varphi_{jK}(Z_{ij}))^{\mathrm{T}}$, $\Psi_i = (\psi_{i1}^{\mathrm{T}}, \cdots, \psi_{iJ}^{\mathrm{T}})^{\mathrm{T}}$. 将式 (4-3) 带入模型 (4-2) 中, 有

$$Y_i = X_i^{\mathrm{T}} \beta + \Psi_i^{\mathrm{T}} \gamma + \varepsilon_i, \quad i = 1, \cdots, n \tag{4-4}$$

其中 $\gamma = (\gamma_1^{\mathrm{T}}, \cdots, \gamma_J^{\mathrm{T}})^{\mathrm{T}}$. 模型 (4-4) 是一个标准的线性回归模型, 采用一般的参数估计方法就可以得到 β 和 $g_1(\cdot), \cdots, g_J(\cdot)$ 的估计值.

4.2 删失部分线性可加模型的多重插补

4.2.1 多重插补的填补过程

部分线性可加模型可以更加准确地描述每一个解释变量对响应变量的影响, 当响应变量以线性的方式依赖于某些变量而与其他变量又具有非线性关系时, 部分线性可加模型的表现要比完全的非参数可加模型更好. 因此, 该模型在解决实际问题时存在较大优势. 但是由于各种各样的原因, 我们在实际观测中获取到的数据往往会存在删失的现象, 若对这些删失数据不做任何处理, 将会导致参数估计存在较大偏差, 从而影响到模型的广泛适用性. 所以我们有必要采取合适的方法来解决这样的问题. 在 4.1.2 小节中, 我们已经讨论了如何将部分线性可加模型转化为一般线

性模型, 见式 (4-4), 本小节将基于该模型展开讨论. 假设 Y_i 存在右固定删失, 删失水平为 d, 即只能观测到 $Y_i^c = \min(Y_i, d)$, 其中 d 是一个已知的常数. 不失一般性, 假设 Y_i 的前 n_1 个观测值不存在删失, 而后 n_0 个存在删失, 因此 $n = n_1 + n_0$. $\delta_i = I(Y_i < d)$ 是一个删失示性函数, $A_i = (X_i^{\mathrm{T}}, \Psi_i^{\mathrm{T}})^{\mathrm{T}}$ 为已观测变量. 现有的插补方法通常是从 Y_i 的条件分布, 即 $F(Y|A_i, Y_i > d)$ 中随机抽取一个值来插补删失的 Y_i. 值得注意的是, 这种方法等价于用 Y_i 的第 u 条件分位数 $Q_{y_i}(u|A_i)$ 来填补删失的 Y_i, 其中 u 是来自 $(\pi(A_i), 1)$ 均匀分布的随机变量, $\pi(A_i) = \Pr(Y_i > d|A_i)$ 是 Y_i 删失的条件概率, 因此可以通过拟合删失线性分位数回归模型对其进行估计. 假设有如下线性分位数回归模型:

$$Q_{Y_i}(u|X_i, \Psi_i) = X_i^{\mathrm{T}}\beta(u) + \Psi_i^{\mathrm{T}}\gamma(u), \quad 0 < u < 1 \tag{4-5}$$

记 $\theta(u) = ((\beta(u))^{\mathrm{T}}, (\gamma(u))^{\mathrm{T}})^{\mathrm{T}}$ 是未知的分位数系数. 模型 (4-5) 可改写成下面的形式:

$$Q_{Y_i}(u|A_i) = A_i^{\mathrm{T}}\theta(u), \quad 0 < u < 1 \tag{4-6}$$

Portnoy (2003) 针对响应变量随机删失的情形, 提出了一种线性分位数回归的估计方法, Koenker (2008) 与 Portnoy 和 Lin (2010) 证明了该方法对于固定删失情形估计效果依然较好.

本节所采用的多重插补的具体过程如下.

步骤 1 构建删失分位数回归模型, 求出系数估计值. 这里采用文献 (Portnoy, 2003) 中的方法, 对在 (0,1) 上的 τ 值集合求出对应的系数估计值 $\hat{\theta}_\tau$. 具体的估计过程可参阅文献 (Portnoy, 2003). 在实际应用中, τ 通常是在 (0,1) 上的均匀密度格点上取值.

步骤 2 基于条件概率密度 $f(Y|A)$ 对删失的 Y 值进行插补. 在线性分位数回归模型 (4-6) 对于所有不同的分位数水平 τ 保持不变的假设下, $f(Y|A)$ 可以看成一个分位数系数过程的函数, 即

$$f\{Y|A; \theta_0(\tau)\} = F'\{Y|A; \theta_0(\tau)\}$$

其中 $F\{Y|A; \theta_0(\tau)\} = \inf\{\tau \in (0,1) : A^{\mathrm{T}}\theta_0(\tau) > Y\}$, $\theta_0(\tau)$ 是真实的分位数系数过程. 将条件概率密度 $f(Y|A)$ 写成 $f\{Y|A; \theta_0(\tau)\}$ 的原因是为了说明 $f(Y|A)$ 依赖于分位数系数函数 $\theta_0(\tau)$.

$\theta_0(\tau)$ 是一个无限维的未知系数函数, 我们可以通过自然线性样条来逼近, 即把在一个恰当的分位数水平 (τ_k) 格点上估计的一系列 $\hat{\theta}_{\tau_k}$ 作为它的近似值. 特别地, 取分位水平 $\tau_k = k/(K_n + 1)$, $k = 1, \cdots, K_n$, 其中 K_n 为分位数水平的个数. 定义 $\hat{\theta}(\tau)$ 是在 [0,1] 上的分段线性函数, 满足 $\hat{\theta}(\tau_k) = \hat{\theta}_{\tau_k}$ 和 $\hat{\theta}'(0) = \hat{\theta}'(1) = 0$. 在文献

(Wei and Carroll, 2009) 给定的条件下, $\hat{\theta}(\tau)$ 依概率一致收敛于真实的分位数系数过程. 由于分位数函数是分布函数的逆, 那么概率密度函数就可以表示为在对应分位数水平下分位数函数的一阶导数的倒数. 因此, 条件概率密度函数可以近似表示为

$$\hat{f}\{Y|A,\hat{\theta}(\tau)\}=\sum_{k=1}^{K_n}\frac{\tau_{k+1}-\tau_k}{A^{\mathrm{T}}\hat{\theta}\tau_{k+1}-A^{\mathrm{T}}\hat{\theta}\tau_k}I\{A^{\mathrm{T}}\hat{\theta}\tau_k\leqslant Y<A^{\mathrm{T}}\hat{\theta}\tau_{k+1}\} \tag{4-7}$$

式 (4-7) 中的 $\hat{f}\{Y|A,\hat{\theta}(\tau)\}$ 就是我们要估计的条件密度函数, 它是由 $A^{\mathrm{T}}\hat{\theta}(\tau)$ 推导得到的. 接下来由已知的 $\hat{f}\{Y|A,\hat{\theta}(\tau)\}$ 可以求出 Y 的分布函数 $F\{Y|A;\theta_0(\tau)\}$, 再根据 $F\{Y|A;\theta_0(\tau)\}$ 估计出 Y_i 的删失率 $\hat{\pi}(A_i)$. 对于每一个 $i=n_1+1,\cdots,n$, 通过引入一个服从 $U_n(1-\hat{\pi}(A_i),1)$ 的随机变量 u 来对删失的 Y_i 模拟一个插补值 $\tilde{Y}_i$, $\tilde{Y}_i$ 等于分位数函数在 u 分位数水平下的取值, 即 $\hat{F}^{-1}(u|A_i)$. 将上述过程重复 m 次, 就可以得到 m 个不同的插补值. 令 u_l 为第 l 次随机产生的服从 $U_n(1-\hat{\pi}(A_i),1)$ 的随机变量, 定义 $\tilde{Y}_{j(l)}=F^{-1}(u_l|A_i)$. $\tilde{Y}_{j(l)}$ 的取值与 A_i 有关, 由此可知, $\tilde{Y}_{j(l)}\sim\hat{f}(u_l|A_i)$.

注意到, 由于插补过程是基于分散的删失分位数回归进行的, 在有限样本下, 插补值 $\tilde{Y}_i$ 可能会小于 d, 对于这种情况, 应舍弃该插补值.

步骤 3 利用每一个插补后的数据集重新对参数 θ 进行估计. 将第 l 次插补的数据集与完整的可观测数据组合, 构造一个新的目标函数:

$$S_{n(l)}(\theta)=\sum_{i=1}^{n_1}\rho_\tau\{Y_i-A_i^{\mathrm{T}}\theta\}+\sum_{i=n_1+1}^{n}\rho_\tau\{\tilde{Y}_{i(l)}-A_i^{\mathrm{T}}\theta\} \tag{4-8}$$

那么 $\hat{\theta}_{(l)}=\arg\min_\theta S_{n(l)}(\theta)$ 为利用第 l 次插补后的数据集得到的参数估计结果. 重复这一步骤 m 次, 得到最终的多重插补估计为 $\tilde{\theta}_\tau=m^{-1}\sum\limits_{l=1}^{m}\hat{\theta}_{*(l)}$.

本节所采用的多重插补方法是基于响应变量存在固定右删失的情形, 它同样可以推广到固定左删失的情形. 只需对步骤 2 做部分修改, 假设 Y_i 存在固定左删失, 删失水平为 c, 此时 Y_i 删失的条件概率变为 $\hat{\pi}(A_i)=\Pr(Y_i<c|A_i)$, 然后在 $U_n(0,\hat{\pi}(A_i))$ 上随机产生一个 u 值, 用 $\hat{F}^{-1}(u|A_i)$ 来估计删失的 Y_i 即可.

4.2.2 基于多重插补结果的参数估计

1. *参数估计方法*

假设 Y^* 为插补后的响应变量, 则对于每一个观测值 $(Y_i^*,X_i,Z_i),i=1,\cdots,n$, 部分线性可加模型可表示为

$$Y_i^*=X_i^{\mathrm{T}}\beta+\sum_{j=1}^{J}g_j(Z_{ij})+\varepsilon_i \tag{4-9}$$

其中 $Z_i = (Z_{i1}, Z_{i2}, \cdots, Z_{iJ})^{\mathrm{T}}$. 如前文所述, 将非线性部分的光滑函数用 B 样条基函数表示, 模型 (4-9) 可写成下面的形式:

$$Y_i^* = X_i^{\mathrm{T}}\beta + \Psi_i^{\mathrm{T}}\gamma + \varepsilon_i, \quad i = 1, \cdots, n$$

下面将给出分位数回归模型下的参数估计方法. 假设 $\rho_\tau(t) = t(\tau - I(t < 0))$ 是一个损失函数. 那么, $\hat{\beta}$ 和 $\hat{\gamma}$ 可以通过最小化下面的目标函数得到:

$$\sum_{i=1}^{n} \rho_\tau(Y_i^* - X_i^{\mathrm{T}}\beta - \Psi_i^{\mathrm{T}}\gamma) \tag{4-10}$$

由于 $\gamma = (\gamma_1^{\mathrm{T}}, \cdots, \gamma_J^{\mathrm{T}})^{\mathrm{T}}$, $\gamma_j = (\gamma_{j1}, \cdots, \gamma_{jK})^{\mathrm{T}}$, $\Psi_i = (\psi_{i1}^{\mathrm{T}}, \cdots, \psi_{iJ}^{\mathrm{T}})^{\mathrm{T}}$, $\psi_{ij} = (\varphi_{j1}(Z_{ij}), \cdots, \varphi_{jK}(Z_{ij}))^{\mathrm{T}}$, 那么 $g_j(Z_{ij})$ 的估计为

$$\hat{g}_j(Z_{ij}) = \sum_{w=1}^{m_n} \hat{\gamma}_{jw}\varphi_{jw}(Z_{ij}), \quad j = 1, \cdots, J \tag{4-11}$$

在复合分位数回归模型下, 与文献 (Zou and Yuan, 2008) 相似, 记 c_{τ_k} 为模型 (4-8) 中 ε_i 的 $100\pi_k\%$ 分位数, 假设有 $0 < \tau_1 < \tau_2 < \cdots < \tau_K < 1$. 特别地, 取 $\tau_k = k/(K+1)$, $k = 1, \cdots, K$. 那么, $\hat{\beta}$ 和 $\hat{\gamma}$ 可以通过最小化下面的目标函数得到:

$$\sum_{k=1}^{K}\sum_{i=1}^{n} \rho_{\tau_k}(Y_i^* - c_{\tau_k} - X_i^{\mathrm{T}}\beta - \Psi_i^{\mathrm{T}}\gamma)$$

$g_j(Z)$ 的估计仍可以用式 (4-11) 表示.

2. 算法

在复合分位数回归模型下, 对任意的 x, 令 $x^+ = xI(x > 0)$, $x^- = -xI(x < 0)$. 引入松弛变量 $\gamma^+ = (\gamma_{11}^+, \cdots, \gamma_{1m_n}^+, \cdots, \gamma_{J1}^+, \cdots, \gamma_{Jm_n}^+)^{\mathrm{T}}$, $\gamma^- = (\gamma_{11}^-, \cdots, \gamma_{1m_n}^-, \cdots, \gamma_{J1}^-, \cdots, \gamma_{Jm_n}^-)^{\mathrm{T}}$, $\beta^+ = (\beta_1^+, \cdots, \beta_p^+)^{\mathrm{T}}$, $\beta^- = (\beta_1^-, \cdots, \beta_p^-)^{\mathrm{T}}$, $(c_{\tau_k}^+, c_{\tau_k}^-)$, (ξ_{ik}^+, ξ_{ik}^-), $i = 1, \cdots, n$, $k = 1, \cdots, K$. 最小化式 (4-10) 可以转化为以下线性规划问题:

$$\min_{\beta^+, \beta^-, \gamma^+, \gamma^-, c_{\tau_k}^+, c_{\tau_k}^-, \xi_{ik}^+, \xi_{ik}^-} \sum_{k=1}^{K}\sum_{i=1}^{n} \tau_k\xi_{ik}^+ + (1-\tau_k)\xi_{ik}^-$$

其中

$$\xi_{ik}^+ \geqslant 0, \xi_{ik}^- \geqslant 0, \beta^+ \geqslant 0, \beta^- \geqslant 0, \gamma^+ \geqslant 0, \gamma^- \geqslant 0, c_{\tau_k}^+ \geqslant 0, c_{\tau_k}^- \geqslant 0$$

$$\xi_{ik}^+ - \xi_{ik}^- = Y^* - (c_{\tau_k}^+ - c_{\tau_k}^-) - X_i^{\mathrm{T}}(\beta^+ - \beta^-) - \Psi_i^{\mathrm{T}}(\gamma^+ - \gamma^-)$$

$$i = 1, \cdots, n; k = 1, \cdots, K; j = 1, \cdots, J$$

利用 R 中的 lpSolve 包可以容易地解决上述线性规划问题. 而对于分位数回归模型下的参数估计, 可以通过 R 中的 quantreg 包求解.

4.2.3 基于多重插补结果的变量选择

在过去的十几年间, 各种模型下变量选择问题的研究取得了巨大的进展, 这得益于各种基于惩罚的变量选择方法的提出. Tibshirani (1996) 首次提出 Lasso 方法, 采用 L_1 范式作为其罚约束. 该方法与岭回归类似, 但它可以将系数压缩至零. Fan 和 Li (2001) 提出了基于 SCAD 惩罚的非凹最小二乘回归方法, 并证明了 SCAD 方法具有 Oracle 性质. 随后, 学者们将 SCAD 方法广泛应用到各种模型当中. 例如, Fan 和 Li (2002)、Li 和 Liang (2008) 分别研究了 Cox 模型和半参数模型的变量选择问题. Zou (2006) 在文章中首先指出了 Lasso 估计在某些特定情况下不具有相合性, 并给出了其具有相合性的必要条件. Zou 通过在 Lasso 惩罚中对不同的系数赋予不同的自适应权重, 提出了自适应 Lasso, 并证明它具有 Oracle 性质. Zhang 和 Lu (2007) 将自适应 Lasso 应用到比例风险模型中. Wang 等 (2007) 研究了基于自适应 Lasso 的最小绝对偏差回归模型.

部分线性可加模型凭借其灵活性和较好的解释性, 成为一类比较常见的半参数模型. 对于部分线性可加模型的变量选择问题, 目前做的工作并不是很多, 原因是非参数成分的存在使其研究更具挑战性. Liu 等 (2011) 采用了基于多样式样条逼近的 SCAD 惩罚方法对部分线性可加模型进行变量选择, 并证明该估计量具有 Oracle 性质. Wang 等 (2011) 针对广义部分线性可加模型, 采用非凹惩罚拟似然方法, 建立了一类线性参数的变量选择方法. Wei (2012) 基于样条逼近, 针对高维数据提出了两步自适应组 Lasso 惩罚方法. Du 等 (2012) 提出双惩罚方法同时实现了参数分量和非参数分量的模型选择. 参数分量采用 SCAD 惩罚, 非参数分量则采用基于 Ravikumar 等 (2009) 的稀疏可加模型 (SpAM) 中提出的经验 L_2 范数的自适应形式的惩罚. 但是该方法是建立在最小二乘之上的, 因此它对异常值非常敏感, 并且误差服从非正态分布时, 其效率会显著降低. Guo 等 (2013) 针对高维且稀疏的部分线性可加模型, 提出基于自适应 Lasso 惩罚的复合分位数回归估计方法, 同时进行参数估计和变量选择. Guo (2013) 首先采用基于 Lasso 惩罚的复合分位数回归的方法对变量进行第一轮筛选, 再将得到的估计值作为自适应 Lasso 惩罚的初始值对变量进行第二轮筛选, 得到线性部分最终显著的变量及对应的估计值. Lv 等 (2016) 基于模态回归, 结合 B 样条基函数与 SCAD 惩罚, 提出了一种新的参数估计和变量选择方法. 该方法的不同之处在于将标准的二次损失函数用一个依赖于带宽的核函数代替, 而带宽可以根据观测数据自动选择. 该方法的优点是它对异常值或重尾的误差分布具有鲁棒性, 并且在误差服从正态分布的情况下, 该方法的表现不比最小二乘估计差.

1. 变量选择方法

为了识别出部分线性可加模型线性部分中的显著变量, 本节基于插补数据集采用了基于自适应 Lasso 惩罚的估计方法. 假设 (Y_i^*, X_i, Z_i), $i = 1, \cdots, n$ 为一组插补数据集, 则在分位数回归模型下, 目标函数可表示为

$$\sum_{i=1}^{n} \rho_\tau(Y_i^* - X_i^{\mathrm{T}}\beta - \varPsi_i^{\mathrm{T}}\gamma) + \lambda_n \sum_{j=1}^{J} \frac{|\beta_j|}{|\hat{\beta}_j|^2} \tag{4-12}$$

其中, β_j 是 β 的第 j 个分量, $\hat{\beta}$ 是通过最小化式 (4-10) 得到的估计值, λ_n 是一个控制模型稀疏度的调节参数. 通过最小化式 (4-12) 可求出 $\tilde{\beta}$ 和 $\tilde{\gamma}$, 那么光滑函数 $g_j(Z_{ij})$ 的估计为

$$\tilde{g}_j(Z_{ij}) = \sum_{w=1}^{m_n} \tilde{\gamma}_{jw}\varphi_{jw}(Z_{ij}), \quad j = 1, \cdots, J$$

复合分位数回归模型下的目标函数与分位数回归模型类似, 只需对式 (4-12) 中的损失函数进行修改, 即

$$\sum_{k=1}^{K}\sum_{i=1}^{n} \rho_{\tau_k}(Y_i^* - c_{\tau_k} - X_i^{\mathrm{T}}\beta - \varPsi_i^{\mathrm{T}}\gamma) + \lambda_n \sum_{j=1}^{J} \frac{|\beta_j|}{|\hat{\beta}_j|^2} \tag{4-13}$$

通过最小化式 (4-13) 得到 $\tilde{\beta}$ 和 $\tilde{\gamma}$. $g_j(Z_{ij})$ 的估计仍可以用式 (4-11) 表示.

2. 算法

在分位数回归模型下, 给定 λ_n 和 $\hat{\beta}$, 最小化式 (4-12) 可转化为线性规划问题, 目标函数为

$$\min_{\beta^+,\beta^-,\gamma^+,\gamma^-,\xi_i^+,\xi_i^-} \sum_{i=1}^{n} \tau\xi_i^+ + (1-\tau)\xi_i^- + \lambda_n \sum_{j=1}^{J} \frac{1}{|\hat{\beta}_j|^2}(\beta_j^+ + \beta_j^-)$$

其中

$$\xi_i^+ \geqslant 0, \xi_i^- \geqslant 0, \beta^+ \geqslant 0, \beta^- \geqslant 0, \gamma^+ \geqslant 0, \gamma^- \geqslant 0$$

$$\xi_i^+ - \xi_i^- = Y^* - X_i^{\mathrm{T}}(\beta^+ - \beta^-) - \varPsi_i^{\mathrm{T}}(\gamma^+ - \gamma^-)$$

$$i = 1, \cdots, n; j = 1, \cdots, J$$

在复合分位数回归模型下, 给定 λ_n 和 $\hat{\beta}$, 将最小化式 (4-13) 转化为如下线性规划问题:

$$\min_{\beta^+,\beta^-,\gamma^+,\gamma^-,c_{\tau_k}^+,c_{\tau_k}^-,\xi_{ik}^+,\xi_{ik}^-}\sum_{k=1}^{K}\sum_{i=1}^{n}\tau_k\xi_{ik}^+ + (1-\tau_k)\xi_{ik}^- + \lambda_n\sum_{j=1}^{J}\frac{1}{|\hat{\beta}_j|^2}(\beta_j^+ + \beta_j^-)$$

其中

$$\xi_{ik}^+ \geqslant 0, \xi_{ik}^- \geqslant 0, \beta^+ \geqslant 0, \beta^- \geqslant 0, \gamma^+ \geqslant 0, \gamma^- \geqslant 0, c_{\tau_k}^+ \geqslant 0, c_{\tau_k}^- \geqslant 0$$

$$\xi_{ik}^+ - \xi_{ik}^- = Y^* - (c_{\tau_k}^+ - c_{\tau_k}^-) - X_i^{\mathrm{T}}(\beta^+ - \beta^-) - \varPsi_i^{\mathrm{T}}(\gamma^+ - \gamma^-)$$

$$i = 1,\cdots,n; k = 1,\cdots,K; j = 1,\cdots,J$$

3. 调节参数的选择

对于一个给定的有限样本数据集, 在变量选择过程中调节参数 λ_n 的选取至关重要. Wang 等 (2007) 和 Lee 等 (2014) 建议采用 BIC 准则来选择调节参数. 因此, 在分位数回归模型下, BIC 函数表达式为

$$\mathrm{BIC}(\lambda_n) = \log\left(\sum_{i=1}^{n}\rho_\tau(Y_i^* - X_i^{\mathrm{T}}\tilde{\beta}_{\lambda_n} - \varPsi_i^{\mathrm{T}}\tilde{\gamma}_{\lambda_n})\right) + DF_{\lambda_n}\frac{\log n}{n} \tag{4-14}$$

其中, $\tilde{\beta}_{\lambda_n}$ 和 $\tilde{\gamma}_{\lambda_n}$ 是在给定的调节参数 λ_n 下通过最小化式 (4-12) 得到的估计, DF_{λ_n} 是 $\tilde{\beta}_{\lambda_n}$ 中非零系数的个数. 最优调节参数通过最小化式 (4-14) 得到.

在复合分位数回归模型下, 本节考虑如下 BIC 函数:

$$\mathrm{BIC}(\lambda_n) = \log\left(\sum_{k=1}^{K}\sum_{i=1}^{n}\rho_{\tau_k}(Y_i^* - \tilde{c}_{\tau_k} - X_i^{\mathrm{T}}\tilde{\beta}_{\lambda_n} - \varPsi_i^{\mathrm{T}}\tilde{\gamma}_{\lambda_n})\right) + DF_{\lambda_n}\frac{\log n}{n} \tag{4-15}$$

其中, $\tilde{\beta}_{\lambda_n}$ 和 $\tilde{\gamma}_{\lambda_n}$ 是在给定的调节参数 λ_n 下通过最小化式 (4-13) 得到的估计, DF_{λ_n} 是 $\tilde{\beta}_{\lambda_n}$ 中非零系数的个数. 通过最小化式 (4-15) 可以得到最优的调节参数.

4.2.4 数值模拟

1. 参数估计

下面将利用蒙特卡罗模拟方法对本节所采用的参数估计方法的有效性进行验证. 该模拟将对响应变量存在固定删失的部分线性可加模型采用多重插补的方法获得插补数据集, 基于该插补数据集分别在分位数回归模型和复合分位数回归模型下得到对应的参数估计结果. 数据通过如下部分线性可加模型产生:

$$Y_i = \sum_{l=1}^{p}X_{il}\beta_l + \sum_{j=1}^{J}g_j(Z_{ij}) + \varepsilon_i, \quad i = 1,\cdots,n \tag{4-16}$$

其中，p 是线性部分参数的维数，J 是非线性部分函数的个数，n 是样本容量. 协变量 $X_i=(X_{i1},X_{i2},\cdots,X_{ip})^{\mathrm{T}}$ 中的每个分量 X_{ij} 都服从标准正态分布，X_{il} 与 $X_{ik}(l,k=1,2,\cdots,p)$ 之间的相关系数为 $\rho^{|l-k|}$，其中 ρ=0.5.

这里令 $P=3$，$J=4$，假定线性部分的系数向量为 $\beta=(3,1.5,2)^{\mathrm{T}}$，非线性部分的函数为 $g_1(z)=5z$，$g_2(z)=3(2z-1)^2$，$g_3(z)=4\sin(2\pi z)/(2-\sin(2\pi z))$，$g_4(z)=6(0.1\sin(2\pi z)+0.2\cos(2\pi z)+0.3\sin(2\pi z)^2+0.4\cos(2\pi z)^3+0.5\sin(2\pi z)^3)$. Z_{ij} 相互独立且都服从 [0,1] 上的均匀分布，与 Huang (2010) 和 Guo 等 (2013) 类似，非线性部分中所有函数都用含有六个均匀分布内节点的三次 B 样条基函数表示.

在模拟中，对于式 (4-16) 中的随机误差项考虑以下三种分布.

情形 1 (一般分布误差项)　ε_i 服从标准正态分布.

情形 2 (重尾分布误差项)　ε_i 服从 $t(3)$ 分布.

情形 3 (异方差误差项)　$\varepsilon_i=(1+0.5X_{i1})\varepsilon_i^*$，其中 ε_i^* 服从均值为 0，标准差为 0.5 的正态分布.

本节选取偏差 (Bias) 和均方误差 (MSE) 作为评价模型线性部分系数估计有效性的指标. 由于均方误差是对偏差进行了平方，这就加强了数值大的误差对指标的影响，从而提高了指标的灵敏度，由此能更好地反映预测值的离散程度，提高模型评价的可信度. 对于非线性部分，以 IABIAS 和 MISE 作为其衡量指标，IABIAS 和 MISE 定义如下：

$$\mathrm{IABIAS}(\tilde{g})=\frac{1}{S}\sum_{s=1}^{S}\left\{\frac{1}{n_{\mathrm{grid}}\times J}\sum_{i=1}^{n_{\mathrm{grid}}}\sum_{j=1}^{J}\left|\tilde{g}_j^{(s)}(z_i)-g_j(z_i)\right|\right\}$$

$$\mathrm{MISE}(\tilde{g})=\frac{1}{S}\sum_{s=1}^{S}\left\{\frac{1}{n_{\mathrm{grid}}\times J}\sum_{i=1}^{n_{\mathrm{grid}}}\sum_{j=1}^{J}\left[\tilde{g}_j^{(s)}(z_i)-g_j(z_i)\right]^2\right\}$$

其中，S 是模拟次数，$\{z_i,i=1,\cdots,n_{\mathrm{grid}}\}$ 是一个均匀分布在 [0,1] 上的网格点集合，这里 $n_{\mathrm{grid}}=200$.

考虑响应变量存在固定右删失情形，设定删失率为 20% 和 40%. 多重插补次数 $M=10$，样本容量 $n=200$，重复模拟 500 次. 在分位数回归模型下，分别选取分位点 0.25, 0.5, 0.75 对数据进行模拟研究. 由于复合分位数回归估计对分位点的个数 K 不敏感，为简单起见，我们设定 $K=5$.

将本节所采用的基于多重插补的估计方法，与 Liu 等 (2017) 提出的逆概率加权方法以及将删失数据直接删除的方法，在上面所述的不同情形下进行比较分析，给出相应的结论. 用 COM 表示在原始完整数据下对参数进行估计的方法，它得到的结果是最佳估计，CC 是基于所有未删失数据的估计方法，IPW 表示 Liu 等 (2017) 提出的方法，MI 表示基于多重插补的估计方法.

1) 分位数回归模型下的模拟结果及分析

在情形 1 中, 随机误差项服从标准正态分布, 将本节采用的 MI 方法与 CC 方法以及 IPW 方法进行比较, 分别在分位数水平 0.25, 0.5 和 0.75 处对线性部分系数和非线性部分函数进行估计, 结果见表 4-1 和表 4-2. 从表中结果可以看出, 当删失率由 20% 增加到 40% 时, MI 和 CC 方法下各估计量的偏差和均方误差随之增大, 而 IPW 方法随之减小. 并且在不同的删失率和分位数水平下, MI 方法所得到的估计结果都要更接近于完整数据下的估计结果, 而 IPW 方法估计效果比 CC 方法还要差. 以 τ=0.5 时各估计量的相对均方误差为例, MI 方法由 20% 删失下的 0.0149, 0.0193, 0.0168 增加到 40% 删失下的 0.0230，0.0231, 0.0230, CC 方法由 0.0202, 0.0239, 0.0227 增加到 0.0399, 0.0361, 0.0338, 而 IPW 方法由 0.0867, 0.0731, 0.0639 减少到 0.0560, 0.0428, 0.0459. MI 方法的相对均方误差要比其他两种方法更小. 由于数据右删失, 因此在高分位点 0.75 处, 各估计量的偏差和均方误差会比在分位点 0.25 和 0.5 处大一些. 其中 τ=0.5 时估计效果最佳. 在情形 2 中, 随机误差项服从自由度为 3 的 t 分布, 该分布相对于正态分布具有尖峰、厚尾的特点, 对估计的效果具有一定影响. 然而, 从表 4-3 和表 4-4 中的结果可以看出, 情形 1 中的结论依然成立, MI 方法同样适用于该情形. 对于情形 3, 模型受到异方差的影响, 估计结果见表 4-5 和表 4-6. 无论是偏差还是均方误差, 本节提出的 MI 方法都比 CC 和 IPW 方法小. 由此可见, 随机误差项无论服从何种分布, 基于多重插补的估计方法均适用且具有很好的表现.

表 4-1 分位数回归模型下情形 1 中各估计量的偏差和均方误差 (删失率为 20%)

分位数水平	方法	β_1		β_2		β_3		g	
		Bias	MSE	Bias	MSE	Bias	MSE	IABIAS	MISE
0.25	COM	−0.0016	0.0168	−0.0112	0.0223	0.0095	0.0171	0.2559	0.1102
	CC	−0.0480	0.0243	−0.0320	0.0300	−0.0262	0.0234	0.2930	0.1493
	IPW	0.0111	0.0466	−0.0107	0.0612	0.0055	0.0476	0.4061	0.2936
	MI	−0.0008	0.0169	−0.0047	0.0236	0.0061	0.0184	0.2599	0.1160
0.5	COM	0.0004	0.0137	−0.0079	0.0182	0.0014	0.0150	0.2351	0.0926
	CC	−0.0522	0.0202	−0.0243	0.0239	−0.0363	0.0227	0.2713	0.1267
	IPW	−0.2033	0.0867	−0.1365	0.0731	−0.1345	0.0639	0.4103	0.3011
	MI	−0.0060	0.0149	−0.0047	0.0193	−0.0037	0.0168	0.2442	0.1024
0.75	COM	0.0012	0.0150	−0.0006	0.0194	−0.0090	0.0169	0.2557	0.1097
	CC	−0.0556	0.0238	−0.0188	0.0284	−0.0486	0.0267	0.2974	0.1526
	IPW	−0.4303	0.2442	−0.2534	0.1207	−0.2930	0.1369	0.4756	0.3917
	MI	−0.0124	0.0178	−0.0049	0.0230	−0.0146	0.0192	0.2689	0.1412

表 4-2　分位数回归模型下情形 1 中各估计量的偏差和均方误差 (删失率为 40%)

分位数水平	方法	β_1		β_2		β_3		g	
		Bias	MSE	Bias	MSE	Bias	MSE	IABIAS	MISE
0.25	COM	0.0023	0.0148	0.0041	0.0195	0.0031	0.0158	0.2558	0.1102
	CC	−0.0781	0.0417	−0.0422	0.0447	−0.0611	0.0388	0.3706	0.2724
	IPW	−0.0337	0.0390	−0.0280	0.0468	−0.0262	0.0410	0.3894	0.3645
	MI	−0.0083	0.0236	−0.0013	0.0265	−0.0088	0.0237	0.3057	0.1859
0.5	COM	−0.0031	0.0132	0.0077	0.0175	0.0007	0.0134	0.2343	0.0923
	CC	−0.0907	0.0399	−0.0431	0.0361	−0.0673	0.0338	0.3408	0.2281
	IPW	−0.1415	0.0560	−0.0786	0.0428	−0.0936	0.0459	0.3722	0.4252
	MI	−0.0191	0.0230	0.0015	0.0231	−0.0138	0.0230	0.2937	0.1974
0.75	COM	0.0011	0.0141	0.0133	0.0168	0.0025	0.0168	0.2550	0.1099
	CC	−0.1033	0.0468	−0.0451	0.0399	−0.0598	0.0392	0.3728	0.3465
	IPW	−0.2515	0.1104	−0.1322	0.0610	−0.1625	0.0644	0.4214	0.4998
	MI	−0.0201	0.0272	0.0010	0.0259	−0.0065	0.0251	0.3284	0.3215

表 4-3　分位数回归模型下情形 2 中各估计量的偏差和均方误差 (删失率为 20%)

分位数水平	方法	β_1		β_2		β_3		g	
		Bias	MSE	Bias	MSE	Bias	MSE	IABIAS	MISE
0.25	COM	−0.0128	0.0240	0.0111	0.0309	−0.0040	0.0294	0.3284	0.1878
	CC	−0.0985	0.0466	−0.0287	0.0466	−0.0616	0.0468	0.3978	0.3191
	IPW	−0.1170	0.1083	−0.0274	0.0875	−0.0488	0.0739	0.5181	0.4956
	MI	−0.0158	0.0305	0.0128	0.0362	−0.0026	0.0343	0.3426	0.2079
0.5	COM	−0.0053	0.0181	0.0015	0.0215	−0.0088	0.0183	0.2726	0.1282
	CC	−0.0862	0.0352	−0.0322	0.0318	−0.0507	0.0291	0.3226	0.1856
	IPW	−0.3917	0.2461	−0.1766	0.1103	−0.2313	0.1238	0.5359	0.5240
	MI	−0.0149	0.0233	0.0028	0.0256	−0.0100	0.0227	0.2965	0.1558
0.75	COM	−0.0054	0.0255	0.0036	0.0372	−0.0104	0.0266	0.3305	0.1924
	CC	−0.1026	0.0459	−0.0522	0.0474	−0.0584	0.0363	0.3687	0.2478
	IPW	−0.7408	0.6802	−0.3650	0.2463	−0.4685	0.3163	0.6762	0.8175
	MI	−0.0230	0.0319	−0.0073	0.0403	−0.0105	0.0306	0.3540	0.2617

表 4-4　分位数回归模型下情形 2 中各估计量的偏差和均方误差 (删失率为 40%)

分位数水平	方法	β_1		β_2		β_3		g	
		Bias	MSE	Bias	MSE	Bias	MSE	IABIAS	MISE
0.25	COM	−0.0008	0.0276	0.0030	0.0315	−0.0053	0.0278	0.3336	0.1997
	CC	−0.1687	0.0992	−0.0897	0.0796	−0.1086	0.0727	0.5402	0.6263
	IPW	−0.1204	0.0905	−0.0664	0.0808	−0.0896	0.0713	0.5251	0.5667
	MI	−0.0201	0.0424	−0.0087	0.0414	−0.0151	0.0361	0.4040	0.3109

续表

分位数水平	方法	β_1		β_2		β_3		g	
		Bias	MSE	Bias	MSE	Bias	MSE	IABIAS	MISE
0.5	COM	0.0012	0.0192	−0.0006	0.0228	−0.0067	0.0179	0.2761	0.1309
	CC	−0.1425	0.0707	−0.0800	0.0559	−0.1009	0.0530	0.4274	0.3864
	IPW	−0.2318	0.1132	−0.1156	0.0702	−0.1660	0.0757	0.4641	0.4330
	MI	−0.0111	0.0358	−0.0096	0.0362	−0.0132	0.0304	0.3757	0.5532
0.75	COM	0.0113	0.0276	−0.0075	0.0337	−0.0004	0.0284	0.3324	0.1945
	CC	−0.1592	0.0838	−0.0866	0.0687	−0.1192	0.0647	0.4733	0.4674
	IPW	−0.3820	0.2284	−0.2019	0.1235	−0.2592	0.1333	0.5539	0.6181
	MI	−0.0084	0.0451	0.0048	0.0511	−0.0116	0.0434	0.4602	0.5020

表 4-5　分位数回归模型下情形 3 中各估计量的偏差和均方误差 (删失率为 20%)

分位数水平	方法	β_1		β_2		β_3		g	
		Bias	MSE	Bias	MSE	Bias	MSE	IABIAS	MISE
0.25	COM	−0.1140	0.0170	−0.0044	0.0047	0.0004	0.0034	0.1338	0.0309
	CC	−0.1254	0.0206	−0.0134	0.0056	−0.0049	0.0038	0.1415	0.0352
	IPW	−0.0294	0.0211	0.0222	0.0189	0.0305	0.0160	0.2460	0.1081
	MI	−0.0973	0.0135	−0.0050	0.0047	0.0066	0.0034	0.1321	0.0302
0.5	COM	−0.0024	0.0031	−0.0046	0.0038	0.0014	0.0028	0.1235	0.0262
	CC	−0.0260	0.0046	−0.0093	0.0044	−0.0042	0.0032	0.1301	0.0299
	IPW	−0.0675	0.0218	−0.0330	0.0199	−0.0514	0.0173	0.2383	0.1022
	MI	−0.0089	0.0034	−0.0069	0.0038	0.0012	0.0026	0.1222	0.0259
0.75	COM	0.1083	0.0157	−0.0021	0.0047	−0.0019	0.0033	0.1349	0.0313
	CC	0.0751	0.0106	−0.0077	0.0054	−0.0099	0.0039	0.1426	0.0357
	IPW	−0.1247	0.0403	−0.1072	0.0324	−0.1363	0.0331	0.2707	0.1299
	MI	0.0804	0.0106	−0.0082	0.0045	−0.0075	0.0034	0.1341	0.0314

表 4-6　分位数回归模型下情形 3 中各估计量的偏差和均方误差 (删失率为 40%)

分位数水平	方法	β_1		β_2		β_3		g	
		Bias	MSE	Bias	MSE	Bias	MSE	IABIAS	MISE
0.25	COM	−0.1172	0.0177	0.0026	0.0037	0.0018	0.0035	0.1340	0.0311
	CC	−0.1333	0.0252	−0.0066	0.0070	−0.0091	0.0058	0.1653	0.0529
	IPW	−0.0971	0.0197	0.0020	0.0096	0.0086	0.0077	0.1874	0.0710
	MI	−0.0817	0.0125	0.0026	0.0052	0.0038	0.0046	0.1468	0.0408
0.5	COM	−0.0030	0.0032	0.0012	0.0033	0.0030	0.0030	0.1233	0.0261
	CC	−0.0435	0.0076	−0.0055	0.0052	−0.0119	0.0052	0.1523	0.0466
	IPW	−0.0526	0.0113	−0.0133	0.0078	−0.0193	0.0073	0.1767	0.0649
	MI	−0.0123	0.0051	0.0014	0.0044	0.0005	0.0040	0.1376	0.0366

续表

分位数水平	方法	β_1		β_2		β_3		g	
		Bias	MSE	Bias	MSE	Bias	MSE	IABIAS	MISE
0.75	COM	0.1093	0.0156	0.0013	0.0042	0.0030	0.0036	0.1340	0.0307
	CC	0.0438	0.0092	−0.0082	0.0065	−0.0123	0.0064	0.1656	0.0603
	IPW	−0.0123	0.0109	−0.0367	0.0113	−0.0471	0.0106	0.1975	0.0891
	MI	0.0580	0.0092	−0.0016	0.0055	−0.0040	0.0046	0.1518	0.0541

2) 复合分位数回归模型下的模拟结果及分析

由表 4-7 ~ 表 4-9 可以看出, 在复合分位数回归模型下, 部分线性可加模型无论服从何种分布, 并且删失率无论是 20% 还是 40%, MI 方法所得的估计结果相较于 CC 和 IPW 方法都更接近于完整数据下的估计结果. 此外, 随着删失率的增加, MI 和 CC 方法下各估计量的偏差和均方误差随之增大, 而 IPW 方法随之减小.

表 4-7　复合分位数回归模型下各估计量在情形 1 中的偏差和均方误差

删失率	方法	β_1		β_2		β_3		g	
		Bias	MSE	Bias	MSE	Bias	MSE	IABIAS	MISE
20%	COM	0.0005	0.0099	−0.0075	0.0129	0.0005	0.0110	0.2033	0.0694
	CC	−0.0525	0.0157	−0.0236	0.0188	−0.0365	0.0165	0.2341	0.0948
	IPW	−0.2033	0.0865	−0.1359	0.0729	−0.1344	0.0636	0.4091	0.2995
	MI	−0.0067	0.0129	−0.0047	0.0170	−0.0050	0.0144	0.2281	0.0903
40%	COM	−0.0008	0.0087	0.0058	0.0114	0.0036	0.0102	0.2032	0.0693
	CC	−0.0912	0.0305	−0.0438	0.0265	−0.0653	0.0275	0.3001	0.1987
	IPW	−0.1366	0.0451	−0.0728	0.0330	−0.0929	0.0359	0.3272	0.3183
	MI	−0.0170	0.0216	7e−05	0.0217	−0.0178	0.0207	0.2845	0.1883

表 4-8　复合分位数回归模型下各估计量在情形 2 中的偏差和均方误差

删失率	方法	β_1		β_2		β_3		g	
		Bias	MSE	Bias	MSE	Bias	MSE	IABIAS	MISE
20%	COM	−0.0061	0.0146	0.0045	0.0184	−0.0068	0.0155	0.2479	0.1053
	CC	−0.0951	0.0316	−0.0323	0.0265	−0.0590	0.0255	0.2901	0.1508
	IPW	−0.3913	0.2450	−0.1763	0.1102	−0.2302	0.1228	0.5339	0.5198
	MI	−0.0178	0.0228	0.0031	0.0255	−0.0091	0.0215	0.2879	0.1479
40%	COM	−0.0061	0.0146	0.0045	0.0184	−0.0068	0.0155	0.2479	0.1053
	CC	−0.1547	0.0636	−0.0798	0.0445	−0.1059	0.0440	0.3854	0.3125
	IPW	−0.2358	0.1041	−0.1136	0.0578	−0.1670	0.0652	0.4211	0.3623
	MI	−0.0159	0.0344	−0.0057	0.0347	−0.0144	0.0306	0.3245	0.2653

表 4-9 复合分位数回归模型下各估计量在情形 3 中的偏差和均方误差

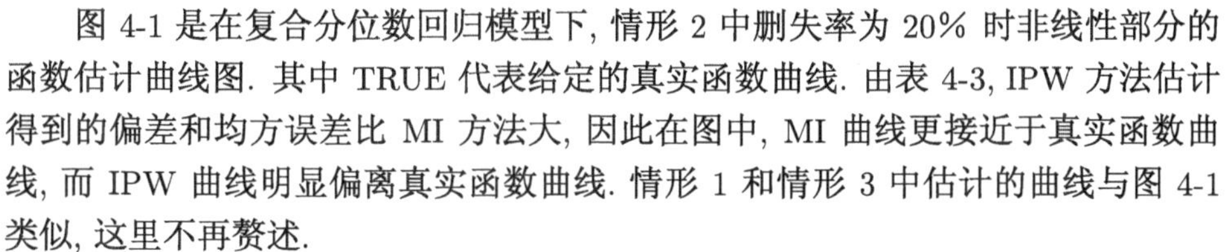

删失率	方法	β_1		β_2		β_3		g	
		Bias	MSE	Bias	MSE	Bias	MSE	IABIAS	MISE
20%	COM	−0.0018	0.0030	−0.0042	0.0031	0.0005	0.0023	0.1146	0.0225
	CC	−0.0272	0.0042	−0.0104	0.0036	−0.0067	0.0026	0.1198	0.0251
	IPW	−0.0679	0.0219	−0.0326	0.0198	−0.0514	0.0172	0.2377	0.1017
	MI	−0.0084	0.0033	−0.0072	0.0034	0.0009	0.0025	0.1188	0.0245
40%	COM	−0.0018	0.0030	−0.0042	0.0031	0.0005	0.0023	0.1146	0.0225
	CC	−0.0463	0.0068	−0.0072	0.0043	−0.0112	0.0040	0.1376	0.0377
	IPW	−0.0540	0.0101	−0.0150	0.0062	−0.0205	0.0057	0.1589	0.0517
	MI	−0.0122	0.0050	0.0008	0.0043	0.0001	0.0039	0.1361	0.0359

图 4-1 是在复合分位数回归模型下, 情形 2 中删失率为 20% 时非线性部分的函数估计曲线图. 其中 TRUE 代表给定的真实函数曲线. 由表 4-3, IPW 方法估计得到的偏差和均方误差比 MI 方法大, 因此在图中, MI 曲线更接近于真实函数曲线, 而 IPW 曲线明显偏离真实函数曲线. 情形 1 和情形 3 中估计的曲线与图 4-1 类似, 这里不再赘述.

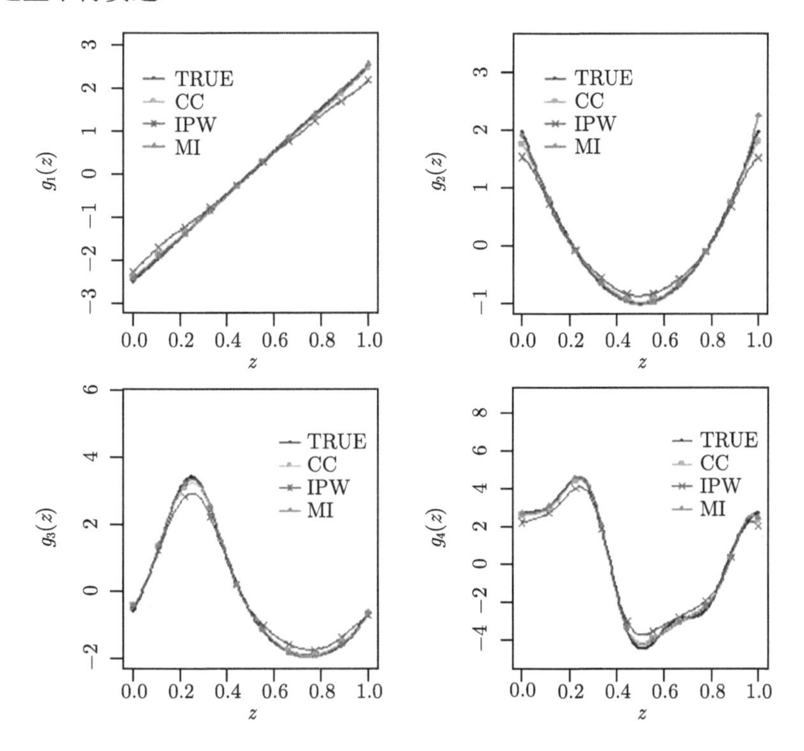

图 4-1 复合分位数回归模型下情形 2 中删失率为 20% 时非线性部分的函数估计曲线 (彩图请扫封底二维码)

2. 变量选择

进一步, 我们还可以讨论模型变量选择的问题. 下面将采用基于多重插补的估计方法对响应变量存在固定删失的部分线性可加模型进行变量选择, 分别给出在分位数回归模型和复合分位数回归模型下变量选择的模拟结果. 数据仍然通过模型 (4-16) 产生. 这里令 $P=8$, 并且假定线性部分的系数向量为 $\beta=(3,1.5,0,0,2,0,0,0)^{\mathrm{T}}$, 即非零系数个数为 3, 零系数个数为 5. 这里令 $J=4$, 且设定非线性部分的函数分别为 $g_1(z)=5z$, $g_2(z)=3(2z-1)^2$, $g_3(z)=4\sin(2\pi z)/(2-\sin(2\pi z))$, $g_4(z)=6(0.1\sin(2\pi z)+0.2\cos(2\pi z)+0.3\sin(2\pi z)^2+0.4\cos(2\pi z)^3+0.5\sin(2\pi z)^3)$. Z_{ij} 相互独立且都服从 [0,1] 上的均匀分布, 与文献 (Huang, 2010; Guo et al., 2013) 类似, 非线性部分中所有的函数都用含有六个均匀分布内节点的三次 B 样条表示. 与此同时, 设定删失率为 20%, 模拟次数为 100.

我们通过指标 C, IC, CF 和 GMSE 来说明线性部分变量选择结果的好坏, C 表示线性部分中零系数被正确估计为零的平均个数, IC 表示非零系数被错误地估计为零的平均个数, CF 代表模型正确识别的百分比, GMSE 为广义均方误差, 定义为 $\mathrm{GMSE}=(\hat{\beta}-\beta)E(XX^{\mathrm{T}})(\hat{\beta}-\beta)^{\mathrm{T}}$. 对于非线性部分, 我们仍然用指标 IABIAS 和 MISE 来说明估计结果的表现.

在完成变量选择过程后, 对筛选出的变量进行显著性检验. 本节采用 Bootstrap 方法来估计参数的分布. 在每次模拟中通过产生 200 个 Bootstrap 样本得到参数的估计均值和标准差, 从而实现在 95% 置信水平下的参数显著性检验.

模拟结果见表 4-10, 其中 CQR 表示复合分位数回归模型下的变量选择方法, QR0.25, QR0.5 和 QR0.75 表示分位数回归模型下分别在分位数水平 0.25, 0.5, 0.75 处的变量选择方法.

表 4-10　不同情形下的变量选择结果

情形	方法	GMSE	IABIAS	MISE	C	IC	CF
1	CQR	0.0354	0.2311	0.0917	4.96	0	0.96
	QR0.25	0.0541	0.2635	0.1187	5	0	1
	QR0.5	0.0428	0.2426	0.0997	5	0	1
	QR0.75	0.0450	0.2720	0.1262	5	0	1
2	CQR	0.0504	0.2939	0.1580	4.97	0	0.97
	QR0.25	0.0694	0.3469	0.2108	5	0	1
	QR0.5	0.0557	0.2999	0.1608	5	0	1
	QR0.75	0.0759	0.3608	0.2600	5	0	1
3	CQR	0.0072	0.1239	0.0281	4.96	0	0.97
	QR0.25	0.0182	0.1323	0.0305	4.99	0	0.99
	QR0.5	0.0079	0.1244	0.0282	5	0	1
	QR0.75	0.0191	0.1332	0.0312	4.96	0	0.96

从表 4-10 的结果可以看出, 一方面, 无论误差项服从何种分布, 在复合分位数回归模型和分位数回归模型下, 模型正确识别比例都非常接近于 1, 说明经多重插补后的自适应 Lasso 方法能够较为准确地识别出模型线性部分中的显著变量. 根据 C 和 CF 值可知, 在分位数回归模型下正确识别出显著变量的效果比复合分位数回归模型略好, 尤其当误差项服从标准正态分布和 $t(3)$ 分布时, 分位数回归模型在不同的分位点处的模型正确识别比例均为 1. 另一方面, 在不同的误差分布假设下, 通过广义均方误差、偏差以及均方误差指标来衡量不同模型下对线性部分系数和非线性部分函数的估计效果, 发现复合分位数回归模型的结果要优于分位数回归模型. 另外, 中位数回归模型的估计效果比在 $\tau = 0.25$ 和 0.75 处的模型估计结果更好, 并且与复合分位数回归模型的结果非常接近.

综上所述, 在不同的模型分布假设下, 基于多重插补后的数据集, 无论是在复合分位数回归模型下还是分位数回归模型下, 本节所采用的自适应 Lasso 变量选择方法都能够较为准确地识别出部分线性可加模型线性部分中的显著变量, 并且同时得到这些变量的精确估计.

4.2.5 在 β-胡萝卜素浓度及其影响因素数据中的应用

1. 实证案例

本小节中的实证案例将选用 3.3 节中 β-胡萝卜素浓度影响因素的数据作为分析对象. 这里将考虑表 4-11 中的协变量, 研究血清中 β-胡萝卜素的浓度与个人特征及饮食因素之间的关系, 分析所用的数据来源于营养流行病学研究中的数据集.

表 4-11 变量名称及定义

变量名称	变量解释
Beta-carotene	β-胡萝卜素的血浆浓度 (微克/毫升)
Age	年龄 (岁)
Sex	性别 (1 = 男性, 0 = 女性)
Quetelet	体重指数 (体重/身高 ^{2})
Vit1	维生素服用情况 (1 = 经常服用, 0 = 其他)
Vit2	维生素服用情况 (1 = 不经常服用, 0 = 其他)
Fiber	每日纤维素摄入量 (克)
Cholesterol	每日胆固醇摄入量 (毫克)
Calories	每日卡路里摄入量 (卡路里)
Fat	每日脂肪摄入量 (克)
Alcohol	每周酒精摄入量 (毫克)
Betadiet	每日膳食 β-胡萝卜素摄入量 (微克)

由于变量 Alcohol 中存在一个高杠杆点, 因此在分析之前将该样本单位剔除. 同时, 除二元变量之外, 对其他所有变量进行标准化处理. 对数据集分别用线性模型和非参数可加模型进行拟合, 发现响应变量 Beta-carotene 可能与协变量 Age、

Cholesterol 和 Fiber 具有非线性关系, 而与其他协变量具有线性关系. 因此, 类似于文献 (Liu, 2011; Guo, 2013), 建立如下部分线性可加模型:

$$\begin{aligned}\log(\text{Beta-carotene}) = &\beta_0 + \beta_1\text{Sex} + \beta_2\text{Quetelet} + \beta_3\text{Vit1} + \beta_4\text{Vit2} + \beta_5\text{Calories}\\ &+ \beta_6\text{Fat} + \beta_7\text{Alcohol} + \beta_8\text{Betadiet} + g_1(\text{Age})\\ &+ g_2(\text{Cholesterol}) + g_3(\text{Fiber}) + \varepsilon \qquad (4\text{-}17)\end{aligned}$$

这里假定响应变量存在左固定删失且删失率为 20%. 对于非线性部分, 与文献 (Guo, 2013) 相似, 我们采用含有 2 个均匀内节点的三次 B 样条基函数来逼近各个非线性函数. 利用多重插补方法获得插补数据集, 并在该插补数据集下, 进行进一步的分析研究.

2. 结果分析

这里同样分别采用不同删失数据的处理方法对上述数据进行研究, COM 方法表示在完整数据集下得到模型中线性部分的系数估计, 该方法所得到的结果为最佳估计. CC 方法表示基于所有未删失的观测值的估计, IPW 方法代表利用 Liu 等 (2017) 提出的逆概率加权方法得到的估计, MI 则为本节所采用的基于多重插补的估计方法, 这里设定插补次数为 M=10. 由于系数的真实值未知, 因此我们以 COM 方法得到的系数估计值作为标准, 通过偏差指标对不同方法的估计效果进行比较.

1) 参数估计结果分析

表 4-12 和表 4-13 分别为无变量选择的情况下, 在分位数回归模型和复合分位数回归模型下线性部分系数的估计结果. 在复合分位数回归模型下, 从 COM 方法得到的参数估计值可知, 协变量 Quetelet, Calories, Fat 和 Alcohol 与响应变量 Beta-carotene 具有负相关关系, 而 Sex, Vit1, Vit2 和 Betadiet 与 Beta-carotene 具有正相关关系. MI 方法得到的各协变量与响应变量之间的相关关系与 COM 方法一致. 而在 CC 方法下, 只有 Quetelet 和 Calories 与 Beta-carotene 呈负相关, 而其他协变量均与之呈正相关. 在 IPW 方法下, 除 Quetelet 和 Calories 之外, Sex 也与 Beta-carotene 呈负相关. CC 方法和 IPW 方法与 COM 方法具有很大的差异.

通过比较不同方法下的系数估计的偏差可以看出, 由 CC 和 IPW 方法得到的系数估计值与完整数据集下的估计值差异较大, 例如, 对于变量 Quetelet 的估计, 两种方法下的偏差分别为 0.297 和 0.848. 而基于多重插补方法得到的系数估计值与完整数据集下的系数估计值非常接近.

在分位数回归模型下, 在分位数水平 0.25 和 0.5 处, COM 方法中各协变量与响应变量之间的相关关系与对应的复合分位数回归模型下的结论完全相同. 而在分位数水平 0.75 处, 显示 Alcohol 与 Beta-carotene 呈正相关关系. MI 方法得到的结论仍然与 COM 方法一致, 而 CC 方法和 IPW 方法则与之具有较大差异.

表 4-12 分位数回归模型下各分位数的系数估计结果

方法	截距	Sex	Quetelet	Vit1	Vit2	Calories	Fat	Alcohol	Betadiet
					$\tau = 0.25$				
COM	4.751	0.368	−1.035	0.233	0.260	−1.019	−0.132	−0.124	0.326
	(0)	(0)	(0)	(0)	(0)	(0)	(0)	(0)	(0)
CC	5.054	0.135	−0.570	0.137	0.057	−1.278	0.470	0.282	0.080
	(0.304)	(−0.233)	(0.465)	(−0.096)	(−0.204)	(−0.258)	(0.602)	(0.406)	(−0.245)
IPW	4.626	0.018	−0.205	0.001	0.020	−0.646	0.672	0.182	0.154
	(−0.125)	(−0.349)	(0.830)	(−0.232)	(−0.241)	(0.373)	(0.804)	(0.306)	(−0.171)
MI	4.784	0.275	−1.272	0.095	0.251	−0.153	−0.461	−0.289	0.244
	(0.033)	(−0.092)	(−0.237)	(−0.138)	(−0.010)	(0.866)	(−0.329)	(−0.165)	(−0.082)
					$\tau = 0.5$				
COM	4.953	0.247	−1.033	0.209	0.101	−0.388	−0.163	−0.228	0.815
	(0)	(0)	(0)	(0)	(0)	(0)	(0)	(0)	(0)
CC	5.061	0.074	−0.810	0.305	0.183	−0.748	0.388	0.507	0.915
	(0.108)	(−0.173)	(0.223)	(0.097)	(0.082)	(−0.360)	(0.551)	(0.735)	(0.100)
IPW	4.843	−0.033	−0.220	0.041	0.030	−0.755	0.607	0.117	0.101
	(−0.110)	(−0.280)	(0.813)	(−0.168)	(−0.071)	(−0.367)	(0.770)	(0.345)	(−0.714)
MI	5.038	0.173	−1.101	0.245	0.149	−0.504	−0.085	−0.337	0.825
	(0.084)	(−0.074)	(−0.068)	(0.037)	(0.047)	(−0.116)	(0.078)	(−0.109)	(0.010)
					$\tau = 0.75$				
COM	5.241	0.221	−1.184	0.403	0.234	−0.305	−0.067	0.156	0.660
	(0)	(0)	(0)	(0)	(0)	(0)	(0)	(0)	(0)
CC	5.140	0.151	−0.939	0.436	0.275	0.519	−0.427	0.219	0.599
	(−0.101)	(−0.070)	(0.246)	(0.033)	(0.042)	(0.824)	(−0.360)	(0.063)	(−0.061)
IPW	4.964	0.049	−0.312	0.182	0.106	−0.236	0.123	0.098	−0.090
	(−0.277)	(−0.172)	(0.873)	(−0.221)	(−0.128)	(0.069)	(0.189)	(−0.058)	(−0.751)
MI	5.256	0.234	−1.160	0.377	0.206	−0.388	−0.005	0.084	0.675
	(0.015)	(0.012)	(0.024)	(−0.026)	(−0.028)	(−0.083)	(0.061)	(−0.072)	(0.014)

注：括号中的数值代表不同方法下的系数估计值的偏差.

表 4-13 复合分位数回归模型下的系数估计结果

方法	截距	Sex	Quetelet	Vit1	Vit2	Calories	Fat	Alcohol	Betadiet
COM	5.038	0.243	−1.077	0.257	0.179	−0.532	−0.185	−0.176	0.623
	(0)	(0)	(0)	(0)	(0)	(0)	(0)	(0)	(0)
CC	5.154	0.045	− 0.780	0.337	0.198	−0.708	0.272	0.159	0.657
	(0.116)	(−0.198)	(0.297)	(0.080)	(0.020)	(−0.176)	(0.457)	(0.336)	(0.035)
IPW	4.893	−0.017	−0.229	0.051	0.045	−0.813	0.667	0.072	0.021
	(−0.144)	(−0.260)	(0.848)	(−0.206)	(−0.133)	(−0.280)	(0.852)	(0.248)	(−0.602)
MI	5.113	0.229	−1.107	0.237	0.198	−0.259	−0.280	−0.327	0.602
	(0.075)	(−0.014)	(−0.030)	(−0.021)	(0.019)	(0.273)	(−0.095)	(−0.151)	(−0.020)

注：括号中的数值代表不同方法下的系数估计值的偏差.

根据不同方法下系数估计的偏差可知, 无论在哪个分位点上, MI 方法的偏差都是最小的, 即最接近于 COM 方法下的系数估计值. 而 CC 方法和 IPW 方法均存在较大偏差.

图 4-2 为在复合分位数回归模型下, 分别采用不同方法所得到的非线性函数估计曲线. 从该图可知, IPW 方法得到的估计曲线明显不同于其他方法的估计曲线, 与 COM 方法相比存在非常大的偏差. MI 方法和 CC 方法得到的估计曲线则比较靠近 COM 方法下的估计曲线. 从整体上看, MI 方法下得到的非线性函数估计效果要优于 CC 方法.

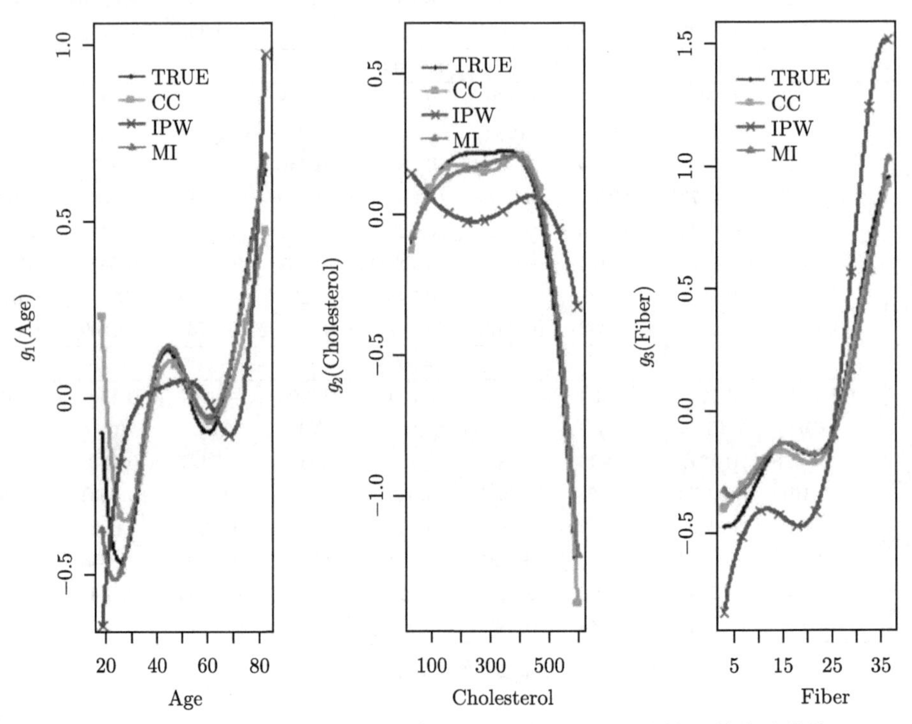

图 4-2　复合分位数回归模型下采用不同方法得到的非线性函数估计曲线
(彩图请扫封底二维码)

从以上分析得知, 本节采用的多重插补方法能够有效对删失变量进行插补, 减少信息的损失, 从而获得更加接近于真实情况的插补数据集.

2) 变量选择结果分析

表 4-14 和表 4-15 分别为在分位数回归模型下和复合分位数回归模型下, 利用 Bootstrap 重抽样方法对线性部分系数进行显著性检验后的变量选择结果. 以 COM 方法得到的变量选择结果作为参照, 来比较 CC, IPW 和 MI 方法效果的好坏.

表 4-14　分位数回归模型下各分位数的变量选择结果

方法	Sex	Quetelet	Vit1	Vit2	Calories	Fat	Alcohol	Betadiet
$\tau=0.25$								
COM	0	−0.985	0	0	0	0	0	0
CC	0	0	0	0	0	0	0	0
IPW	0	0	0	0	0	0	0	0
MI	0	−1.092	0	0	0	0	0	0
$\tau=0.5$								
COM	0	−1.072	0	0	0	0	0	0.719
CC	0	0	0	0	0	0	0	0
IPW	0	0	0	0	0	0	0	0
MI	0	−0.997	0	0	0	0	0	0.414
$\tau=0.75$								
COM	0	−1.167	0.370	0	0	0	0	0.729
CC	0	−0.951	0.332	0	0	0	0	0.723
IPW	0	0	0	0	0	0	0	0
MI	0	−1.101	0.266	0	0	0	0	0.775

表 4-15　复合分位数回归模型下的变量选择结果

方法	Sex	Quetelet	Vit1	Vit2	Calories	Fat	Alcohol	Betadiet
COM	0	−0.954	0	0	0	0	0	0
CC	0	0	0	0	0	0	0	0
IPW	0	0	0	0	0	0	0	0
MI	0	−0.972	0	0	0	0	0	0

在分位数回归模型下, 分位数水平 0.25 处, COM 方法和 MI 方法均选择了 Quetelet 为显著变量, 且 MI 方法下得到的系数估计值与 COM 方法非常接近, 而 CC 和 IPW 方法则没有选择出显著变量. 在该分位点处, 根据 MI 方法所得到的结果, 只有 Quetelet 与 Beta-carotene 相关, 并且由 Quetelet 的系数估计值可知, 二者之间具有负相关关系, 也就是说当体重指数增大时, β-胡萝卜素的浓度会随之降低, 而低 β-胡萝卜素浓度将可能导致一些癌症的发生. 在分位数水平 0.5 处, COM 方法和 MI 方法均选择了 Quetelet 和 Betadiet 为显著变量, 而 CC 和 IPW 方法同样未选择出显著变量. 在该分位点处, 根据 MI 方法所得到的结果, 除变量 Quetelet, Betadiet 也会对 Beta-carotene 产生一定的影响, 并且二者之间具有正相关关系, 即 β-胡萝卜素的浓度会随着每日膳食 β-胡萝卜素摄入量的增加而升高. 在分位数水平 0.75 处, COM, CC 和 MI 方法均选择了 Quetelet, Vit1 和 Betadiet 为显著变量, CC 和 MI 方法得到的系数估计值均较为接近于 COM 方法, 而 IPW 方法失效. CC 和 MI 方法的估计结果显示, Vit1 与 Beta-carotene 之间具有正相关关系, 即经常服用维生素会提高人体 β-胡萝卜素的浓度. 在所有的分位点上, Quetelet 都被选择

为显著变量, 且在分位数水平 0.75 处, 其估计值的绝对值最大, 说明在高分位点处, 体重指数与 β-胡萝卜素的浓度呈现较强的负相关关系. 在复合分位数回归模型下, COM 和 MI 方法均选择了 Quetelet 为显著变量, 且 MI 方法的系数估计效果较好, 系数估计值与 COM 方法非常接近. 而 CC 和 IPW 方法均未选择出显著变量.

由以上分析可知, 一方面, 无论在哪种模型下, 基于多重插补的变量选择方法均能够较为准确地选择出模型线性部分的显著变量, 而基于所有未删失的观测值和逆概率加权的变量选择方法效果则不太理想. 这说明利用本节所采用的多重插补方法对删失变量 Beta-carotene 进行插补, 能够降低删失数据造成的信息损失, 使得插补后数据集更接近真实情况. 另一方面, 体重指数、是否经常服用维生素和每日膳食 β-胡萝卜素摄入量与人体血清中 β-胡萝卜素浓度相关, 其中体重指数与人体 β-胡萝卜素浓度呈负相关, 而其余变量与之呈正相关.

图 4-3 为复合分位数模型下, 基于 MI 方法对线性部分进行变量选择后的非线性函数的估计曲线. 该图验证了协变量 Age, Cholesterol 和 Fiber 的确与响应变量 Beta-carotene 之间具有非线性关系. 变量 Age 的估计曲线表明, 当年龄在 25~45 岁或大于 65 岁时, 该变量与 β-胡萝卜素的浓度呈正相关关系, 而当年龄小于 25 岁或在 45 ~ 65 岁时, 则呈负相关关系. 变量 Cholesterol 的估计曲线呈现先上升后

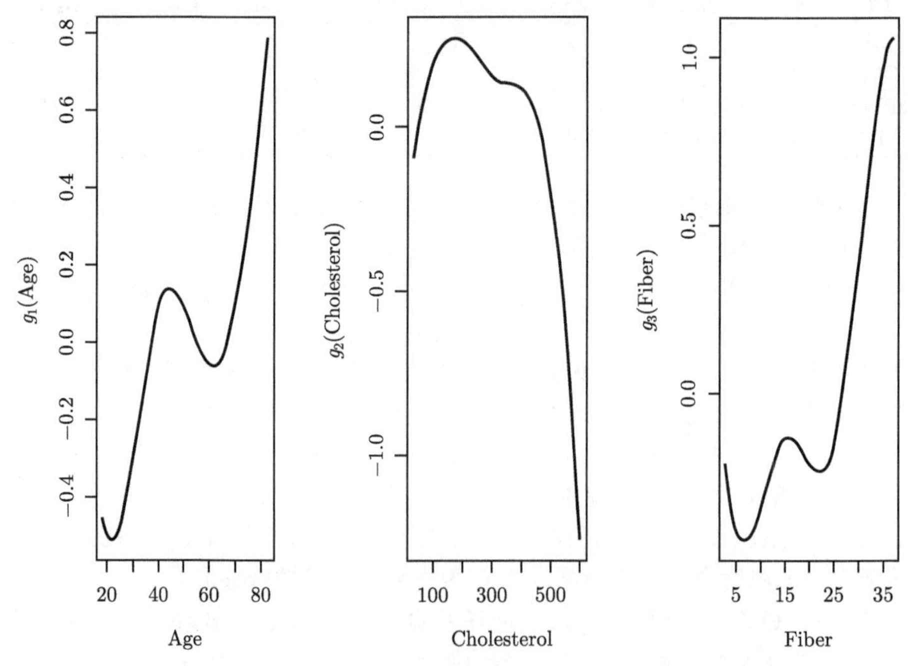

图 4-3 复合分位数回归模型下, 基于 MI 方法经变量选择后得到的非线性函数估计曲线

下降的趋势, 说明随着每日胆固醇摄入量的增加, β-胡萝卜素的浓度先增大而后逐渐减小. 从变量 Fiber 的估计曲线可以看出, 曲线大体上呈现上升的趋势, 这说明随着每日纤维素摄入量的不断增加, β-胡萝卜素的浓度也将随之增大. 分位数回归模型下各非线性函数的估计曲线与其类似, 这里不再赘述.

综上所述, 人体血清中 β-胡萝卜素浓度会受到体重指数、是否经常服用维生素以及每日膳食 β-胡萝卜素摄入量的影响. 体重指数对人体 β-胡萝卜素的浓度具有负向影响作用, 它可以在一定程度上反映个人的健康状况. 体重指数升高, β-胡萝卜素的浓度随之降低, 这将增大患某些癌症的危险性. 而经常服用维生素和每日摄入足量的 β-胡萝卜素会提高血清中 β-胡萝卜素的浓度. 因此, 在日常生活中, 控制体重指数在一定的合理范围内、经常服用维生素和每日摄入足量的 β-胡萝卜素对于预防和减少各种慢性退行性疾病以及癌症的发生具有重要作用.

4.3 删失部分线性可加模型的数据增广法

4.3.1 数据增广的填补过程

本节我们将 Yang 等 (2018) 提出的数据增广的方法应用于删失部分线性可加模型, 通过数值模拟考察其在新模型中的表现. 考虑到 Yang 等 (2018) 提出的算法, 允许响应变量存在多种删失, 这里我们假设协变量 $\{x_i\}_{i=1}^n$ 是完全观测值, 响应变量 $\{y_i\}$ 存在删失, δ_i 为第 i 个响应变量的删失指标, δ_i 的取值如下:

$$\delta_i = \begin{cases} 0, & \text{无删失} \\ 1, & \text{在 } L_i \text{ 处左删失} \\ 2, & \text{在 } R_i \text{ 处右删失} \\ 3, & \text{在 } (L_i, R_i) \text{ 处区间删失} \\ 4, & \text{在 } L_i \text{ 处或 } R_i \text{ 处删失} \end{cases}$$

其中 L_i 和 R_i 是删失水平, 因此根据以下的标记法则, 我们可以将观测到的数据表示为 $\{y_i^\delta, x_i, \delta_i\}_{i=1}^n$.

$$y_i^\delta = \begin{cases} y_i, & \delta_i = 0 \\ y_i \vee L_i, & \delta_i = 1 \\ y_i \wedge R_i, & \delta_i = 2 \\ (L_i, R_i), & \delta_i = 3 \\ L_i \vee (y_i \wedge R_i), & \delta_i = 4 \end{cases}$$

同 2.1 节阐述的方法一样, 当删失指标 $\delta_i = 3, 4$ 时, L_i 和 R_i 需要在数据中给出, 在一些其他类型的删失数据中, 我们只观测到 y_i^δ 的值, $S(i)$ 为 y_i^δ 的所有可能的值. 例如, 当 $\delta_i = 0$ 时, $S(i) = \{y_i\}$, 当 $\delta_i = 2$ 时, $S(i) = [R_i, \infty)$, 因此, 完整的数据就可以表示为 $\{S(i), x_i\}, i = 1, 2, \cdots, n$.

4.3.2 数值模拟

1. 数值模拟设定

下面将利用蒙特卡罗模拟方法对采用的参数估计方法的有效性进行验证. 该模拟将分别对响应变量存在固定右删失和左删失的部分线性可加模型采用数据增广的方法获得插补数据集, 基于该插补数据集在分位数回归模型得到对应的参数估计结果. 数据通过如下部分线性可加模型产生:

$$Y_i = \sum_{l=1}^{p} X_{il}\beta_l + \sum_{j=1}^{J} g_j(Z_{ij}) + \varepsilon_i, \quad i = 1, \cdots, n \tag{4-18}$$

其中 p 是线性部分参数的维数, J 是非线性部分函数的个数, n 是样本容量. 协变量 $X = (X_1, X_2, \cdots, X_p)^{\mathrm{T}}$ 中的每个 X_i 都服从标准正态分布, X_i 与 X_j 之间的相关系数为 $\rho^{|i-j|}$, 其中 ρ=0.5.

这里令 $p = 3, J = 4$, 假定线性部分的系数向量为 $\beta = (3, 1.5, 2)^{\mathrm{T}}$, 非线性部分的函数为 $g_1(z) = 5z$, $g_2(z) = 3(2z-1)^2$, $g_3(z) = 4\sin(2\pi z)/(2-\sin(2\pi z))$, $g_4(z) = 6(0.1\sin(2\pi z) + 0.2\cos(2\pi z) + 0.3\sin(2\pi z)^2 + 0.4\cos(2\pi z)^3 + 0.5\sin(2\pi z)^3)$. Z_{ij} 相互独立且都服从 [0,1] 上的均匀分布. 模型中的非线性部分, 对每一个 $g_j(\cdot)$ 我们采用和式 (4-3) 的 B 样条逼近, 这样非线性部分中所有函数都用含有六个均匀分布内节点的三次 B 样条基函数表示.

在模拟中, 对于式 (4-21) 中的随机误差项考虑以下四种分布:

情形 1 (一般分布误差项) ε_i 服从标准正态分布.

情形 2 (重尾分布误差项) ε_i 服从 $t(3)$ 分布.

情形 3 (异方差误差项) $\varepsilon_i = (1 + 0.5X_{i1})\varepsilon_i^*$, 其中 ε_i^* 服从均值为 0, 标准差为 0.5 的正态分布.

情形 4 (异方差重尾分布误差项) $\varepsilon_i = (1 + 0.5X_{i1})\varepsilon_i^*$, 其中 ε_i^* 服从 $t(2)$ 分布.

本节也选取偏差 (Bias) 和均方误差 (MSE) 作为评价模型线性部分系数估计有效性的指标. 由于均方误差是对偏差进行了平方, 这就加强了数值大的误差对指标的影响, 从而提高了指标的灵敏度, 由此能更好地反映预测值的离散程度, 提高模型评价的可信度. 对于非线性部分, 以 IABIAS 和 MISE 作为其衡量指标, IABIAS 和 MISE 定义如下:

$$\mathrm{IABIAS}(\tilde{g}) = \frac{1}{S}\sum_{s=1}^{S}\left\{\frac{1}{n_{\mathrm{grid}} \times J}\sum_{i=1}^{n_{\mathrm{grid}}}\sum_{j=1}^{J}\left|\tilde{g}_j^{(s)}(z_i) - g_j(z_i)\right|\right\}$$

$$\mathrm{MISE}(\tilde{g})=\frac{1}{S}\sum_{s=1}^{S}\left\{\frac{1}{n_{\mathrm{grid}}\times J}\sum_{i=1}^{n_{\mathrm{grid}}}\sum_{j=1}^{J}\left[\tilde{g}_j^{(s)}(z_i)-g_j(z_i)\right]^2\right\}$$

其中, S 是模拟次数, $\{z_i, i=1,\cdots,n_{\mathrm{grid}}\}$ 是一个均匀分布在 [0,1] 上的网格点集合, 这里 $n_{\mathrm{grid}}=200$.

考虑响应变量存在固定右删失和左删失情形, 设定删失率为 20% 和 40%. 样本容量 $n=200$, 重复模拟 500 次. 在分位数回归模型下, 分别选取分位点 0.25, 0.5, 0.75 对数据进行模拟研究.

将本节所采用的基于数据增广的估计方法与 Liu 等 (2017) 提出的逆概率加权方法以及将删失数据直接删除的方法在上述的不同情形下进行比较分析, 给出相应的结论. 用 COM 表示在原始完整数据下对参数进行估计的方法, 它得到的结果是最佳估计, CC 是基于所有未删失数据的估计方法, IPW 表示逆概率加权方法.

2. 固定右删失下的模拟结果及分析

首先分析随机误差项为同方差的情况, 从表 4-16 ~ 表 4-19 可以发现, 无论随机误差项服从正态分布还是服从呈现尖峰厚尾分布特征的 t 分布, 对于同一删失率和分位数水平, 与 CC, IPW 方法相比, DArq 方法所得到的估计结果绝大多数要更接近完整数据下的估计结果. 尽管有极少数的偏差和均方误差大于 CC, IPW 方法计算所得的偏差, 但偏差相差极小, 几乎可以忽略不计. 从整体性来讲, DArq 方法所得到的估计结果明显更优. 比较而言, IPW 方法的估计结果则相对较差, 偏差和均方误差值较大. 在相同情境下, 仅当删失率从 20% 变为 40% 时, 高删失率下的偏差和均方误差大于低删失率下的偏差和均分误差. 以随机误差项服从自由度为 3 的 t 分布 (即情形 2) 来看, 分位数水平等于 0.25 时, 删失率从 20% 增长到 40% 时, CC 方法下 β_1, β_2, β_3 的 MSE 值和 g 的 MISE 值由 0.0494, 0.0349, 0.0474, 0.2862 增长到 0.0969, 0.0746, 0.0985, 0.6663. IPW 方法下 β_1, β_2, β_3 的 MSE 值和 g 的 MISE 值由 0.0892, 0.2100, 0.6212, 0.4610 增加到 0.0947, 0.1256, 0.2660, 0.5804. 同样地, DArq 方法下 β_1, β_2, β_3 的 MSE 值和 g 的 MISE 值由 0.0376, 0.0331, 0.0400, 0.2620 增加到 0.0604, 0.0538, 0.0586, 0.4183.

下面分析随机误差项为异方差的情况 (表 4-20 ~ 表 4-23), 当随机误差项为情形 3 时, CC 方法所得到的估计结果与 DArq 方法下的估计结果相差不大, 与完全数据 (COM) 下的估计结果均很接近. IPW 方法的估计结果则相对较差, 有较大的偏差和均方误差. 当随机误差项为情形 4 时, DArq 方法所得到的估计结果更接近完整数据下的估计结果, 与 CC 方法和 IPW 方法相比所得估计结果的误差更小. 同样地, 在随机误差项为异方差时, 随着删失率的增加, β_1, β_2, β_3 的 Bias, MSE 值

和 g 的 LABIAS, MISE 值普遍增加. 综上分析, 基于分位数回归的 DArq 方法的拟合效果更好.

表 4-16 右删失率为 20% 时未知参数的偏差和均方误差 (情形 1)

分位数水平	方法	β_1		β_2		β_3		g	
		Bias	MSE	Bias	MSE	Bias	MSE	IABIAS	MISE
0.25	COM	−0.0005	0.0148	0.0093	0.0127	0.0099	0.0145	0.2557	0.1108
	CC	−0.0442	0.0262	−0.0400	0.0212	−0.0410	0.0256	0.2965	0.1538
	IPW	0.0022	0.0410	−0.2023	0.0829	−0.4264	0.2393	0.4011	0.2860
	DArq	0.0317	0.0234	0.0221	0.0200	0.0041	0.0214	0.2852	0.1406
0.5	COM	0.0043	0.0170	−0.0044	0.0141	−0.0042	0.0159	0.2315	0.0903
	CC	−0.0259	0.0240	−0.0420	0.0202	−0.0357	0.0247	0.2696	0.1259
	IPW	0.0036	0.0544	−0.0975	0.0623	−0.2151	0.1021	0.4070	0.2962
	DArq	0.0116	0.0225	0.0007	0.0205	−0.0009	0.0239	0.2714	0.1281
0.75	COM	0.0000	0.0135	0.0028	0.0108	−0.0017	0.0148	0.2532	0.1087
	CC	−0.0220	0.0197	−0.0299	0.0173	−0.0425	0.0217	0.2963	0.1527
	IPW	0.0001	0.0421	−0.1504	0.0650	−0.2977	0.1308	0.4682	0.3800
	DArq	0.0124	0.0173	0.0019	0.0166	−0.0062	0.0189	0.2939	0.1507

表 4-17 右删失率为 40% 时未知参数的偏差和均方误差 (情形 1)

分位数水平	方法	β_1		β_2		β_3		g	
		Bias	MSE	Bias	MSE	Bias	MSE	IABIAS	MISE
0.25	COM	0.0016	0.0164	0.0018	0.0138	0.0016	0.0160	0.2560	0.1112
	CC	−0.0881	0.0458	−0.1008	0.0407	−0.1084	0.0495	0.3708	0.2792
	IPW	−0.0488	0.0448	−0.1467	0.0566	−0.2688	0.1224	0.3834	0.3174
	MI	−0.0119	0.0259	−0.0191	0.0245	−0.0138	0.0275	0.3023	0.1713
	DArq	0.0413	0.0349	0.0110	0.0324	−0.0155	0.0324	0.3451	0.2325
0.5	COM	0.0025	0.0186	0.0035	0.0144	0.0048	0.0207	0.2351	0.0933
	CC	−0.0478	0.0468	−0.0444	0.0367	−0.0426	0.0425	0.3378	0.2319
	IPW	−0.0265	0.0511	−0.0782	0.0471	−0.1249	0.0623	0.3704	0.3209
	MI	−0.0055	0.0288	−0.0020	0.0249	−0.0017	0.0286	0.2917	0.1772
	DArq	0.0162	0.0391	0.0154	0.0338	−0.0036	0.0336	0.3345	0.2223
0.75	COM	0.0047	0.0157	0.0052	0.0123	−0.0039	0.0149	0.2530	0.1073
	CC	−0.0555	0.0363	−0.0621	0.0328	−0.0676	0.0427	0.3770	0.3735
	IPW	−0.0227	0.0385	−0.0992	0.0446	−0.1647	0.0703	0.4234	0.4143
	MI	−0.0023	0.0231	−0.0075	0.0215	−0.0085	0.0265	0.3228	0.2590
	DArq	0.0334	0.0319	0.0126	0.0299	−0.0076	0.0307	0.3480	0.2387

表 4-18 右删失率为 20% 时未知参数的偏差和均方误差 (情形 2)

分位数水平	方法	β_1		β_2		β_3		g	
		Bias	MSE	Bias	MSE	Bias	MSE	IABIAS	MISE
0.25	COM	−0.0025	0.0268	0.0004	0.0182	0.0018	0.0281	0.3293	0.1903
	CC	−0.0908	0.0494	−0.0788	0.0349	−0.0839	0.0474	0.3961	0.2862
	IPW	−0.1004	0.0892	−0.3760	0.2100	−0.7121	0.6212	0.5035	0.4610
	DArq	0.0114	0.0376	0.0111	0.0331	0.0052	0.0400	0.3731	0.2620
0.5	COM	0.0112	0.0366	0.0047	0.0221	−0.0053	0.0312	0.2710	0.1266
	CC	−0.0252	0.0515	−0.0299	0.0327	−0.0481	0.0427	0.3186	0.1830
	IPW	−0.0310	0.0835	−0.1576	0.0990	−0.3291	0.2111	0.5276	0.4892
	DArq	0.0257	0.0435	0.0168	0.0349	−0.0037	0.0399	0.3307	0.2157
0.75	COM	−0.0118	0.0250	−0.0054	0.0181	0.0048	0.0269	0.3284	0.1899
	CC	−0.0613	0.0364	−0.0624	0.0302	−0.0648	0.0365	0.3714	0.2451
	IPW	−0.0683	0.0704	−0.2534	0.1308	−0.4873	0.3335	0.6660	0.7680
	DArq	0.0064	0.0313	0.0029	0.0271	0.0087	0.0332	0.3816	0.2900

表 4-19 右删失率为 40% 时未知参数的偏差和均方误差 (情形 2)

分位数水平	方法	β_1		β_2		β_3		g	
		Bias	MSE	Bias	MSE	Bias	MSE	IABIAS	MISE
0.25	COM	0.0055	0.0256	0.0013	0.0183	0.0010	0.0275	0.3299	0.1917
	CC	−0.1631	0.0969	−0.1590	0.0746	−0.1804	0.0985	0.5317	0.6663
	IPW	−0.1143	0.0947	−0.2485	0.1256	−0.4228	0.2660	0.5157	0.5804
	DArq	0.0518	0.0604	0.0247	0.0538	−0.0095	0.0586	0.4607	0.4183
0.5	COM	0.0010	0.0312	−0.0001	0.0222	−0.0002	0.0321	0.2745	0.1302
	CC	−0.0635	0.0742	−0.0677	0.0530	−0.0970	0.0705	0.4240	0.3851
	IPW	−0.0521	0.0738	−0.1190	0.0729	−0.2039	0.1223	0.4678	0.4388
	DArq	0.0236	0.0615	0.0039	0.0538	−0.0022	0.0580	0.4314	0.3735
0.75	COM	−0.0057	0.0268	0.0027	0.0180	0.0021	0.0255	0.3294	0.1899
	CC	−0.1286	0.0795	−0.1109	0.0534	−0.1248	0.0665	0.4760	0.4579
	IPW	−0.0997	0.0720	−0.1735	0.0767	−0.2819	0.1505	0.5540	0.5927
	DArq	0.0200	0.0505	0.0188	0.0459	−0.0080	0.0540	0.4681	0.4383

表 4-20 右删失率为 20% 时未知参数的偏差和均方误差 (情形 3)

分位数水平	方法	β_1		β_2		β_3		g	
		Bias	MSE	Bias	MSE	Bias	MSE	IABIAS	MISE
0.25	COM	−0.1114	0.0167	0.0026	0.0031	0.1190	0.0184	0.1331	0.0303
	CC	−0.1258	0.0211	−0.0226	0.0045	0.0843	0.0121	0.1421	0.0364
	IPW	−0.0321	0.0196	−0.0610	0.0213	−0.1149	0.0364	0.2371	0.1013
	DArq	−0.0771	0.0111	0.0032	0.0048	0.0766	0.0115	0.1459	0.0371

续表

分位数水平	方法	β_1		β_2		β_3		g	
		Bias	MSE	Bias	MSE	Bias	MSE	IABIAS	MISE
0.5	COM	0.0032	0.0045	0.0002	0.0038	−0.0005	0.0045	0.1221	0.0255
	CC	−0.0012	0.0051	−0.0073	0.0044	−0.0086	0.0055	0.1292	0.0291
	IPW	0.0166	0.0187	−0.0400	0.0188	−0.0959	0.0277	0.2317	0.0964
	DArq	0.0073	0.0054	−0.0007	0.0045	−0.0063	0.0055	0.1360	0.0325
0.75	COM	−0.0024	0.0041	−0.0043	0.0032	−0.0043	0.0037	0.1339	0.0307
	CC	−0.0067	0.0046	−0.0101	0.0037	−0.0117	0.0043	0.1425	0.0358
	IPW	0.0268	0.0163	−0.0490	0.0165	−0.1350	0.0364	0.2655	0.1251
	DArq	0.0099	0.0050	−0.0015	0.0040	−0.0104	0.0048	0.1475	0.0384

表 4-21　右删失率为 40% 时未知参数的偏差和均方误差 (情形 3)

分位数水平	方法	β_1		β_2		β_3		g	
		Bias	MSE	Bias	MSE	Bias	MSE	IABIAS	MISE
0.25	COM	−0.1162	0.0171	−0.0015	0.0036	0.1134	0.0168	0.1352	0.0314
	CC	−0.1333	0.0248	−0.0473	0.0082	0.0431	0.0107	0.1653	0.0526
	IPW	−0.1009	0.0201	−0.0550	0.0119	−0.0115	0.0128	0.1879	0.0684
	DArq	−0.0489	0.0099	−0.0137	0.0074	0.0208	0.0082	0.1679	0.0521
0.5	COM	−0.0002	0.0042	0.0001	0.0039	−0.0030	0.0044	0.1231	0.0259
	CC	−0.0074	0.0074	−0.0136	0.0060	−0.0151	0.0082	0.1478	0.0426
	IPW	0.0055	0.0102	−0.0170	0.0082	−0.0426	0.0131	0.1730	0.0575
	DArq	0.0131	0.0072	−0.0005	0.0067	−0.0115	0.0080	0.1583	0.0468
0.75	COM	0.0029	0.0039	0.0017	0.0031	−0.0016	0.0035	0.1342	0.0310
	CC	−0.0103	0.0064	−0.0093	0.0052	−0.0108	0.0057	0.1643	0.0539
	IPW	0.0074	0.0088	−0.0181	0.0079	−0.0522	0.0112	0.1971	0.0750
	DArq	0.0111	0.0065	0.0015	0.0057	−0.0107	0.0066	0.1650	0.0503

表 4-22　右删失率为 20% 时未知参数的偏差和均方误差 (情形 4)

分位数水平	方法	β_1		β_2		β_3		g	
		Bias	MSE	Bias	MSE	Bias	MSE	IABIAS	MISE
0.25	COM	−0.2722	0.1072	−0.0056	0.0223	0.2709	0.1049	0.3492	0.2351
	CC	−0.4333	0.2309	−0.1702	0.0540	0.0400	0.0342	0.4059	0.3379
	IPW	−0.3396	0.2357	−0.4650	0.3567	−0.7541	0.7783	0.6041	0.6901
	DArq	−0.2304	0.0948	−0.0192	0.0305	0.1612	0.0667	0.3843	0.2885
0.5	COM	0.0018	0.0415	0.0068	0.0241	0.0051	0.0396	0.2709	0.1305
	CC	−0.0565	0.0530	−0.0379	0.0284	−0.0495	0.0373	0.2948	0.1640
	IPW	−0.1119	0.1313	−0.2619	0.1794	−0.4578	0.3445	0.6268	0.7120
	DArq	0.0046	0.0490	0.0038	0.0323	−0.0050	0.0477	0.3174	0.1953

续表

分位数水平	方法	β_1		β_2		β_3		g	
		Bias	MSE	Bias	MSE	Bias	MSE	IABIAS	MISE
0.75	COM	−0.0073	0.0295	−0.0011	0.0158	0.0019	0.0298	0.3523	0.2292
	CC	−0.0741	0.0476	−0.0568	0.0250	−0.0797	0.0390	0.3463	0.2220
	IPW	−0.1553	0.1360	−0.3438	0.2289	−0.6165	0.5410	0.8053	1.1359
	DArq	0.0040	0.0387	0.0036	0.0245	−0.0234	0.0415	0.3881	0.3041

表 4-23 右删失率为 40% 时未知参数的偏差和均方误差 (情形 4)

分位数水平	方法	β_1		β_2		β_3		g	
		Bias	MSE	Bias	MSE	Bias	MSE	IABIAS	MISE
0.25	COM	−0.2736	0.1068	0.0071	0.0200	0.2768	0.1089	0.3469	0.2301
	CC	−0.6118	0.4833	−0.2981	0.1374	−0.1102	0.0685	0.5747	0.9869
	IPW	−0.4928	0.3483	−0.3430	0.1867	−0.3440	0.2250	0.5509	0.8234
	DArq	−0.2205	0.1148	-0.0591	0.0551	0.0619	0.0659	0.4615	0.4289
0.5	COM	0.0190	0.0368	0.0045	0.0213	0.0194	0.0350	0.2697	0.1296
	CC	−0.0766	0.0907	−0.0721	0.0453	−0.0847	0.0590	0.3806	0.4741
	IPW	−0.0720	0.0935	−0.1244	0.0772	−0.2002	0.1286	0.4600	0.6114
	DArq	0.0418	0.0599	0.0138	0.0509	−0.0141	0.0593	0.4052	0.3331
0.75	COM	−0.0154	0.0313	−0.0177	0.0181	−0.0176	0.0308	0.3496	0.2272
	CC	−0.1557	0.0973	−0.1052	0.0444	−0.1255	0.0564	0.4205	0.4901
	IPW	−0.1320	0.0884	−0.1856	0.0841	−0.3010	0.1620	0.5543	0.7457
	DArq	0.0095	0.0577	−0.0086	0.0450	−0.0400	0.0549	0.4541	0.4206

从图 4-4 ~ 图 4-6 分别是 0.25, 0.5, 0.75 分位数回归, 右删失率均为 40%, 随机误差项为情形 4 时的非线性部分的函数估计曲线图. 其中 TRUE 表示真实函数曲线, COM 表示在原始完整数据下对数据进行估计的方法, CC 表示仅对未删失数据进行估计的方法, IPW 表示逆概率加权法. 由表 4-23 可知, 在不同的分位数水平下, 三种方法的优劣表现较为一致: CC 和 IPW 方法估计得到的 Bias, MSE 值和 g 的 LABIAS, MISE 值比 DArq 方法下的所得结果要偏大. 在图中, DArq 曲线更接近于真实函数曲线, 而 CC, IPW 曲线明显偏离真实函数曲线. 其中, DArq 在高分位点的拟合结果明显优于 CC 和 IPW 方法下的拟合结果. 情形 1 ~ 情形 3 中估计的曲线与上述结论类似, 这里不再赘述.

3. *固定左删失下的模拟结果及分析*

和右删失分析类似, 从同方差和异方差两个角度分析拟合结果. 从表 4-24 ~ 表 4-27 可以发现, 当随机误差项服从标准正态分布和 t 分布时, 相同删失率和分

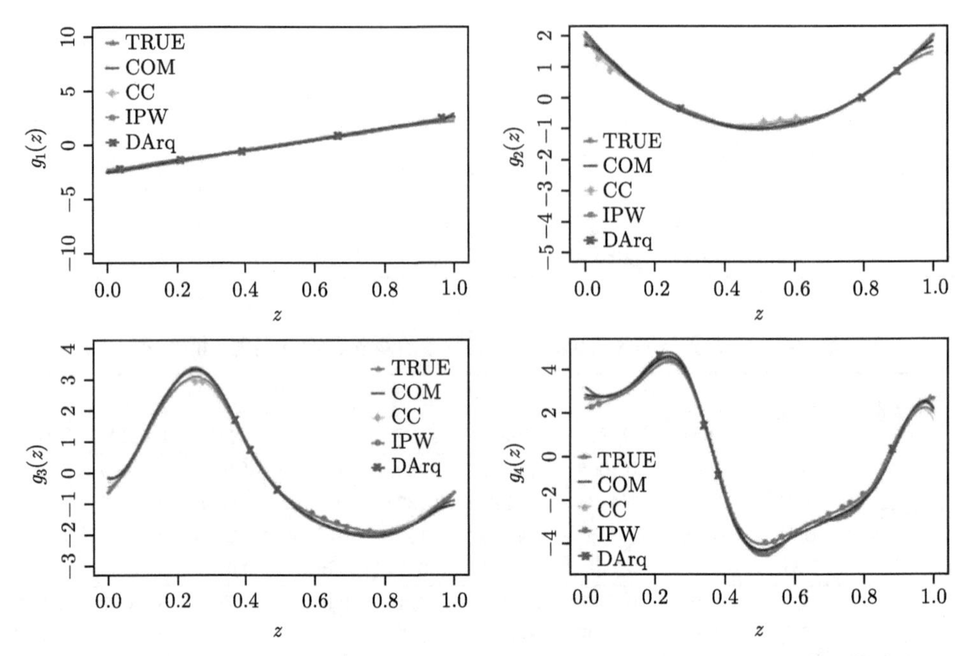

图 4-4　0.25 分位数回归模型下情形 4 中右删失率为 40% 时非线性部分的函数估计
(彩图请扫封底二维码)

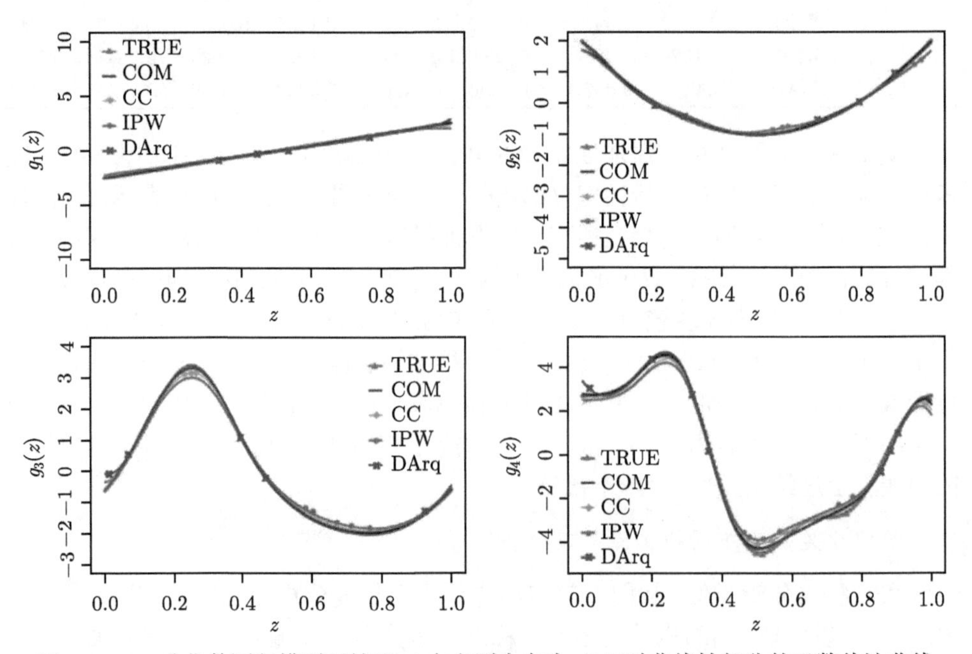

图 4-5　0.5 分位数回归模型下情形 4 中右删失率为 40% 时非线性部分的函数估计曲线
(彩图请扫封底二维码)

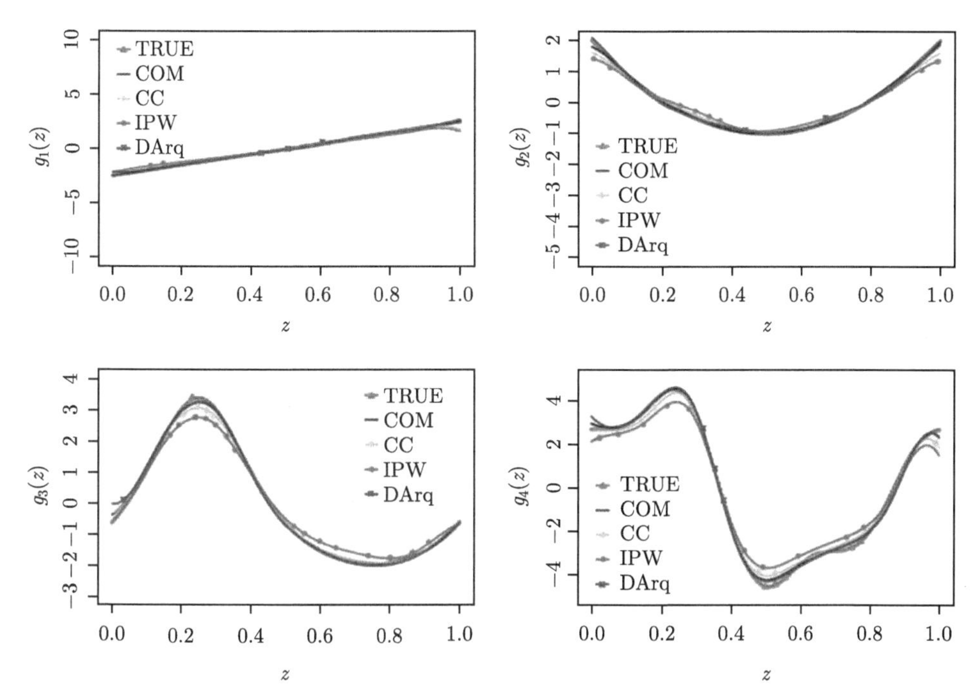

图 4-6 0.75 分位数回归模型下情形 4 中右删失率为 40%时非线性部分的函数估计曲线 (彩图请扫封底二维码)

位数水平下, 综合比较三种方法, DArq 方法的估计结果更接近 COM 方法下的估计结果. 在其他条件不变的情况下, 高删失率下的偏差和均方误差大于低删失率下的偏差和均方误差. 从表 4-28 ~ 表 4-31 可以发现, 当随机误差项为异方差时, CC 方法和 DArq 方法下的估计结果相差不大, 与 COM 下的估计结果均很接近. IPW 方法的估计结果则相对较差, 有较大的偏差和均方误差. 同样地, 随着删失率的增加, Bias, MSE, LABIAS 和 MISE 值普遍增加. 即基于分位数回归的 DArq 方法的拟合效果更好. 上述结果与右删失下的结果一致, 具体细节不再赘述. 比较左右删失, CC, IPW, DArq 三种方法下, 右删失下的拟合误差较左删失的拟合误差普遍要大一些.

表 4-24 左删失率为 20% 未知参数的偏差和均方误差 (情形 1)

分位数水平	方法	β_1		β_2		β_3		g	
		Bias	MSE	Bias	MSE	Bias	MSE	IABIAS	MISE
0.25	COM	0.0019	0.0157	−0.0015	0.0133	−0.0219	0.0168	0.2533	0.1092
	CC	−0.0710	0.0320	−0.0405	0.0280	−0.0609	0.0326	0.2990	0.1516
	IPW	−0.4827	0.3050	−0.2529	0.1178	−0.0200	0.0606	0.4890	0.4120
	DArq	−0.0229	0.0281	0.0122	0.0256	−0.0048	0.0247	0.2867	0.1423

续表

分位数水平	方法	β_1		β_2		β_3		g	
		Bias	MSE	Bias	MSE	Bias	MSE	IABIAS	MISE
0.5	COM	−0.0259	0.0204	−0.0225	0.0180	−0.0111	0.0209	0.2370	0.0941
	CC	−0.0455	0.0329	−0.0510	0.0339	−0.0493	0.0329	0.2679	0.1224
	IPW	−0.2747	0.1370	−0.1308	0.0815	−0.0284	0.0685	0.4105	0.2970
	DArq	−0.0317	0.0308	−0.0401	0.0282	−0.0175	0.0303	0.2692	0.1249
0.75	COM	0.0027	0.0134	0.0033	0.0120	0.0072	0.0115	0.2536	0.1083
	CC	−0.0700	0.0224	−0.0401	0.0189	−0.0389	0.0204	0.2916	0.1436
	IPW	−0.3339	0.1658	−0.1751	0.0661	−0.0263	0.0408	0.4023	0.2895
	DArq	−0.0318	0.0185	−0.0044	0.0152	−0.0055	0.0195	0.2819	0.1345

表 4-25　左删失率为 40% 未知参数的偏差和均方误差 (情形 1)

分位数水平	方法	β_1		β_2		β_3		g	
		Bias	MSE	Bias	MSE	Bias	MSE	IABIAS	MISE
0.25	COM	0.0042	0.0157	0.0061	0.0132	−0.0017	0.0129	0.2573	0.1125
	CC	−0.0938	0.0496	−0.1059	0.0368	−0.1032	0.0406	0.3549	0.2226
	IPW	−0.2484	0.1054	−0.1430	0.0599	−0.0761	0.0346	0.4030	0.2824
	DArq	−0.0187	0.0259	−0.0041	0.0231	0.0097	0.0222	0.3439	0.2091
0.5	COM	0.0019	0.0193	−0.0060	0.0187	0.0020	0.0213	0.2348	0.0927
	CC	−0.0476	0.0342	−0.0398	0.0366	−0.0306	0.0408	0.3285	0.1887
	IPW	−0.1223	0.0582	−0.0748	0.0411	0.0025	0.0405	0.3578	0.2256
	DArq	0.0007	0.0294	0.0287	0.0281	0.0561	0.0367	0.3221	0.1851
0.75	COM	−0.0161	0.0169	−0.0111	0.0123	0.0040	0.0122	0.2583	0.1127
	CC	−0.0942	0.0367	−0.0881	0.0283	−0.0268	0.0241	0.3553	0.2155
	IPW	−0.2087	0.0805	−0.0985	0.0380	−0.0264	0.0356	0.3749	0.2424
	DArq	−0.0396	0.0292	−0.0172	0.0249	0.0082	0.0257	0.3258	0.1901

表 4-26　左删失率为 20% 未知参数的偏差和均方误差 (情形 2)

分位数水平	方法	β_1		β_2		β_3		g	
		Bias	MSE	Bias	MSE	Bias	MSE	IABIAS	MISE
0.25	COM	0.0216	0.0299	0.0108	0.0188	0.0315	0.0285	0.3275	0.1897
	CC	−0.0670	0.0526	−0.0664	0.0290	−0.0243	0.0463	0.3552	0.2256
	IPW	−0.6965	0.6271	−0.3230	0.1739	−0.0852	0.0883	0.6508	0.7709
	DArq	0.0177	0.0428	0.0270	0.0371	0.0525	0.0470	0.3695	0.2509
0.5	COM	−0.0230	0.0358	−0.0070	0.0206	−0.0057	0.0286	0.2724	0.1247
	CC	−0.0493	0.0453	−0.0508	0.0282	−0.0752	0.0434	0.3117	0.1671
	IPW	−0.3256	0.2053	−0.1968	0.1131	−0.1034	0.0898	0.5080	0.4730
	DArq	−0.0237	0.0389	−0.0133	0.0301	−0.0049	0.0367	0.3264	0.1879

续表

分位数水平	方法	β_1		β_2		β_3		g	
		Bias	MSE	Bias	MSE	Bias	MSE	IABIAS	MISE
0.75	COM	−0.0195	0.0286	−0.0195	0.0179	−0.0196	0.0243	0.3183	0.1761
	CC	−0.0875	0.0419	−0.0497	0.0241	−0.0659	0.0307	0.3889	0.2639
	IPW	−0.4993	0.3326	−0.2328	0.1135	−0.0386	0.0605	0.5062	0.4757
	DArq	−0.0232	0.0453	0.0101	0.0286	−0.0067	0.0323	0.3632	0.2293

表 4-27 左删失率为 40% 未知参数的偏差和均方误差 (情形 2)

分位数水平	方法	β_1		β_2		β_3		g	
		Bias	MSE	Bias	MSE	Bias	MSE	IABIAS	MISE
0.25	COM	−0.0151	0.0273	−0.0237	0.0159	−0.0379	0.0285	0.3360	0.1985
	CC	−0.1904	0.1000	−0.1669	0.0712	−0.1966	0.1043	0.4550	0.3630
	IPW	−0.4062	0.2365	−0.2404	0.1187	−0.1566	0.1019	0.5335	0.4990
	DArq	−0.0155	0.0468	0.0180	0.0436	0.0217	0.0591	0.4621	0.4040
0.5	COM	0.0012	0.0314	0.0122	0.0163	0.0218	0.0296	0.2733	0.1291
	CC	−0.0921	0.0681	−0.0670	0.0602	−0.0661	0.0795	0.4121	0.3003
	IPW	−0.2231	0.1372	−0.1084	0.0707	−0.0348	0.0717	0.4527	0.3583
	DArq	−0.0087	0.0592	0.0070	0.0559	0.0505	0.0670	0.4262	0.3350
0.75	COM	0.0300	0.0379	0.0083	0.0180	0.0219	0.0232	0.3294	0.1873
	CC	−0.0848	0.0677	−0.0656	0.0531	−0.0911	0.0865	0.5060	0.4748
	IPW	−0.2479	0.1404	−0.1312	0.0659	−0.0912	0.0660	0.4993	0.4589
	DArq	0.0230	0.0618	0.0352	0.0589	0.0274	0.0614	0.4559	0.3693

表 4-28 左删失率为 20% 未知参数的偏差和均方误差 (情形 3)

分位数水平	方法	β_1		β_2		β_3		g	
		Bias	MSE	Bias	MSE	Bias	MSE	IABIAS	MISE
0.25	COM	−0.1105	0.0160	−0.0036	0.0022	0.1199	0.0185	0.1324	0.0307
	CC	−0.1202	0.0219	−0.0028	0.0064	0.1268	0.0242	0.1647	0.0477
	IPW	−0.2712	0.0898	−0.0820	0.0183	0.1174	0.0300	0.2306	0.0921
	DArq	−0.0846	0.0161	0.0052	0.0077	0.1065	0.0200	0.1675	0.0504
0.5	COM	−0.0007	0.0040	−0.0059	0.0032	−0.0065	0.0047	0.1228	0.0259
	CC	−0.0104	0.0072	−0.0044	0.0058	−0.0110	0.0077	0.1589	0.0431
	IPW	−0.0978	0.0239	−0.0277	0.0110	0.0114	0.0132	0.2008	0.0698
	DArq	0.0072	0.0084	0.0086	0.0059	0.0008	0.0071	0.1560	0.0422
0.75	COM	−0.0019	0.0038	0.0051	0.0031	0.0012	0.0038	0.1351	0.0316
	CC	−0.0087	0.0073	−0.0130	0.0060	−0.0137	0.0069	0.1701	0.0496
	IPW	−0.1234	0.0253	−0.0380	0.0096	0.0378	0.0105	0.2081	0.0768
	DArq	−0.0036	0.0084	0.0007	0.0063	0.0094	0.0056	0.1673	0.0480

表 4-29　左删失率为 40% 未知参数的偏差和均方误差 (情形 3)

分位数水平	方法	β_1		β_2		β_3		g	
		Bias	MSE	Bias	MSE	Bias	MSE	IABIAS	MISE
0.25	COM	−0.1129	0.0174	0.0024	0.0034	0.1174	0.0179	0.1346	0.0313
	CC	−0.1107	0.0248	−0.0148	0.0114	0.1064	0.0281	0.2231	0.0897
	IPW	−0.1863	0.0512	−0.0275	0.0138	0.1249	0.0308	0.2311	0.0959
	DArq	−0.0363	0.0145	0.0301	0.0133	0.0976	0.0241	0.2172	0.0886
0.5	COM	−0.0018	0.0048	−0.0061	0.0036	−0.0035	0.0046	0.1205	0.0250
	CC	−0.0167	0.0136	−0.0112	0.0121	−0.0307	0.0138	0.2030	0.0732
	IPW	−0.0482	0.0156	−0.0165	0.0118	0.0080	0.0122	0.2074	0.0781
	DArq	−0.0020	0.0137	−0.0016	0.0141	−0.0029	0.0140	0.2054	0.0806
0.75	COM	−0.0126	0.0035	−0.0066	0.0020	−0.0062	0.0030	0.1314	0.0300
	CC	−0.0182	0.0129	−0.0296	0.0101	−0.0191	0.0108	0.2192	0.0875
	IPW	−0.0790	0.0216	−0.0379	0.0108	0.0066	0.0088	0.2218	0.0891
	DArq	−0.0016	0.0122	0.0081	0.0096	0.0119	0.0086	0.2072	0.0827

表 4-30　左删失率为 20% 未知参数的偏差和均方误差 (情形 4)

分位数水平	方法	β_1		β_2		β_3		g	
		Bias	MSE	Bias	MSE	Bias	MSE	IABIAS	MISE
0.25	COM	−0.2841	0.1043	−0.0041	0.0145	0.2745	0.1006	0.3500	0.2655
	CC	−0.2771	0.1229	−0.0208	0.0366	0.2446	0.1233	0.4255	0.3650
	IPW	−1.0889	1.3367	−0.4699	0.3003	−0.0037	0.0716	0.7523	1.0422
	DArq	−0.1501	0.0761	0.0488	0.0359	0.2713	0.1251	0.4676	0.4141
0.5	COM	−0.0345	0.0384	−0.0223	0.0190	−0.0206	0.0396	0.2669	0.1257
	CC	−0.1205	0.0733	−0.0882	0.0454	−0.0955	0.0930	0.3610	0.2367
	IPW	−0.4753	0.3666	−0.2591	0.1514	−0.0935	0.1080	0.5289	0.5255
	DArq	−0.0337	0.0847	−0.0203	0.0547	−0.0301	0.0765	0.3770	0.2550
0.75	COM	0.0068	0.0272	−0.0067	0.0158	0.0123	0.0255	0.3448	0.2181
	CC	−0.0744	0.0498	−0.0617	0.0369	−0.0142	0.0667	0.4830	0.5497
	IPW	−0.6054	0.4878	−0.2696	0.1523	−0.0857	0.0911	0.4849	0.4308
	DArq	0.0454	0.0508	0.0233	0.0352	0.0230	0.0476	0.4291	0.3316

表 4-31　左删失率为 40% 未知参数的偏差和均方误差 (情形 4)

分位数水平	方法	β_1		β_2		β_3		g	
		Bias	MSE	Bias	MSE	Bias	MSE	IABIAS	MISE
0.25	COM	−0.2755	0.1149	0.0167	0.0149	0.3006	0.1140	0.3455	0.2174
	CC	−0.2959	0.1589	−0.0304	0.0643	0.2245	0.1529	0.5797	0.5988
	IPW	−0.6465	0.5413	−0.2188	0.1278	0.1339	0.1456	0.6718	0.8102
	DArq	−0.0366	0.0912	0.1466	0.0930	0.1377	0.1068	0.6127	0.5182

续表

分位数水平	方法	β_1		β_2		β_3		g	
		Bias	MSE	Bias	MSE	Bias	MSE	IABIAS	MISE
0.5	COM	0.0281	0.0386	0.0165	0.0204	0.0055	0.0404	0.2613	0.1206
	CC	−0.1155	0.1048	−0.1007	0.0814	−0.0852	0.1554	0.5243	0.4918
	IPW	−0.2900	0.1794	−0.1896	0.0950	−0.0514	0.1305	0.5408	0.5074
	DArq	0.0516	0.1031	0.0123	0.0909	0.0176	0.1103	0.5411	0.4334
0.75	COM	−0.0073	0.0317	−0.0149	0.0154	−0.0106	0.0280	0.3483	0.2326
	CC	−0.1634	0.1182	−0.1673	0.1038	−0.2167	0.2007	0.7025	1.0493
	IPW	−0.3530	0.2314	−0.1921	0.1207	−0.1274	0.1158	0.5995	0.6475
	DArq	0.0334	0.0821	0.0604	0.0742	0.0456	0.1034	0.5913	0.6356

图 4-7 ~ 图 4-9 分别是 0.25, 0.5, 0.75 分位数回归、左删失率均为 40%、随机误差项为情形 4 时的非线性部分的函数估计曲线图. 从整体上看, DArq 方法下的拟合曲线与 COM 下的曲线最为接近. 虽然在曲线右尾部出现拟合不太良好的现象, 但从线条走势的贴近程度来看, DArq 方法明显较好. 而 CC, IPW 方法下的曲线则明显偏离真实函数曲线. 情形 1 ~ 情形 3 中估计的曲线与上述结论类似, 不再赘述.

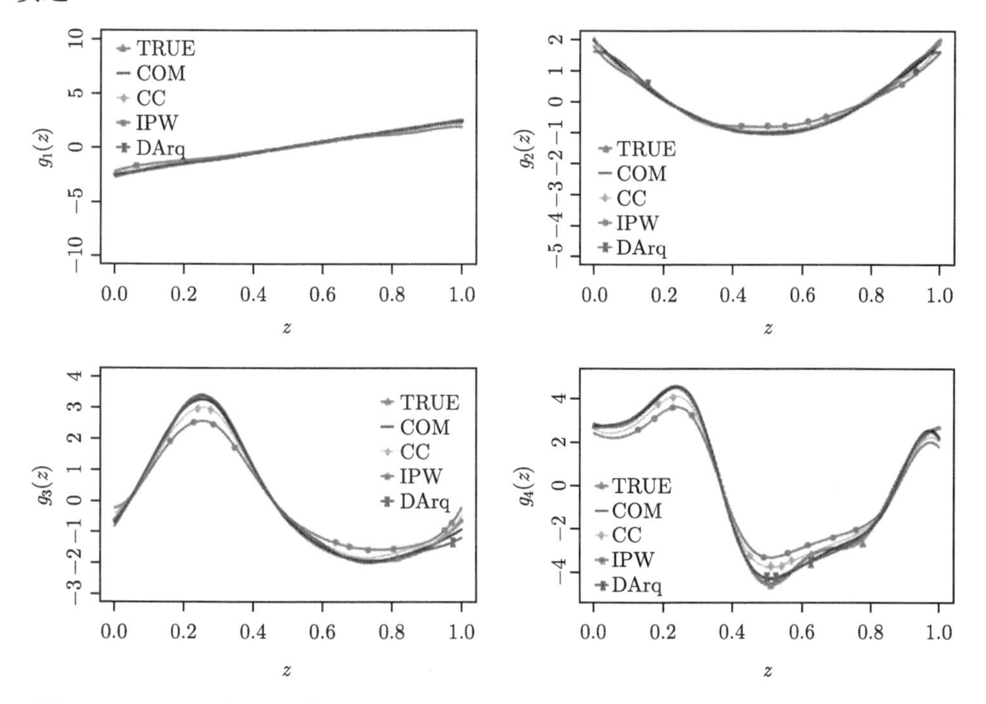

图 4-7 0.25 分位数回归模型下情形 4 中左删失率为 40%时非线性部分的函数估计曲线
(彩图请扫封底二维码)

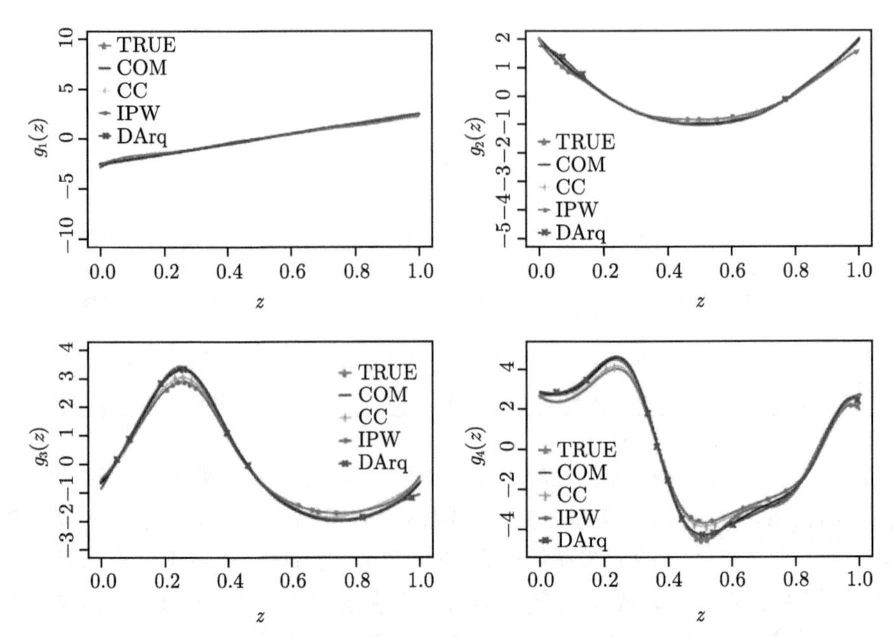

图 4-8　0.5 分位数回归模型下情形 4 中左删失率为 40%时非线性部分的函数估计曲线
(彩图请扫封底二维码)

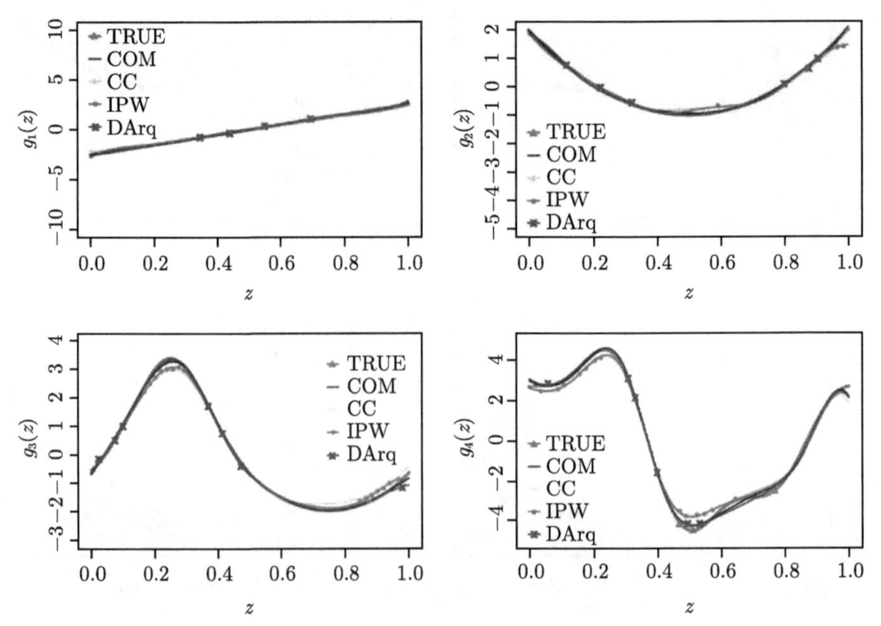

图 4-9　0.75 分位数回归模型下情形 4 中左删失率为 40%时非线性部分的函数估计曲线
(彩图请扫封底二维码)

4.3.3 在混凝土抗压强度数据中的应用

1. 实证案例

混凝土作为用量大、用途广的建筑材料, 在工程领域中发挥着举足轻重的作用. 低质量的混凝土不仅造成建筑物的低稳定性, 甚至对人们的生命也产生了威胁. 因此, 测量混凝土的抗压强度就显得尤为重要. 在工程领域中, 测量混凝土的抗压性能主要有两类方法, 一类是无损检测, 另一类是微损检测. 这两类方法均基于人工测量. 邵佳弋 (2019) 指出, 人工测量混凝土抗压强度属于事后检测, 工序复杂, 耗时耗力. 鉴于此, 邵佳弋运用数据挖掘技术、岭回归机器算法, 在混凝土成型之前对其抗压强度进行了预测.

混凝土是一种人造石材, 它以水泥为主要凝胶材料, 并混合水、砂、石子以及化学外加试剂和矿物掺和料而形成. 邵佳弋 (2019) 建立了以水泥含量、高炉炉渣含量、水煤灰含量、水含量、减水剂含量、粗骨料含量、细骨料含量、培养时间为自变量, 混凝土抗压强度为因变量的线性模型. 但事实上, 混凝土抗压强度与上述某些变量并不完全具有线性关系, 为了深入探讨各个变量与混凝土抗压强度的关系, 考虑对其建立部分线性可加模型. 使用的混凝土数据来自 UCIMachine Learning①网站, 数据集有 1030 个样本量、8 个自变量、1 个响应变量, 表 4-32 中给出了变量及变量解释.

表 4-32 变量及变量解释对应表

变量名称	变量解释
Cement	水泥含量 (kg/m^3)
Blast Furnace Slag	高炉炉渣含量 (kg/m^3)
Fly Ash	水煤灰含量 (kg/m^3)
Water	水含量 (kg/m^3)
Superplasticizer	减水剂含量 (kg/m^3)
Coarse Aggregate	粗骨料含量 (kg/m^3)
Fine Aggregate	细骨料含量 (kg/m^3)
Age	培养时间 (day)
Concrete compressive strength	混凝土抗压强度 (MPa)

原始数据集中的因变量混凝土抗压强度并不存在删失值, 但为讨论 DArq 方法在现实数据中处理删失数据的情况, 现人为将其处理成固定右删失, 删失率为 20%. 原始数据集中的数据不具有规范性和一致性, 将所有变量标准化可尽量减少量级不统一等问题. 通过数据探索分析发现 Cement、Blast Furnace Slag、Water、Age 和 Concrete compressive strength 具有线性关系, 而以下变量 Fly Ash、Superplasticizer、

① 可通过 http://archive.ics.uci.edu/ml/datasets/Concrete+Compressive+Strength 获取该数据.

Coarse Aggregate、Fine Aggregate 与因变量 Concrete compressive strength 具有非线性关系. 参考 Guo 等 (2013) 的做法, 用含有 2 个均匀内节点的 3 次 B 样条基函数逼近非线性部分. 建立如下部分线性可加模型:

$$\begin{aligned}&\text{Concrete compressive strength}\\&=\beta_0+\beta_1\text{Cement}+\beta_2\text{Blast Furnace slag}+\beta_3\text{Furnace Slag}\\&\quad+\beta_4\text{Water}+\beta_5\text{Age}\\&\quad+g_1(\text{Fly Ash})+g_2(\text{Superplasticizer})+g_3(\text{Coarse Aggregate})\\&\quad+g_4(\text{Fine Aggregate})+\varepsilon\end{aligned}$$

2. **结果分析**

假设原始数据集中因变量混凝土抗压强度存在固定右删失, 删失率为 20%. 运用 DArq 方法、IPW 方法、CC 方法对删失值填补以获得完整数据集. 对完整数据集进行分位数回归, 分位点 τ 取值 0.25, 0.5, 0.75. 由于数据的真实系数未知, 我们以 COM 方法拟合的系数为参考标准, 分析比较三种算法的优劣.

表 4-33 为分位数回归模型下部分线性可加模型的线性部分系数的估计结果. 在完整数据集 (COM) 下, 在 0.25, 0.5 和 0.75 分位点的 Concrete compressive strength 与 Cement, Blast Furnace Slag 和 Age 具有正相关关系, 与 Water 具有负相关关系, 这与邵佳弋 (2019) 所得的结论一致. 虽然基于 DArq 方法、CC 方法、IPW 方法所得的自变量系数估计值与完整数据集下的自变量系数估计值的正负号一致, 但比较不同方法的系数估计的偏差可以发现, IPW 方法所得的系数估计值与 COM 方法所得的系数估计值相差较大. 例如, 在分位点为 0.25 时, 对因变量 Blast Furnace Slag, CC 方法、IPW 方法、DArq 方法的偏差值依此为 0.1779, 0.2458, 0.0111, 显然 DArq 方法的偏差最小. 虽然基于 CC 方法、DArq 方法与 COM 方法所得的系数估计值相差不大, 但从全局来看, DArq 方法的系数估计值最接近完整数据集下的自变量系数估计值.

表 4-33　分位数回归模型下各分位数的系数估计结果

方法	截距	Cement	Blast Furnace Slag	Water	Age
			$\tau=0.25$		
COM	−0.3684	0.6108	0.3568	−0.1970	0.4636
	(0)	(0)	(0)	(0)	(0)
CC	−0.5906	0.3350	0.1789	−0.1320	0.3489
	(0.2222)	(0.2759)	(0.1779)	(0.0650)	(0.1147)
IPW	−0.0530	0.2293	0.1110	−0.1173	0.1746
	(0.3154)	(0.3815)	(0.2458)	(0.0797)	(0.2890)
DArq	−0.3341	0.6080	0.3457	−0.1821	0.5701
	(0.0343)	(0.0028)	(0.0111)	(0.0149)	(0.1065)

续表

方法	截距	Cement	Blast Furnace Slag	Water	Age
			$\tau = 0.5$		
COM	0.02812 (0)	0.8404 (0)	0.5471 (0)	0.1678 (0)	0.6035 (0)
CC	−0.1174 (0.1455)	0.4933 (0.3471)	0.2496 (0.2975)	−0.1761 (0.3439)	0.6290 (0.0255)
IPW	0.2644 (0.2363)	0.3242 (0.5162)	0.1824 (0.3647)	0.0109 (0.1569)	0.1340 (0.4695)
DArq	0.0771 (0.0490)	0.7051 (0.1353)	0.4074 (0.1397)	−0.2540 (0.4218)	0.8006 (0.1971)
			$\tau = 0.75$		
COM	0.4041 (0)	0.7869 (0)	0.5343 (0)	−0.3378 (0)	0.6566 (0)
CC	0.2056 (0.1985)	0.5713 (0.2156)	0.3626 (0.1717)	−0.1809 (0.1569)	0.6332 (0.0234)
IPW	0.2056 (0.1985)	0.5714 (0.2155)	0.3626 (0.1717)	−0.1809 (0.1569)	0.6332 (0.0234)
DArq	0.3899 (0.0142)	0.6389 (0.1480)	0.3481 (0.1862)	−0.4149 (0.0771)	0.8166 (0.1600)

注：括号中的数值代表不同方法下的系数估计值的偏差.

图 4-10 为在 0.25 分位数回归模型下, 不同删失数据的处理方法所得到的非线性估计曲线. 从图 4-10 可知, IPW 方法所得的估计曲线与其他算法所得的估计曲

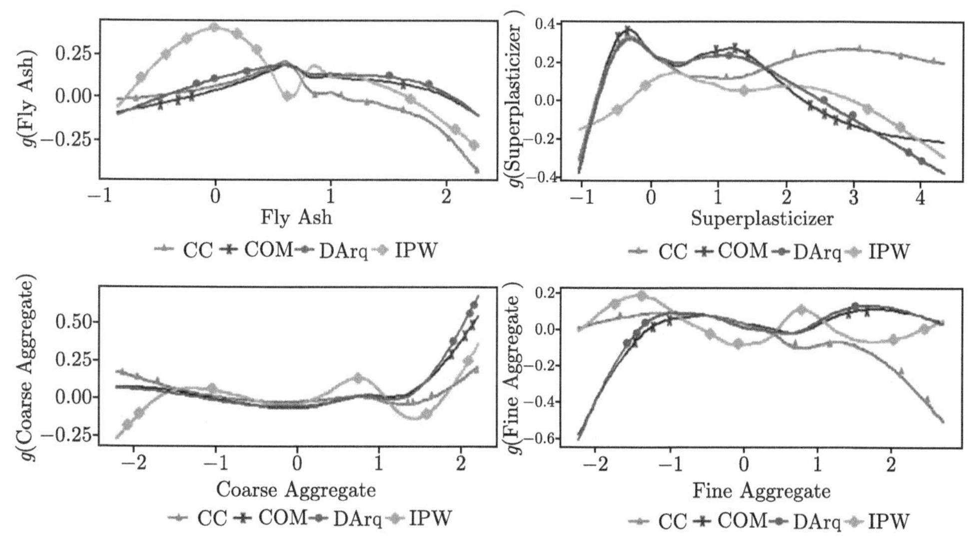

图 4-10 0.25 分位数回归模型下不同方法的非线性函数估计曲线

(彩图请扫封底二维码)

线明显不一样, 与 COM 方法相比偏差很大. DArq 方法和 CC 方法得到的估计曲线则比较靠近 COM 方法下的估计曲线. 从整体上看, DArq 方法下得到的非线性函数估计效果要优于 CC 方法. 从以上分析得知, 本节采用的 DArq 方法能够有效对删失变量进行插补, 减少信息的损失, 从而获得更加接近于真实情况的插补数据集.

第 5 章　基于自助法填补的模型变量选择及其应用

5.1　相关研究进展

寻求变量之间的关系、为数据建立合适的回归模型, 以及对模型进行估计和检验等一系列的统计推断一直是统计学的重要任务. 当给定若干自变量和一个因变量时, 最简单且最常用的方法是做最小二乘回归 (ordinary least square, OLS). 通常情况下, 如果自变量的个数较少, 那么这个方法表现出的效果较好, 但是, 如果自变量的个数非常多, 那么对于建立的一般线性模型, 我们很难通过 OLS 方法来判断哪些自变量对因变量的作用比较大, 而哪些又是不重要, 甚至是可以忽略不计的, 此时就会涉及选择变量的问题. 同样地, 当运用各种方法对一个回归模型中的未知参数进行估计和检验时, 我们总是假设建立的回归模型是正确的, 不然所做的所有统计推断都将没有太大的实际意义. 因此, 建模首先要做的就是模型选择, 而变量选择是模型选择的一种重要手段.

随着信息技术的快速发展, 迎来了大数据时代, 人们可以十分容易地获取海量数据, 然而如何从大量的数据中攫取有价值的信息极为重要. 在现实生活中, 遇到这样的变量选择问题举不胜举, 比如在医学上, 某种疾病是由很多因素的共同作用而引发的, 这时就要用到变量选择的方法来判断哪些是重要因素而哪些又是不重要的. 但是在如今信息爆炸的时代要想获取既完整又正确的数据是难之又难. 因此, 数据删失现象在统计分析中是普遍存在的. 最常见的就是调查问卷, 调查者很难得到完整的有效问卷, 对于一些涉及个人隐私方面的问题, 比如年龄、薪酬等, 一些被调查者通常选择不作答. 我们在调查研究中通常要不断地采集数据, 然后从大量的数据中提取出对我们有用的信息. 但是, 采集的数据量越大, 导致数据删失的情况很可能越严重, 此时就会产生矛盾. 因此, 不仅要对大量的数据进行处理分析从而得到正确的结果, 而且也要采取适当的填补方法来处理删失数据, 使数据变得更加有意义, 最终才能选出重要的变量, 获取的信息更有价值. 在此基础上, 本章首先研究完全数据的变量选择方法, 介绍了稳定性选择方法和 Bootstrap Lasso 方法. 其次, 研究在删失数据存在下的变量选择问题, 提出采用基于自助 (Bootstrap) 法填补的稳定性变量选择方法 (BISS)、基于自助法填补的 Bootstrap Lasso 变量选择方法 (BIBL), 探索和研究适合删失数据的变量选择方法具有重要意义. 本章的研究, 针对一般线性模型, 讨论了如何用自助法填补进行变量选择, 主要的研究意义可以总结为以下三点:

第一, 现有的变量选择方法包括基于 AIC 的传统方法和现代正则化方法, 这些方法都已被广泛应用于完全观测数据. 虽然这些方法可以达到变量选择的目的, 但是当数据删失时, 这些方法都不能直接应用. 因此, 用于变量选择的方法需要适合删失数据机制和统计方法的使用.

第二, 目前国内的绝大多数学者都是基于非删失数据进行变量选择问题的研究, 但是本章首先将稳定性选择方法和 Bootstrap Lasso 方法应用于完全数据, 并与现有的方法作比较分析. 其次在一般删失数据机制下展开, 提出可以与填补结合的变量选择方法, 即基于自助法填补的稳定性变量选择方法 (BISS) 和基于自助法填补的 Bootstrap Lasso 变量选择方法 (BIBL). 与现有的方法相比, 本章研究的方法可以处理高维问题 ($p > n$), 也可以处理一般删失数据模式, 并且这些方法避免了众所周知的与逆概率加权法 (IPW) 有关的问题 (比如不稳定的权重), 尤其是当完整情况的数目较小时.

第三, 本章提出的方法关注于回归分析, 但是这个方法也适用于其他类型的分析, 因此该方法使用范围更加广泛.

5.1.1　变量选择研究方面

1. 国外研究情况

以 Akaike 在 1973 年提出 AIC 准则为标志, 变量选择的研究是统计学的一个热门问题, 此后各种变量选择方法陆续被提出. 最优子集选择方法作为传统的变量选择方法, 选择准则除了 AIC 准则, 还有 Schwarz (1978) 基于贝叶斯统计思想提出的 BIC 准则, 以及基于预测误差的 C_p 和交叉验证准则. 传统的变量选择方法虽然简单易懂, 但是过程中的离散性使得结果不稳定且计算量非常大. 随着研究的不断深入, Frank 和 Friedman (1993) 提出了岭回归 (ridge regression) 方法, Breiman (1995) 基于惩罚最小二乘的思想提出了非负 Garrote 方法. 在这两个方法的启发下, Tibshirani (1996) 提出了用于普通线性模型的 Least Absolute Shrinkage and Selection Operator (Lasso) 方法, 并把这个方法应用到 COX 模型中的变量选择问题. 相比于传统的变量选择方法, Lasso 方法很好地克服了传统方法的不足之处. 这个方法本质上属于压缩系数方法, 它可以把没有显著影响的变量的系数压缩到零, 并且达到变量选择与参数估计的目的. 但是, Lasso 方法并不具备 oracle 性质, 同时在高维 ($p > n$) 情况下, 最多只可以选择 n 个变量. George 和 McCulloch (1997) 提出了贝叶斯变量选择方法. Efron 等 (2004) 提出了最小角回归算法 (least angle regression), 解决了 Lasso 在计算上的难题. 这个算法的提出使得 Lasso 方法应用的范围越来越广. Fan 和 Li (2001) 对 Lasso 方法进行改进, 提出 SCAD 新的惩罚函数, 并且具备 oracle 性质. Fan 和 Peng (2004) 对 SCAD 方法进行深入研究, 指出 SCAD 比 Lasso 更具有稳定性, 而且降低了计算的复杂程度. Zou 和 Hastie

(2005) 对具有组效应结构的数据基于 Lasso 引入系数二次惩罚项, 提出了弹性网络 (Elastic Net) 方法. 这个方法不但可以选出有效的模型, 而且对特殊的数据结构具有适应性, 因此与 Lasso 方法相比, 它可以有效处理高维问题. Tibshirani 等 (2005) 对 Lasso 增加了条件, 提出 Fused Lasso 方法, 使得模型更加地稳定. 由于 Lasso 方法有时存在系数压缩不足的问题, Zou (2006) 对 Lasso 方法加以改进, 提出了适应性 Lasso (adaptive Lasso) 方法. 它不仅克服了 Lasso 的不足之处而且具备 oracle 性质. Zou 等 (2007) 系统研究了非凸惩罚函数, 并提出用局部一次近似替代局部二次的方法. 这个方法可以有效地把非凸惩罚函数转变成 Lasso 惩罚函数, 使得一些不适合做变量选择的惩罚凹函数也可以做惩罚函数, 同时使最小角回归算法也得到了有效运用. Meinshausen (2007) 提出了 Relaxed Lasso 方法, 解决了 Lasso 方法的过度拟合问题, 同时在一定程度上也可以解决高维问题. Johnson 等 (2008) 提出了带惩罚估计函数的变量选择方法. Wolfson (2011) 提出基于估计方程的 EEBoost 变量选择方法. Bach (2008) 提出了 Bolasso 方法, 它是指通过自助法进行模型 Lasso 的一致估计, 这个方法与稳定性选择方法类似, 但是与最初的 Lasso 相比在低维以及较弱条件的情况下, 该方法实现了变量选择的一致性. Meinshausen 和 Bühlmann (2010) 提出稳定性选择方法, 它是以与一些选择算法结合的子采样为基础进行变量选择, 具有一般性并且使用范围广泛.

2. 国内研究情况

国内很少有对变量选择的理论研究, 大部分是在国外研究的基础上进行探讨和应用. 周婉枝和陈宇丹 (1995) 探讨了基于 C_p 统计量的自变量选择原则及其案例分析. 蔡鹏和高启兵 (2006) 研究了广义线性模型中的变量选择问题, 运用 Ward 准则与似然比准则的变量选择方法并证明两者的弱相合性. 王树云和宋云胜 (2010) 探讨了在线性模型下通过 AIC 准则对贝叶斯变量选择方法进行修正以及计算验证. 刘睿智和杜溦 (2012) 研究了 Lasso 方法在股票选择中的理论效果与实际效果, 并对指数跟踪做了实证对比分析. 曲婷和王静 (2012) 通过 Lasso 方法研究了平衡纵向数据模型的变量选择问题, 证明了该模型参数估计问题的渐近正态性与相合性, 并进行仿真模拟对该方法的特点加以说明. 李锋等 (2012) 研究了部分线性模型的适应性 Lasso 变量选择方法与参数估计. 樊亚莉和徐群芳 (2013) 基于现有的变量选择方法和稳健估计方法, 针对纵向数据线性回归模型提出一种稳健的变量选择方法, 并通过模拟研究衡量这个方法的稳健性. 李锋等 (2014) 研究了测量误差模型的自适应 Lasso 的变量选择与系数估计问题, 并通过模拟和实例分析该方法的效果表现. 尚华等 (2015) 研究了贝叶斯 Lasso 方法的变量选择与异常值检测, 通过大量的模拟研究说明这个方法的可行性. 杨丽娟和马云艳 (2016) 研究比较了 Lasso 方法和适应性 Lasso 方法在时间序列变量选择中的表现, 同时通过实证分析得出适应性

Lasso 方法的变量选择与参数估计的效果更好.

5.1.2 基于缺失数据的变量选择研究方面

1. 国外研究情况

Yang 等 (2005) 提出在协变量缺失下, 把多重插补和贝叶斯随机搜索变量选择 (SSVS) 方法相结合. Heymans 等 (2007) 提出在缺失数据下把多重插补法和自助法结合的变量选择方法, 模拟研究表明这个方法有较好的表现, 适用于有缺失值的数据集. Wood 和 White (2008) 探讨了对不完整数据集用多重插补法填补后进行变量选择, 通过实例分析这个方法的效果. Garcia 等 (2010b) 研究了协变量随机缺失的 COX 模型的变量选择. Garcia 等 (2010a) 提出在缺失数据存在下, 把 SCAD 和适应性 Lasso 惩罚与期望极大化 (EM) 算法合并, 从而达到最大化已观测到的数据的惩罚似然函数的目的. Lachenbruch (2011) 研究了预测变量含有缺失值的变量选择方法, 并对缺失数据使用向后逐步回归方法和最小角回归方法与完全观测数据情况做比较. Chen 和 Wang (2013) 提出一个新的变量选择方法, 把 Lasso 方法与多重填补的数据集相结合, 称之为 MI-Lasso. 这个方法把从所有已填补数据集中得到的相同变量的回归系数估计值当做一个组, 并把用于变量选择的 Group Lasso 惩罚应用到合并的多重填补数据集上. Zhao 和 Long (2013) 研究比较了在高维数据缺失下用一般的正则化回归方法和贝叶斯 Lasso 回归方法填补缺失值的表现, 得出贝叶斯 Lasso 回归方法及其扩展更适合在高维缺失数据下的多重填补.

2. 国内研究情况

国内关于缺失数据的变量选择问题的研究甚少. 赵培信 (2009) 研究了在响应变量随机缺失下的线性回归模型的变量选择问题, 通过惩罚估计函数得到一个变量选择方法, 同时结合局部二次逼近得出一个迭代算法, 并且证明这个方法是相合的. 杨维珍和赵培信 (2010) 研究了在缺失数据下的部分线性模型, 把基函数逼近与惩罚最小二乘技术结合得出一个变量选择方法, 并结合局部二次逼近得出迭代算法, 通过模拟研究证明该方法的可行性. 杨凌霞和黄彬 (2014) 研究了在因变量缺失并且部分协变量含有测量误差的情况下, 通过插补方法处理缺失数据, 结合 SCAD 惩罚和修正的剖面最小二乘估计对参数进行变量选择和估计.

5.2 完整数据下的稳定性变量选择方法

考虑一组由单因素响应变量 Y 和 p 维协变量 X 构成的线性回归模型

$$Y = X^{\mathrm{T}}\beta + \varepsilon, \tag{5-1}$$

其中 $\beta=(\beta_1,\beta_2,\cdots,\beta_p)^{\mathrm{T}}$ 含 p 个回归系数, $X=(X_1,X_2,\cdots,X_p)^{\mathrm{T}}$ 含有 p 个变量, $\varepsilon=(\varepsilon_1,\varepsilon_2,\cdots,\varepsilon_n)^{\mathrm{T}}$ 是相互独立的随机误差项. 假设数据包含 n 个观测值, 令 $Y=(Y_1,Y_2,\cdots,Y_n)^{\mathrm{T}}$ 是响应变量, $X=(X_1,X_2,\cdots,X_n)$ 且 $X_i=(X_{i1},X_{i2},\cdots,X_{ip}),i=1,2,\cdots,n$.

一般来说, 假设系数向量 β 是非零稀疏的, 即满足 $||\beta||_0=s<p$. 非零值的集合用 $S=\{k:\beta_k\neq 0,k=1,2,\cdots,p\}$ 表示, 系数为零的变量集合用 $N=\{k:\beta_k=0,k=1,2,\cdots,p\}$ 表示. 特征选择的目标就是从噪声观测中推断出集合 S. 解决这个问题的传统的主流方法是用 L_0-范数 $||\beta||_0$ 惩罚负对数似然函数, 这等价于 β 中非零元素的个数. 但是, 当 p 越来越大时, 即使使用高效的分支定界法, 解决这样的 L_0-范数惩罚优化问题的计算也很快变得不可行. 此时, 可以用 L_1-范数惩罚, 这对应产生 Lasso 估计值:

$$\hat{\beta}^{(\lambda)}=\underset{\beta\in\mathbf{R}^+}{\arg\min}\left(\|Y-X\beta\|_2^2+\lambda\sum_{k=1}^{p}|\beta_k|\right) \tag{5-2}$$

其中 $\lambda\in\mathbf{R}^+$ 是一个正则化参数, 通常假定协变量的规模相同, 如 $\|x_k\|_0=\sum\limits_{i=1}^{n}(x_{ik})^2$. 对于很大的 p, Lasso 的计算是可行的, 这是它的一个有吸引力的特点, 因为 (5-2) 的优化问题是凸的. 并且, Lasso 能够使一些估计系数完全收缩到 0, 从而达到选择变量的目的, 然后估计出 β 系数的非零集合 $\hat{S}^\lambda=\{k:\hat{\beta}^\lambda\neq 0\}$, 这仅涉及凸优化.

5.2.1　稳定性选择

稳定性选择实际上不是一个新的变量选择方法, 它的目的是为了增强和提高现有方法所得结果的稳定性. 对于一般的特征估计或变量选择方法, 通常假定有一个调整参数 $\lambda\in\Lambda\subseteq\mathbf{R}^+$, 它是决定正则化的数量. 调整参数可以是 L_1-惩罚回归中的惩罚参数, 比如 (5-2), 或者可能是在向前变量选择中的步数, 也可以是在匹配跟踪中的迭代数. 对于每一个值 $\lambda\in\Lambda\subseteq\mathbf{R}^+$, 可以得到特征估计 $\hat{S}^\lambda\subseteq\{1,2,\cdots,p\}$, 而感兴趣的是确定在高概率下, 对于所有的调整参数是否有 λ 使得 $\hat{S}^\lambda$ 与 S 是相同的, 以及如何实现正则化正确的数量.

首先要介绍的是稳定性路径, 它来源于正则化路径的概念. 正则化路径就是所有正则化参数所对应的每一个变量的系数值, 即 $\{\hat{\beta}_k^\lambda;\lambda\in\Lambda,k=1,2,\cdots,p\}$. 相比之下, 稳定性路径是当对数据随机重采样时, 每一个变量被选到的概率. 假设 I 来自 $\{1,2,\cdots,n\}$ 且大小为 $\lfloor n/2\rfloor$ 的随机子样本, 采用不重复抽样, 对于每一个集合 $K\subseteq\{1,2,\cdots,p\}$, 被选入集合 $\hat{S}^\lambda(I)$ 的概率为

$$\hat{\Pi}_K^{\lambda} = \Pr(K \subseteq \hat{S}^{\lambda}(I)) \tag{5-3}$$

对于任意给定的正则化参数 $\lambda \in \Lambda \subseteq \mathbf{R}^+$, 集合 $\hat{S}^{\lambda}$ 是样本 $I = \{1, 2, \cdots, n\}$ 的一个隐函数, 即 $\hat{S}^{\lambda} = \hat{S}^{\lambda}(I)$. 其中, 为了使得计算的高效实现, 样本大小选取为 $\lfloor n/2 \rfloor$ 是因为它与 Bootstrap 最接近.

从传统意义上来说, 变量选择等价于选择模型集合中的元素

$$\{\hat{S}^{\lambda}, \lambda \in \Lambda\} \tag{5-4}$$

其中, Λ 是所考虑的正则化参数的集合, 它可以说是连续的或离散的. 这存在两个典型的问题：第一, 正确的模型 S 可能不属于集合 (5-4); 第二, 它即使属于集合 (5-4), 但是对于高维数据, 要确定正则化 λ 的数量来选择完全的 S 或者至少选择一个近似值是非常困难的.

稳定性选择不是简单地选择 (5-4) 中的一个模型, 相反地, 数据被扰动很多次, 并且选取发生在大部分的选择集合结果中的所有特征或变量. 给定界限 π_{thr}, $0 < \pi_{\text{thr}} < 1$, 且 Λ 表示正则化参数的集合, 则稳定变量的集合定义为

$$\hat{S}^{\text{stable}} = \left\{ k : \max_{\lambda \in \Lambda} (\hat{\Pi}_K^{\lambda}) \geqslant \pi_{\text{thr}} \right\} \tag{5-5}$$

稳定性选择应该保持变量具有高选择概率, 忽视低的选择概率. 在一定范围内的调整参数 π_{thr}, 选择的结果变化不大, 结果既不强烈地依赖于正则化 λ, 也不依赖于正则化区域 Λ.

5.2.2 Bootstrap Lasso 方法

对于线性回归模型 $Y = X^{\mathrm{T}}\beta + \varepsilon$, 考虑平方损失函数, 通过 L_1-范数正则化约束条件, 系数的估计对应为 Lasso 优化问题:

$$\min_{\beta \in \mathbf{R}} \frac{1}{2n} ||Y - X^{\mathrm{T}}\beta||_2^2 + \lambda ||\beta||_1 \tag{5-6}$$

其中 λ 是正则化参数, 且 $\lambda \geqslant 0$.

假设给定 X 是 $n \times p$ 的矩阵, Y 是 $n \times 1$ 的向量, 且 n 个观测 $(X_i, Y_i), i = 1, 2, \cdots, n$ 之间相互独立同分布. 考虑对 n 个数据点做 m 次 Bootstrap, 也就是说, 给定 $n \times p$ 的矩阵 X^k, $n \times 1$ 的向量 Y^k, 对每一个 $k = 1, 2, \cdots, m$, 都有一个自助样本 $(X_i^k, Y_i^k), i = 1, 2, \cdots, n$. 这 n 对 (X_i^k, Y_i^k) 是从初始的 n 对 (X, Y) 均匀地随机重复取样得到, 并且 $n \times m$ 对观测采样时相互独立的. 换言之, 给定 (X, Y), 定义从 (X, Y) 中重复采样 n 个点的自助样本 (X^*, Y^*) 的分布, 且取样的 m 个自助样本与 (X^*, Y^*) 是独立同分布的.

Bootstrap Lasso 方法首先对原始数据做 m 次 Bootstrap, 得到 m 个自助样本; 其次, 计算每一个自助样本的 Lasso 估计 $\hat{\beta}^k$, $k=1,2,\cdots,m$, 得到估计支持度为 $J_k=\{j,\hat{\beta}_j^k\neq 0\},k=1,2,\cdots,m$; 最后对每一个自助样本的支持度取交集, 得到模型最终的支持度 $J=\bigcap\limits_{k=1}^{m}J_k$. 一旦确定被选择的 J, 就可以通过最小二乘法拟合 (X,Y) 得到参数估计 $\hat{\beta}$.

5.2.3 数值模拟

1. 低维模拟

假设有 200 个观测, 20 个变量, 即 $n=200$, $p=20$, 对应的 $x_i=(x_{i1},x_{i2},\cdots,x_{i20})^{\mathrm{T}}$, $i=1,2,\cdots,200$, x_i 的每一个分量服从 $N(0,1)$ 分布且相互独立, 响应变量 y_i 由回归模型 $y_i=x_i^{\mathrm{T}}\beta+\varepsilon_i$ 产生, 误差项 $\varepsilon_i\sim N(0,1)$ 且与 x_i 相互独立, 参数向量满足以下条件: 当 $j=1,3,8,11,15$ 时, $\beta_j=0.5$, 否则 $\beta_j=0$. 本节分别采用 Lasso、适应性 Lasso、Elastic Net、稳定性选择、Bootstrap Lasso 这五个方法进行模拟研究.

通过模拟, Lasso 方法的变量选择过程以及交叉验证 (Cross-Validation) 结果见图 5-1 和图 5-2, 交叉验证 ($k=10$) 所得到的最优惩罚参数 λ 为 0.0765, Lasso 方法根据 CV 准则所选出的变量及其回归系数估计值见表 5-1.

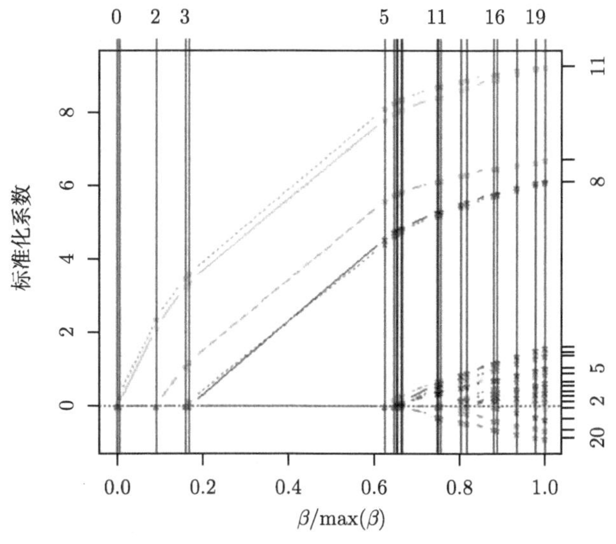

图 5-1 Lasso 方法系数路径图

(彩图请扫封底二维码)

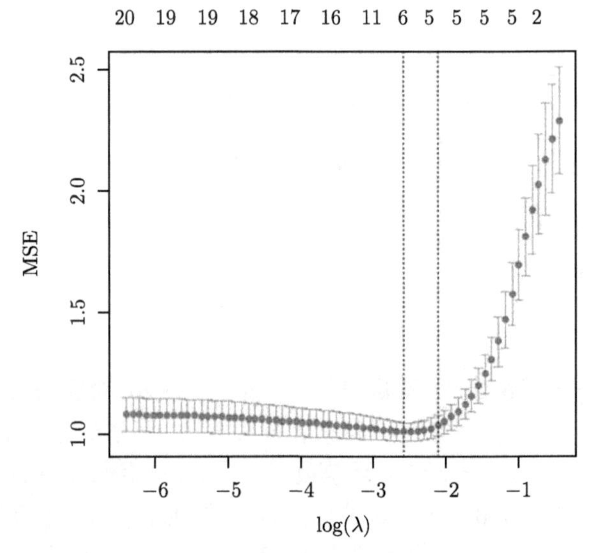

图 5-2 Lasso 方法 Cross-Validation 图

表 5-1 Lasso 方法变量选择情况

β_j	$\hat{\beta}_1$	$\hat{\beta}_3$	$\hat{\beta}_8$	$\hat{\beta}_9$	$\hat{\beta}_{11}$	$\hat{\beta}_{15}$	其他
估计值	0.3228	0.5665	0.3389	0.0050	0.5103	0.4168	0
真值	0.5	0.5	0.5	0	0.5	0.5	0

适应性 Lasso 方法的变量选择过程见图 5-3, 所选出的变量及其回归系数估计值可见表 5-2.

表 5-2 适应性 Lasso 方法变量选择情况

β_j	$\hat{\beta}_1$	$\hat{\beta}_3$	$\hat{\beta}_5$	$\hat{\beta}_8$	$\hat{\beta}_9$	$\hat{\beta}_{11}$	$\hat{\beta}_{14}$
估计值	0.3968	0.6383	0.0044	0.4216	0.0426	0.5749	0.0344
真值	0.5	0.5	0	0.5	0	0.5	0
β_j	$\hat{\beta}_{15}$	$\hat{\beta}_{16}$	$\hat{\beta}_{19}$	其他			
估计值	0.4873	0.0509	0.0053	0			
真值	0.5	0	0	0			

Elastic Net 方法取 $\alpha = 0.6$, 通过交叉验证 ($k = 10$) 所得到的最优惩罚参数 λ 为 0.1587, 结果见图 5-4, 该方法根据 CV 准则所选出的变量及其回归系数估计值可见表 5-3.

长度为 10 且取值范围为 $(10^{-2}, 10^{10})$, 因为这个范围覆盖了只含截距项的空模型到最小二乘估计拟合模型的所有情况, 然后根据指定不同的门限值 ($\pi = 0.6, 0.7, 0.8, 0.9$) 进行变量选择, 再对仅含已选变量的每个子样本做最小二乘, 得到已选变量的系数估计值, 从而得到最终的系数估计值. 稳定性选择方法所选出的变量及其回归系数估计值可见表 5-4.

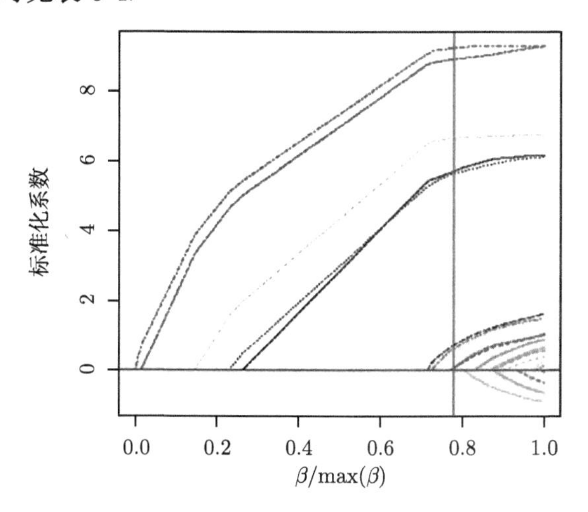

图 5-3 适应性 Lasso 方法系数路径图
(彩图请扫封底二维码)

表 5-3 Elastic Net 方法变量选择情况

β_j	$\hat{\beta}_1$	$\hat{\beta}_3$	$\hat{\beta}_5$	$\hat{\beta}_8$	$\hat{\beta}_9$	$\hat{\beta}_{11}$	$\hat{\beta}_{15}$
估计值	0.3151	0.5436	0.0031	0.3352	0.0186	0.4908	0.4030
真值	0.5	0.5	0	0.5	0	0	0.5
β_j	$\hat{\beta}_{20}$	其他					
估计值	−0.0029	0					
真值	0	0					

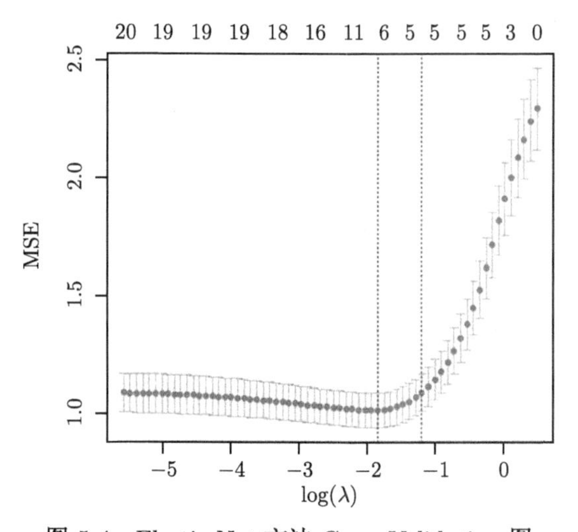

图 5-4 Elastic Net 方法 Cross-Validation 图

Bootstrap Lasso 方法采用重复抽样并做 100 次 Bootstrap, 在对每个 Bootstrap 样本进行系数估计时, 调整参数 λ, 由交叉验证确定最优的 λ. 通过指定门限值 $(\pi = 0.6, 0.7, 0.8, 0.9)$ 选择变量. Bootstrap Lasso 方法所选出的变量及其回归系数估计值见表 5-4.

表 5-4　稳定性选择和 Bootstrap Lasso 方法变量选择情况

估计值	稳定性选择	Bootstrap Lasso		
	$\pi \in (0.6, 0.9)$	$\pi = 0.6$	$\pi = 0.7$	$\pi \in (0.8, 1)$
$\hat{\beta}_1$	0.3932	0.4239	0.3955	0.3976
$\hat{\beta}_2$	0	0	0	0
$\hat{\beta}_3$	0.6263	0.6265	0.6336	0.6284
$\hat{\beta}_4$	0	0.0334	0	0
$\hat{\beta}_5$	0	0.0097	0	0
$\hat{\beta}_6$	0	0	0	0
$\hat{\beta}_7$	0	0	0	0
$\hat{\beta}_8$	0.4244	0.4546	0.4499	0.4154
$\hat{\beta}_9$	0	0.0945	0.0917	0
$\hat{\beta}_{10}$	0	0	0	0
$\hat{\beta}_{11}$	0.5919	0.5920	0.5793	0.5798
$\hat{\beta}_{12}$	0	0	0	0
$\hat{\beta}_{13}$	0	0	0	0
$\hat{\beta}_{14}$	0	0.0967	0	0
$\hat{\beta}_{15}$	0.5082	0.4870	0.4890	0.4923
$\hat{\beta}_{16}$	0	0.0990	0.0875	0
$\hat{\beta}_{17}$	0	0	0	0
$\hat{\beta}_{18}$	0	0.0454	0	0
$\hat{\beta}_{19}$	0	0.0688	0	0
$\hat{\beta}_{20}$	0	−0.0519	0	0

本小节运用上述五个方法对一般线性模型做低维模拟, 从各个方法的变量选择情况上看, 这几个方法均实现了变量选择的目的, 即起到降维的作用. 具体的模拟结果分析如下.

(1) 从表 5-1 可以看出 Lasso 方法筛选出 6 个变量, 系数向量 β 中的 5 个非零系数对应的变量均被选出, 并且 $\hat{\beta}_3$, $\hat{\beta}_{11}$ 以及 $\hat{\beta}_{15}$ 的估计值与其真值较为接近, 估计结果较好.

(2) 从表 5-2 可以得出适应性 Lasso 方法不仅筛选出 5 个系数非零的变量, 还选出了其他 5 个变量. 与 Lasso 方法相比, 该方法的表现不佳, 结果略差, 这可能与变量较少有关, 但是各系数的估计值与真值还是非常接近的.

(3) 从表 5-3 可以看出 Elastic Net 方法选出 8 个变量, 与前两个方法相同, 都选出了非零系数对应的变量. 由于此方法同时具备岭回归与 Lasso 的特点, 因此筛选出的变量的数目与 L_2-范数的惩罚参数 α 的取值有关. 当 α 越大时, Elastic Net 方法与岭回归越接近, 选择的变量数目越多, 反之, 当 α 越小时, 所选变量越少.

(4) 从表 5-4 可以发现, 当门限值 $\pi \in (0.6, 0.9)$ 时, 稳定性选择方法的变量选择情况均相同, 仅筛选出 5 个系数非零的变量, 降维效果非常好. 换言之, 稳定性选择方法对于不同的门限值 π 不敏感, 变量选择的效果不受其影响. 总的来说, 所选出的变量的系数估计值与真值极为接近, 该方法的表现非常好.

(5) 表 5-4 还可以看出 Bootstrap Lasso 方法在 $\pi = 0.6$ 时, 选出的变量有 13 个, 此时的降维效果非常差. 然而, 当门限值 π 的取值不断增大时, 选出的变量数目越来越少. 特别是当 π 增加 0.1, 即取值为 $\pi = 0.7$ 时, 对应选出的变量数目将近缩减一半, 个数仅有 7 个. 直到 π 取值为 (0.8, 1) 时, 没有选出多余的变量. 也就是说, Bootstrap Lasso 方法对不同的门限值极其敏感. 同时系数估计值与真值以及稳定性选择方法的估计值都非常接近, 此时稳定性选择和 Bootstrap Lasso 方法变量选择的表现相同.

2. 高维模拟

假设有 200 个观测, 400 个变量, 即 $n = 200, p = 400$, 对应的 $x_i = (x_{i1}, x_{i2}, \cdots, x_{i400})^{\mathrm{T}}, i = 1, 2, \cdots, 200$, x_i 的每一个分量服从 $N(0,1)$ 分布且相互独立, 响应变量 y_i 由回归模型 $y_i = x_i^{\mathrm{T}}\beta + \varepsilon_i$ 产生, 误差项 $\varepsilon_i \sim N(0,1)$ 且与 x_i 相互独立, 参数向量满足以下条件: 当 $j = 1, 5, 6$ 时, $\beta_j = 0.5$, 否则 $\beta_j = 0$. 与低维模拟类似, 分别采用 Lasso、适应性 Lasso、Elastic Net、稳定性选择、Bootstrap Lasso 五个方法进行模拟研究.

采用 R 程序模拟, Lasso 方法通过交叉验证 (Cross-Validation) ($k = 10$) 所得到的最优惩罚参数 λ 为 0.1052, Elastic Net 方法取 $\alpha = 0.6$, 通过交叉验证 ($k = 10$) 所得到的最优惩罚参数 λ 为 0.2509. Lasso、适应性 Lasso 和 Elastic Net 三个方法所选出的变量及其回归系数估计值见表 5-5.

表 5-5 Lasso、适应性 Lasso 以及 Elastic Net 方法变量选择情况 ($n = 200, p = 400$)

估计值	Lasso	适应性 Lasso	Elastic Net
$\hat{\beta}_1$	0.3056	0.3558	0.2679
$\hat{\beta}_3$	0	−0.0255	0
$\hat{\beta}_5$	0.3974	0.4794	0.3457
$\hat{\beta}_6$	0.3958	0.4674	0.3565
$\hat{\beta}_{38}$	0	−0.0070	0
$\hat{\beta}_{56}$	−0.0307	−0.1154	−0.0301
$\hat{\beta}_{63}$	0	0.0276	0
$\hat{\beta}_{64}$	0	0.0310	0
$\hat{\beta}_{71}$	0	0	−0.0076
$\hat{\beta}_{89}$	0.0068	0	0.0197

续表

估计值	Lasso	适应性 Lasso	Elastic Net
$\hat{\beta}_{92}$	0.0525	0.1009	0.0553
$\hat{\beta}_{107}$	0.0035	0.0053	0.0073
$\hat{\beta}_{110}$	0.0715	0.1051	0.0705
$\hat{\beta}_{120}$	0.0181	0	0.0151
$\hat{\beta}_{134}$	−0.0365	−0.0986	−0.0405
$\hat{\beta}_{144}$	−0.0021	−0.0465	−0.0066
$\hat{\beta}_{149}$	−0.0488	−0.1002	−0.0525
$\hat{\beta}_{152}$	0.0079	0.0018	0.0190
$\hat{\beta}_{162}$	0	−0.0170	−0.0048
$\hat{\beta}_{168}$	0.0428	0.0500	0.0402
$\hat{\beta}_{173}$	0	−0.0601	0
$\hat{\beta}_{180}$	0	−0.0310	0
$\hat{\beta}_{192}$	0	0.0325	0
$\hat{\beta}_{207}$	−0.0681	−0.1166	−0.0672
$\hat{\beta}_{212}$	0	0.0395	0
$\hat{\beta}_{227}$	0.0190	0.0411	0.0332
$\hat{\beta}_{234}$	0.0180	0	0.0172
$\hat{\beta}_{238}$	0	0.0356	0
$\hat{\beta}_{243}$	0	−0.0337	0
$\hat{\beta}_{249}$	−0.0512	−0.0061	−0.0487
$\hat{\beta}_{266}$	0.0051	0.0396	0.0085
$\hat{\beta}_{270}$	0.0183	0.0025	0.0206
$\hat{\beta}_{271}$	−0.0296	−0.1398	−0.0303
$\hat{\beta}_{277}$	−0.0605	−0.0764	−0.0627
$\hat{\beta}_{281}$	−0.0073	0	−0.0093
$\hat{\beta}_{285}$	0	−0.0263	0
$\hat{\beta}_{288}$	0	0.0144	0
$\hat{\beta}_{289}$	0	−0.0076	0
$\hat{\beta}_{308}$	−0.0265	−0.0554	−0.0282
$\hat{\beta}_{312}$	−0.0156	−0.0344	−0.0257
$\hat{\beta}_{315}$	0.0619	0.0628	0.0528
$\hat{\beta}_{320}$	0	−0.0051	0
$\hat{\beta}_{328}$	−0.0292	0	−0.0310
$\hat{\beta}_{335}$	0.1403	0.1839	0.1350
$\hat{\beta}_{348}$	0.0183	0	0.0170
$\hat{\beta}_{359}$	−0.0052	−0.0689	−0.0139
$\hat{\beta}_{366}$	0.0165	0.0034	0.0220
$\hat{\beta}_{374}$	0	−0.0270	0
$\hat{\beta}_{379}$	0.0294	0.0805	0.0319
$\hat{\beta}_{396}$	−0.0063	−0.0814	−0.0124

稳定性选择方法和 Bootstrap Lasso 方法所选出的变量及其回归系数估计值可见表 5-6.

表 5-6 稳定性选择和 Bootstrap Lasso 方法变量选择情况 ($n = 200, p = 400$)

估计值	稳定性选择	Bootstrap Lasso			
	$\pi \in (0.7, 0.9)$	$\pi = 0.7$	$\pi = 0.8$	$\pi = 0.9$	$\pi = 1$
$\hat{\beta}_1$	0.3631	0.3862	0.3952	0.4188	0.4411
$\hat{\beta}_5$	0.5711	0.4929	0.5229	0.5590	0.5804
$\hat{\beta}_6$	0.3759	0.5038	0.5118	0.4984	0.5093
$\hat{\beta}_{41}$	0.2201	0	0	0	0
$\hat{\beta}_{56}$	0	−0.1678	0	0	0
$\hat{\beta}_{89}$	0.1207	0	0	0	0
$\hat{\beta}_{92}$	0	0.1367	0.1061	0	0
$\hat{\beta}_{110}$	0	0.1813	0.1677	0	0
$\hat{\beta}_{134}$	0	−0.0969	0	0	0
$\hat{\beta}_{149}$	−0.1264	−0.1239	0	0	0
$\hat{\beta}_{168}$	0	−0.1239	0	0	0
$\hat{\beta}_{201}$	0.1212	0	0	0	0
$\hat{\beta}_{207}$	0	−0.1454	−0.1417	0	0
$\hat{\beta}_{271}$	−0.2027	−0.1663	0	0	0
$\hat{\beta}_{291}$	−0.1298	0	0	0	0
$\hat{\beta}_{335}$	0.1938	0.2102	0.2434	0.2354	0
$\hat{\beta}_{348}$	0.1828	0	0	0	0
$\hat{\beta}_{375}$	0.1538	0	0	0	0
$\hat{\beta}_{379}$	0	0.1384	0	0	0

本小节采用上述五个方法对一般线性模型做高维模拟, 从各个方法的模拟结果上看, 这几个方法均呈现出大幅度降维的现象. 从表 5-5 可以得出以下几点.

(1) Lasso 方法筛选出 33 个变量, 系数向量 β 中的 3 个非零系数对应的变量均被选出, 并且 $\hat{\beta}_1$, $\hat{\beta}_5$ 以及 $\hat{\beta}_6$ 的估计结果较好.

(2) Elastic Net 方法选出了 35 个变量, 系数估计值 $\hat{\beta}_1$, $\hat{\beta}_5$ 以及 $\hat{\beta}_6$ 略差于 Lasso 方法的估计值. 与低维模拟一样, Elastic Net 方法所选变量个数取决于 L_2-范数的惩罚参数 α 的取值.

(3) 适应性 Lasso 方法是这三个方法中选出变量最多的, 数量达到 43 个, 降维效果最差. 但是非零系数的估计值却是三个方法中最好的, 其值与真值最为相近.

从表 5-6 可以看出以下几点.

(1) 稳定性选择方法在门限值 $\pi \in (0.7,0.9)$ 时, 选出的变量数量均为 12 个, 降维效果较好. 同样地, 对于高维情况, 稳定性选择方法变量选择的效果不受门限值 π 的影响, 即门限值不敏感. 总的来说, 此方法的表现较好, 变量的系数估计值与真值较为接近.

(2) Bootstrap Lasso 方法变量选择的情况随门限值的变化而不同. 当门限值 π 取 0.7, 0.8, 0.9 和 1 时, 相应地分别筛选出 13, 7, 4, 3 个变量. 显而易见, π 每增加 0.1, 所选择的变量的个数都将近缩减为原来的一半, 直至仅选出非零系数的变量. 更为重要的是, 从总体上看, 系数估计值随着门限值的增加与真值越来越相近.

综上分析, 五个方法尽管总体上表现都不错, 但是稳定性选择和 Bootstrap Lasso 方法的降维效果比 Lasso、适应性 Lasso 以及 Elastic Net 方法更佳. 就 $\pi = 0.7$ 而言, 这两个方法变量选择的个数仅为前三个方法的 1/3 左右.

5.3　删失数据下一般线性模型的变量选择

本节将考虑模型 (5-1) 有删失的情况. 具体地说, 我们假设模型 (5-1) 中响应变量 Y 是可以完全观测到的, X 有删失值. X 的删失数据指示矩阵用 $M = \sigma_{ij}$ 表示, 即如果 X_{ij} 删失, 则 $\sigma_{ij} = 1$, 否则 $\sigma_{ij} = 0$. 令 $Z = (X, Y)$ 表示完整数据, Z_{obs} 表示 Z 中已观测到的部分, Z_{mis} 表示 Z 中删失部分. 进行变量选择时模型 (5-1) 是 X 含有删失值, 本章提出的方法同样适用于 Y 有删失值的情况. 本章假定数据是随机删失 (MAR), 也就是说删失只依赖 Z 已观测的部分 Z_{obs}, 不依赖删失部分 Z_{mis}, 即 $f(M|Z, \phi) = f(M|Z_{\text{obs}}, \phi)$, 其中 ϕ 表示与删失数据机制有关联的参数集. 模型 (5-1) 的真正有效集用 S^0 表示, 它是指变量集所对应的真正回归系数为非零, 且用 $|S^0|$ 表示 S^0 的大小.

5.3.1　自助法填补

根据 Efron (1994), 在变量选择之前我们首先对 Z 实施自助法填补, 该填补方法的步骤如下:

步骤 1　在已观测到的数据 Z_{obs} 和 M 的基础上, 产生 B 个与删失数据指示矩阵 $\{M^{(b)}, b = 1, 2, \cdots, B\}$ 相关的自助数据集 $\{Z^{(b)}, b = 1, 2, \cdots, B\}$;

步骤 2　选择合适的填补方法对每一个自助数据集 $Z^{(b)}$ 和 $M^{(b)}$ 实施填补, 已填补数据集用 $\{Z_I^{(b)} = (Y^{(b)}, X^{(b)}), b = 1, 2, \cdots, B\}$ 表示.

采用自助法是因为稳定性选择和 Bootstrap Lasso 需要对已观测到的数据重采样. 当 $p < n$ 时, 可以使用标准的填补程序 (比如 R 软件中的 mi 包和 mice 包) 对每一个自助样本实施单一填补, 这些软件包适用于一般删失数据机制. 当 $p < n$ 但接近 n 时, 这些现存的软件包也可适用, 但是表现得不好. 当 $p > n$ 时, 目前的软件包不能直接使用. 对于这种情况, 建立填补模型时对模型进行调整或者正则化是不可避免的, Zhao 和 Long (2013) 的文章中指出贝叶斯 Lasso 回归更适合填补删失值, 因为在 $p>n$ 的情况下, 与其他填补方法相比较, 贝叶斯 Lasso 回归实现更好的表现.

5.3.2 自助法填补的稳定性变量选择

给定已填补的自助数据集 $\{Z_I^{(b)}=(Y^{(b)},X^{(b)}),b=1,2,\cdots,B\}$, 本章采用基于自助法填补的稳定性变量选择 (BISS), 这里统称为 BISS 方法, 它所用的自助样本不同于 Meinshausen 和 Bühlmann (2010) 中的稳定性选择方法的不重复抽取子样, BISS 方法的步骤如下:

步骤 1 对每一个已填补的自助数据集 $Z_I^{(b)},b=1,2,\cdots,B$, 可以得到模型 (5-1) 的随机 Lasso 估计值 $\hat{\beta}_\lambda^{(b)}$,

$$\hat{\beta}_\lambda^{(b)}=\arg\min_\beta\left(||Y^{(b)}-X^{(b)}\beta||_2^2+\lambda\sum_{j=1}^p\frac{|\beta_j|}{\omega_j^{(b)}}\right)$$

其中 $\omega_\lambda^{(b)}$ 是独立同分布于 $[\alpha,1]$ 的随机变量且 $\alpha\in(0,1)$. 在实际应用中, ω_j 可服从均匀分布. 并且 Meinshausen 和 Bühlmann (2010) 的文章中建议 α 的取值范围为 $(0.2,0.8)$; 在本节中取 $\alpha=0.5$. 对所有 $\lambda\in\Lambda$, 计算 $\hat{\beta}_\lambda^{(b)}$, 其中 Λ 表示 λ 的所有可行值. 用 $\hat{S}_\lambda^{(b)}$ 表示 $\hat{\beta}_\lambda^{(b)}$ 的支持度 (非零参数估计值的集合), 也就是估计值的有效集.

步骤 2 对所有已填补的自助数据集重复步骤一, 可得到 $\{\hat{\beta}_\lambda^{(b)},b=1,2,\cdots,B\}$. 最终估计的有效集

$$\hat{S}_\pi=\left\{j:\max_{\lambda\in\Lambda}(\Pi_j^\lambda)\geqslant\pi\right\}$$

其中 $\Pi_j^\lambda=(1/B)\sum\limits_{b=1}^B I(j\in\hat{S}_\lambda^{(b)})$, 且 $\pi\in(0,1)$ 是用于选择变量的门限, 在实际应用中经常设定在 0.6~0.9, 参考文献 (Meinshausen and Bühlmann, 2010).

步骤 3 我们的目的在于变量选择, 考虑简单的方法来估计 β. 通过最小二乘法拟合模型 (5-1), 由 $(Y^{(b)},X_{\hat{S}_\pi}^{(b)})$ 得到 $\tilde{\beta}_{\hat{S}_\pi}^{(b)}$, $X_{\hat{S}_\pi}^{(b)}$ 表示只包含 $\hat{S}_\pi$ 中的变量的设计矩阵, 然后计算最终的参数估计值 $\hat{\beta}_{\hat{S}_\pi}^{(b)}=(1/B)\sum\limits_{b=1}^B\tilde{\beta}_{\hat{S}_\pi}^{(b)}$. 可用样本 $\{\hat{\beta}_{\hat{S}_\pi}^{(b)},b=1,2,\cdots,B\}$ 的方差估计 $\hat{\beta}_{\hat{S}_\pi}$ 的方差.

BISS 方法所采用的是自助样本, 而不是最初的稳定性选择方法所采用的不重复二次抽样. 如同文献 (Meinshausen and Bühlmann, 2010) 中所述, 自助法与他们所提出的二次抽样方法的表现类似. 在删失数据存在下, 考虑到只需要基于已观测数据拟合填补模型, 大幅减少随机子样本的样本数 (即 $n/2$) 预计将对填补效果有重大不利影响. 因此, 本节选择采用自助法, 而不是最初的二次抽样.

5.3.3 基于自助法填补的 Bootstrap Lasso 变量选择

为了做比较, 下面研究了基于自助法填补的 Bootstrap Lasso 变量选择方法 (BIBL), 本章统称为 BIBL 方法, 它与 Bootstrap Lasso 方法类似. BIBL 方法的步骤如下:

步骤 1 对第 b 个已填补的自助数据集 $b=1,2,\cdots,B$, 可以得到模型 (5-1) 的 Lasso 估计值 $\hat{\beta}_{\lambda}^{(b)}$,

$$\hat{\beta}_{\lambda}^{(b)}=\arg\min_{\beta}\left(\left\|Y^{(b)}-X^{(b)}\beta\right\|_2^2+\lambda_{\text{opt}}^{(b)}\|\beta\|_1\right)$$

其中 $\lambda_{\text{opt}}^{(b)}$ 是基于对每一个已填补的自助数据集的交叉验证所选出的最优调整参数, $\hat{S}_{\lambda}^{(b)}$ 表 $\hat{\beta}_{\lambda}^{(b)}$ 的支持度.

步骤 2 对所有的 $b=1,2,\cdots,B$ 已填补自助数据集重复步骤一, 然后通过相交所有的 $\hat{S}_{\lambda}^{(b)}$ 得到最终估计的有效集

$$\hat{S}=\bigcap_{b=1}^{B}\hat{S}^{(b)}$$

步骤 3 β 的估计值采用类似于 BISS 方法做估计, 即通过最小二乘法拟合模型 (5-1), 由 $(y^{(b)},X_{\hat{S}}^{(b)})$ 得到 $\tilde{\beta}_{\hat{S}}^{(b)}$, 其中 $X_{\hat{S}}^{(b)}$ 表示只包含 $\hat{S}$ 中的变量的设计矩阵, 然后计算最终的参数估计值 $\hat{\beta}_{\hat{S}}^{(b)}=(1/B)\sum\limits_{b=1}^{B}\tilde{\beta}_{\hat{S}}^{(b)}$.

与 Bootstrap Lasso 方法一样, 我们选择使用所有已填补的自助数据集所估计的有效集支持度的交集, 对于低维问题 $(p<n)$ 它们的渐近结果是合理的. 但是, 在有限样本中, 所感兴趣的是研究不同门限值的影响, 类似于结合自助法填补的稳定性选择方法中所描述的. 具体而言, 计算 $\Pi_j=(1/B)\sum\limits_{b=1}^{B}I(j\in\hat{S}^{(b)})$, 其中 $I(\cdot)$ 是指示函数, Π_j 表示已填补自助数据集中 $\hat{\beta}_j$ 为非零的比例. 因此, 最终估计的有效集定义为

$$\hat{S}_{\pi}=\{j:\Pi_j\geqslant\pi\}$$

其中 $0<\pi\leqslant 1$ 是预先确定的门限值, 且当 $\pi=1$ 时 $\hat{S}_{\pi}$ 相当于 $\hat{S}$, 即 B 个已填补的自助数据集所已估计有效集的支持度的交集.

5.3.4 数值模拟

模拟数据设定如下: $x_i=(x_{i1},x_{i2},\cdots,x_{i,20})^{\mathrm{T}}$, $i=1,2,\cdots,200$, x_i 的每一个分量服从 $N(0,1)$ 分布且相互独立, 输出变量 y_i 由模型 $y_i=x_i^{\mathrm{T}}\beta+\varepsilon_i$ 产生, 回归系数 β_j 表示有效大小, 如果 $j\in\{1,3,8,11,15\}$, 那么 $\beta_j=0.5$ 或 1, 否则 $\beta_j=0$, 随机扰动项 $\varepsilon_i\in N(0,1)$ 并且与 x_i 相互独立. 此时模型的真正有效集即为 $S^0=\{1,3,8,11,15\}$,

其大小为 $|S^0|=5$. 对 x_{i1},x_{i2},x_{i3} 产生删失值, 对应的删失指示值为 $\sigma_{i1},\sigma_{i2},\sigma_{i3}$, 删失值分别由以下三个逻辑回归模型产生: $\log\operatorname{it}(\Pr(\sigma_{i1}))=-3+x_{i6}+x_{i7}-x_{i9}+2y_i$, $\log\operatorname{it}(\Pr(\sigma_{i2}))=-1+x_{i6}+x_{i7}-x_{i9}+y_i$, $\log\operatorname{it}(\Pr(\sigma_{i3}))=-2+x_{i6}+x_{i7}-x_{i9}+y_i$, 由此可得到一般删失数据模式.

首先用 mice 包对填补删失数据, 本节 mice 包的填补次数为五次, 填补值取五次的平均值. 分别运用 Lasso、适应性 Lasso 以及 Elastic Net 三个方法做变量选择, 所选出的变量及其回归系数估计值见表 5-7. 其次, 用 mice 包对 100 个自助数据集填补删失值, 然后用 BISS 方法和 BIBL 方法进行变量选择.

表 5-7 一般删失数据机制下 Lasso、适应性 Lasso 以及 Elastic Net 的模拟结果 ($n=200,p=20$ 且 $\beta_j=0.5$)

估计值	Lasso	适应性 Lasso	Elastic Net
$\hat{\beta}_1$	0.1409	0.3968	0.3234
$\hat{\beta}_2$	0	0	0
$\hat{\beta}_3$	0.3974	0.6383	0.5524
$\hat{\beta}_4$	0.0230	0	0
$\hat{\beta}_5$	0	0.0044	0.0089
$\hat{\beta}_6$	0	0	0
$\hat{\beta}_7$	0.0160	0	0
$\hat{\beta}_8$	0.3976	0.4216	0.3445
$\hat{\beta}_9$	0	0.0426	0.0247
$\hat{\beta}_{10}$	0	0	0
$\hat{\beta}_{11}$	0.5243	0.5749	0.4985
$\hat{\beta}_{12}$	0	0	0
$\hat{\beta}_{13}$	0	0	0
$\hat{\beta}_{14}$	0	0.0344	0.0034
$\hat{\beta}_{15}$	0.4507	0.4873	0.4100
$\hat{\beta}_{16}$	0	0.0509	0.0075
$\hat{\beta}_{17}$	0	0	0
$\hat{\beta}_{18}$	0	0	0
$\hat{\beta}_{19}$	0	0.0053	0.0045
$\hat{\beta}_{20}$	0	0	−0.0076

注: (1) Lasso 方法惩罚参数取最优的 λ, 通过交叉验证 ($k=10$) 得到其值为 0.0817;

(2) Elastic Net 方法取 $\alpha=0.6$, 通过交叉验证 ($k=10$) 所得到的最优惩罚参数 λ 为 0.1446.

在一般删失数据机制下, 本小节对不同的有效大小 (β_j 非零值, β_j=0.5 或 1) 进行数值模拟, 模拟结果见表 5-7 ~ 表 5-10.

本小节对一般删失数据机制下的线性模型运用上述五个方法做数值模拟研究, 五个方法都实现降维的目的, 并且每个方法都将系数向量 β 中的非零系数对应的变量选出. 从表 5-7 可以得出:

表 5-8 一般删失数据机制下 Lasso、适应性 Lasso 以及 Elastic Net 的模拟结果 ($n = 200, p = 20$ 且 $\beta_j = 1$)

估计值	Lasso	适应性 Lasso	Elastic Net
$\hat{\beta}_1$	0.6882	0.9034	0.8281
$\hat{\beta}_2$	0.1269	0	0
$\hat{\beta}_3$	0.8572	1.1417	1.0608
$\hat{\beta}_4$	0.0484	0	0
$\hat{\beta}_5$	0	0.0046	0.0172
$\hat{\beta}_6$	0.1152	0	0
$\hat{\beta}_7$	0.1840	0	0
$\hat{\beta}_8$	1.1363	0.9275	0.8503
$\hat{\beta}_9$	0	0.0429	0.0339
$\hat{\beta}_{10}$	−0.0225	0	0
$\hat{\beta}_{11}$	1.1749	1.0784	1.0051
$\hat{\beta}_{12}$	0	0	0
$\hat{\beta}_{13}$	0	0	0
$\hat{\beta}_{14}$	0.0395	0.0358	0.0136
$\hat{\beta}_{15}$	1.1054	0.9923	0.9134
$\hat{\beta}_{16}$	0	0.0520	0.0190
$\hat{\beta}_{17}$	0.0327	0	0
$\hat{\beta}_{18}$	0.0913	0	0
$\hat{\beta}_{19}$	0.0775	0.0052	0.0127
$\hat{\beta}_{20}$	−0.1613	0	−0.0164

注: (1) Lasso 方法惩罚参数取最优的 λ, 通过交叉验证 ($k = 10$) 得到其值为 0.0453;

(2) Elastic Net 方法取 $\alpha = 0.6$, 通过交叉验证 ($k = 10$) 所得到的最优惩罚参数 λ 为 0.1243.

(1) Lasso 方法筛选出 7 个变量, 5 个非零系数估计值与真值较为相近, 除了 $\hat{\beta}_1$. 总体上, 该方法变量选择的结果是三个方法中最好的.

表 5-9 在一般删失数据机制下的模拟结果 ($n = 200, p = 20$ 且 $\beta_j = 0.5$)

估计值	BISS	BIBL		
	$\pi \in (0.6, 0.9)$	$\pi = 0.8$	$\pi = 0.9$	$\pi = 1$
$\hat{\beta}_1$	0.4909	0.5329	0.4955	0.4909
$\hat{\beta}_2$	0	0	0	0
$\hat{\beta}_3$	0.6289	0.6507	0.6519	0.6289
$\hat{\beta}_4$	0	0	0	0
$\hat{\beta}_5$	0	0.1013	0	0
$\hat{\beta}_6$	0	0	0	0
$\hat{\beta}_7$	0	0	0	0
$\hat{\beta}_8$	0.4233	0.4249	0.4360	0.4233
$\hat{\beta}_9$	0	0	0	0
$\hat{\beta}_{10}$	0	0	0	0

续表

估计值	BISS	BIBL		
	$\pi \in (0.6, 0.9)$	$\pi = 0.8$	$\pi = 0.9$	$\pi = 1$
$\hat{\beta}_{11}$	0.5921	0.5966	0.5923	0.5921
$\hat{\beta}_{12}$	0	0	0	0
$\hat{\beta}_{13}$	0	0	0	0
$\hat{\beta}_{14}$	0	0.0770	0	0
$\hat{\beta}_{15}$	0.5803	0.5945	0.5911	0.5803
$\hat{\beta}_{16}$	0	0.1285	0.1152	0
$\hat{\beta}_{17}$	0	0	0	0
$\hat{\beta}_{18}$	0	0	0	0
$\hat{\beta}_{19}$	0	0.0675	0	0
$\hat{\beta}_{20}$	0	0	0	0

(2) 适应性 Lasso 和 Elastic Net 方法的表现相近, 分别选出 10 和 11 个变量, 两者的系数估计结果差别不大, 前者略优于后者.

与表 5-7 相比较, 从表 5-8 很容易地发现适应性 Lasso 和 Elastic Net 方法变量选择的结果与这两个方法在表 5-7 中的结果相同, 但是 Lasso 方法差别相当大.

Lasso 方法的降维效果不明显, 仅从 20 个变量缩减为 15 个变量, 这表明有效大小对该方法影响较大. 换言之, 随着有效大小的增加, Lasso 方法的变量选择效果显著降低.

从表 5-9 可以看出:

(1) 对于不同的门限值 π, BISS 方法选出变量的集合可表示为 $\{x_p|p = 1,3,8,11,15\}$, 而且系数的估计值与真值较为接近, 因此该方法表现较好. 这表明 BISS 方法与稳定性选择方法类似, 它也不受门限值的影响, 即对不同的门限值不敏感.

(2) 与 BISS 方法相比, BIBL 方法的表现要差, 随着门限值的递增, 该方法所选出的变量集减少. 当 π 取 0.8 时, BIBL 方法选出了 9 个变量; 当增加到 0.9 时, 选出 6 个变量, 数量减少到原来的 2/3 左右. 因此, 这说明了这个方法的表现越来越好, 并且它对不同的门限值相当敏感.

当改变有效大小时, 从表 5-10 即可发现对 BIBL 方法的表现产生较大影响. 在门限值 π= 0.8 时, 并没有实现降维的目的, 依旧是 20 个变量被选出; 当 $\pi = 0.9$ 时, 变量数目减少为原来的一半, 即选出 10 个变量; 直到 $\pi = 1$ 时, 才只选出原始变量集 $\{x_p|p = 1,3,8,11,15\}$.

对比表 5-7 和表 5-9、表 5-8 和表 5-10, 显而易见的是 BISS 方法和 BIBL 方法变量选择的效果更优于传统的正则化方法, 而且系数估计值更加准确.

综上分析, 在一般删失数据机制下, 无论是本节的 BISS 方法和 BIBL 方法, 还是典型的正则化方法, 均能实现变量选择的目的, 不同的是各自的效果是否显著. 显然, 相比于其他方法, BISS 方法和 BIBL 方法降维作用显著, 更适合变量选择. 而且最终筛选的结果受有效大小的影响.

表 5-10　在一般删失数据机制下的模拟结果 ($n = 200, p = 20$ 且 $\beta_j = 1$)

估计值	BISS	BIBL		
	$\pi \in (0.6, 0.9)$	$\pi = 0.8$	$\pi = 0.9$	$\pi = 1$
$\hat{\beta}_1$	1.0999	1.1949	1.1724	1.0999
$\hat{\beta}_2$	0	0.0962	0	0
$\hat{\beta}_3$	1.1339	1.1733	1.1690	1.1339
$\hat{\beta}_4$	0	0.0339	0	0
$\hat{\beta}_5$	0	0.1609	0.1497	0
$\hat{\beta}_6$	0	0.0879	0	0
$\hat{\beta}_7$	0	0.0489	0	0
$\hat{\beta}_8$	0.9335	0.9565	0.9312	0.9335
$\hat{\beta}_9$	0	0.0839	0	0
$\hat{\beta}_{10}$	0	0.0048	0	0
$\hat{\beta}_{11}$	1.0940	1.0949	1.0915	1.0940
$\hat{\beta}_{12}$	0	−0.0179	0	0
$\hat{\beta}_{13}$	0	−0.1134	−0.1043	0
$\hat{\beta}_{14}$	0	0.0894	0	0
$\hat{\beta}_{15}$	1.0506	1.0382	1.0429	1.0506
$\hat{\beta}_{16}$	0	0.1394	0.1122	0
$\hat{\beta}_{17}$	0	0.0202	0	0
$\hat{\beta}_{18}$	0	0.1514	0.1426	0
$\hat{\beta}_{19}$	0	0.0361	0	0
$\hat{\beta}_{20}$	0	−0.1533	−0.1470	0

5.3.5　在 CGH 数据序列变点检测中的应用

变点检测问题一直是统计学、经济学、生物学等领域中众多学者感兴趣的研究方向, 近几十年来国内外学者对变点问题的研究与日俱增. 变点问题的研究开始于文献 (Page, 1954) 中的连续抽样检验. Basseville 和 Nikiforow (1993)、Brodsky 和 Darkhovsky (1993) 以及 Csorgo 和 Horvath (1997) 研究并总结归纳了经典的变点问题. Chen 和 Gupta (2000) 阐述了几十年来研究变点问题的方法. Perron (2006) 则对变点问题做了进一步的研究和分析, 对该问题的发展做了巨大贡献. 不仅如此, 国内学者在这方面也获得显著的成果. 陈希孺 (1992a, 1992b, 1992c, 1992d) 分别运用最小二乘法、极大似然法、累计次数法、贝叶斯法以及局部比较法对变点问题做研究. 谭智平和缪柏其 (2000) 研究讨论分布变点问题的非参数统计推断. 王黎明和王静龙 (2002) 根据 U 统计量研究位置参数模型的变点检验问题及其性质. 王黎明 (2007) 研究三种变点问题, 分别定义了突变点、渐近变点以及流行变点, 并对其给出估计和检测方法. 李强和王黎明 (2015) 对变点模型基于 Lasso 方法研究结构突变问题.

所谓的 "变点" 指的是在某个时点上, 样本的特征或其分布突然发生改变. 本小节作者主要关注序列的变点问题, 并且序列是有序的. 对于一个序列, 我们感兴趣的是如何降低离群点对序列的影响, 因此, 检测出序列的离群点是至关重要的.

考虑一个有序序列, 假定 Y_i 表示该序列上第 i 个标记点的强度. Y_i 是由第 i 个标记点的读数 ϑ_i 加上一个随机扰动项 ε_i(称之为残差) 实现的, 即得到如下模型

$$Y_i = \vartheta_i + \varepsilon_i, \quad i = 1, 2, \cdots, n \tag{5-7}$$

其中 ε_i 是独立且服从标准正态分布, n 为给定序列的标记数目. 因为读数数据是通过标记点的位置排序以及由于自身依赖性而具有空间依赖性, 所以任何标记点的读数相互之间是非常接近的.

令 $\vartheta_0 = 0$, 并定义 $\alpha_j = \vartheta_i - \vartheta_{i-1}$, 那么模型 (5-7) 就转变为如下模型:

$$Y_i = \sum_{j}^{i} \alpha_j + \varepsilon_i, \quad i = 1, 2, \cdots, n \tag{5-8}$$

其中 α_j 可解释为第 $(j-1)$ 个和第 j 个标记之间的跃变, 可把模型 (5-8) 调整为

$$Y_i = I^{\mathrm{T}} \alpha^i + \varepsilon_i, \quad i = 1, 2, \cdots, n \tag{5-9}$$

其中 I 是一个 $i \times 1$ 的单位向量, $\alpha^i = (\alpha_1, \alpha_2, \cdots, \alpha_i)^{\mathrm{T}}$, 如果读数没有改变, 则 $\alpha^i = (\vartheta_0, 0, \cdots, 0)^{\mathrm{T}} = \alpha^0$.

实例分析的数据来自于公开数据集 CGH 序列, 本小节对该序列离群点较为明显的部分数据 (命名为 arraydata) 作为原始数据进行分析, 原始序列见图 5-5.

本节在一般删失数据机制下, 分别运用 BISS 方法和 BIBL 方法对有序序列进行变量选择, 所选出的变量对应的下标即为变点位置. 本小节的实例分析仅对原始数据 arraydata 总量的 25%的数据随机产生删失值 (NA), 并且当对含有删失值的数据实施自助法填补时, 采取做 100 次 Bootstrap. 在使用 BISS 方法和 BIBL 方法时, 采用最简单的方法填补删失值, 即找出每一个自助数据集的删失值所对应的原始数据位置前后 5 个数据 (若有删失值则剔除), 在这些数据的最小值与最大值之间产生随机数来填补删失值. 最后通过不同的门限值进行变量选择, 得到序列变点的位置 (表 5-11).

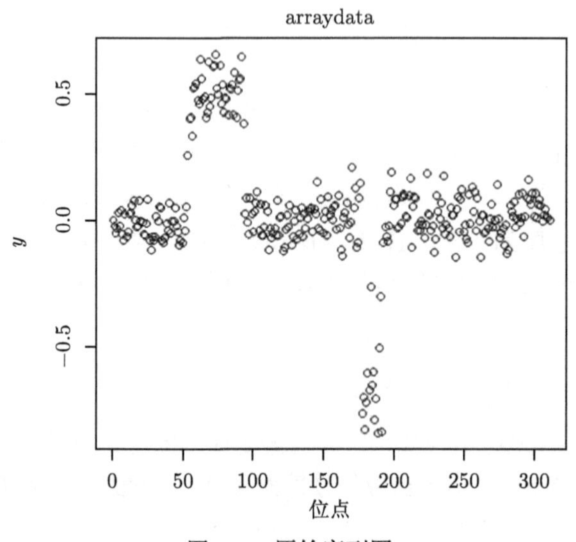

图 5-5　原始序列图

表 5-11　序列变点检测结果

π	BISS	BIBL
0.6	53,54,55,58,63,93,95,178,192,197,198	53,54,61,69,93,95,178,192,197,198
0.7	53,54,55,58,93,95,178,192,197,198	53,54,95,178,192,197,198
0.8	54,58,93,95,178,192,197,198	53,54,178,192,197
0.9	54,178,192	53,54,178

显而易见, 图 5-5 中的原始数据序列的变点位置大概在 50~100 和 170~200 这两个范围. 通过本节提出的 BISS 和 BIBL 方法检测序列变点所得到的结果 (表 5-11) 都在这两个范围之间. BISS 方法在门限值 π 取 0.6~0.8 时, 筛选出的变点的数量每次只减少 1 个, 直到 π 取 0.9 时, 立即缩减到三个变点. 因此, 很容易地发现 BISS 方法在 $\pi = 0.6$ 时的表现更佳, 检测出更多的序列变点位置, 而在 $\pi = 0.9$ 时检测效果最差. 同时, 当 $\pi \in (0.6, 0.8)$ 时, 检测出的变点数受门限值的影响不大. 换言之, 这个方法对门限值不敏感, 这与前面所做的数值模拟结果相同. 相比较而言, BIBL 方法表现不如 BISS 方法, 因为前者在门限值 $\pi \in (0.6, 0.8)$ 时, 检测出的变点数量比后者要少得多. 更加显著的一点是随着门限值的增加, 检测出来的序列变点位置少, 这进一步证实了 BIBL 方法对于不受门限值的影响, 即该方法对不同的门限值依旧相当敏感.

第 6 章　删失分位数自回归模型的填补技术及应用

6.1　研究意义及现状分析

6.1.1　研究的意义

常系数自回归时间序列作为一种常用的时间序列模型, 在过去的几十年中被广泛地研究并应用到各个领域. 近年来, 随着研究的不断深入, 各种随机系数时间序列模型在理论与应用中都表现出了更多的优越性, 因而受到越来越多的关注. 其中一个重要的研究对象就是 Koenker 和 Xiao (2006) 提出的分位数自回归模型 (quantile autoregressvie model, QAR). 通过传统的分位数回归技术, QAR 模型允许自回归模型的系数依赖于分位数函数, 并且允许当前状态的定条件分位数随着时间动态变化. 本质上, QAR 模型把常系数模型推广到变系数的形式, 对模型的诊断和估计给出了一个全新的视角, 是传统时间序列的一个很好的补充. 我们以最简单的自回归时间序列为例, 来阐述研究 "时间序列分位数回归模型" 的重要意义. 考察下述 p 阶常系数自回归序列:

$$y_t = \beta_0 + \beta_1 y_{t-1} + \cdots + \beta_p y_{t-p} + \varepsilon_t \tag{6-1}$$

在给定过去时刻的信息 $\{y_1, \cdots, y_p\}$, y_t 的第 τ 个条件分位数可以写成:

$$Q_{y_t}(\tau|y_{t-1}, \cdots, y_{t-p}) = \beta_0 + \beta_1 y_{t-1} + \cdots + \beta_p y_{t-p} + F^{-1}(\tau) \tag{6-2}$$

其中 F 是误差项 ε_t 的分布函数. 从上述表达式中可以看出, 过去时刻的信息 $\{y_1, \cdots, y_p\}$ 仅仅影响了当前时刻 y_t 条件分位数的位置. 而事实上, 时间序列的动态复杂性远比我们想象得复杂, Koenker (2000) 和 Knight (2006) 在研究墨尔本气候问题中发现, 给定前一天最高气温的条件下, 当天气温的最高值的条件密度函数, 不仅在位置上有变化, 而且在形状上也在不断改变, 甚至呈现出双峰的特性, 这充分说明了过去的信息影响的不仅是当前状态的位置, 还对其尺度和形状有影响, 因此即使通过条件分位数去刻画常系数模型 (6-1), 仍不能捕捉全面的信息. 鉴于诊断和预测的需要, 新的模型应运而生, 将模型 (6-2) 改进为随机系数的分位数自回归模型:

$$Q_{y_t}(\tau|y_{t-1}, \cdots, y_{t-p}) = \beta_0(\tau) + \beta_1(\tau) y_{t-1} + \cdots + \beta_p(\tau) y_{t-p} + F^{-1}(\tau) \tag{6-3}$$

模型 (6-3) 从形式上看, y_t 的条件分位数加载在过去信息 $\{y_1, \cdots, y_p\}$ 的系数不再是常数. 显然, 它比模型 (6-2) 更能全面刻画当前时刻 y_t 的动态性, 揭示了 y_t 满足

$$y_t = \beta_0(U_t) + \beta_1(U_t)y_{t-1} + \cdots + \beta_p(U_t)y_{t-p}, \tag{6-4}$$

其中 U_t 是标准均匀分布随机变量.

模型 (6-3) 是最简单的一种时间序列分位数回归模型, 它对应的模型 (6-4) 可以看作一类特殊的随机系数时间序列, 和一般的随机系数时间序列模型略有区别的是, 模型 (6-4) 的回归系数不是完全独立的, 它们都依赖于随机变量 U_t.

值得一提的是 "时间序列分位回归数模型" 在平稳性的要求上比常系数时间序列更为宽松, 例如模型 (6-4) 在滞后一阶情况下, $y_t = \beta_0(U_t) + \beta_1(U_t)y_{t-1}$, 其平稳性条件等价于 $E\beta_1^2(U_t) < 1$, 这表示即使在某些时刻 $\beta_1(U_t) \geqslant 1$, 从长期来看, 序列的平稳性仍然能保证, 这意味着模型本身允许在某些分位点上出现暂时的非平稳 (也包含单位根现象). 从这个角度而言, 分位数回归技术不仅仅给出了模型系数的条件分位数估计方法, 更可以给时间序列建模提供新的方向, 它是常系数时间序列到随机系数时间序列的一个推广. 因此, 对时间序列分位数回归模型的成立的结论, 自然能适用于一般的常系数时间序列.

随着模型的建立, 需要注意到时间序列测度的局限性, 例如, 测量仪器的测度受限; 我国证券市场对于股价有涨停和跌停的限制, 我们实际能够观测到的数据并不是股价真实的取值; 在生存分析中, 个体虽然存活着, 但是从研究中退出了, 则会导致部分信息缺失. 我们把此类数据的缺失叫作 "删失". 在实际问题中, "删失" 是经常发生的一种现象, 当删失发生时, 比较粗糙的处理方法一是将删失的数据直接删除, 二是直接把观测到的数据替代真实的数据用于统计分析, 而事实上, 这两种简单的处理方法都会带来很大的统计偏差, 特别是当数据量大, 删失比例较高的时候, 寻求无偏而又有效的估计方法是十分有意义的研究工作. 有关删失数据的处理是近二三十年逐渐发展起来一套统计理论, 多数应用在一般的回归模型中. 从删失变量分类来看, 要么是协变量删失, 要么响应变量删失, 也有考虑协变量和响应变量同时删失的情况, 一般会对协变量和响应变量之间的关系作一定的假设. 然而对于时间序列而言, 情况就变得更为复杂. 若当前时刻 y_t 作为响应变量删失, 在下一时刻就会自动作为协变量删失, 而且当时间序列的滞后阶数不断增加的时候, 这种删失会带来的影响会更为长久. 序列在时间上的传递性, 导致序列呈现出自相关的结构, 序列本身也不再是一串独立的随机变量. 时间序列这些特性促使我们寻找新的方法, 而不是简单地将已用的方法拿来借用, 因为已有处理方法, 在模型的假设上就已经不符合我们所要研究的对象.

6.1.2 研究现状分析

时间序列分位数回归模型近几年才开始探索的模型, 在此基础考虑删失数据, 目前还没有相关的研究. 但是对于常系数时间序列在参数化框架下的删失问题, 以及在普通分位数回归模型的删失问题, 还是有一些相关的研究, 下面我们就从这两方面分析国内外的研究现状和动态, 并指出可以借鉴的地方, 和它们的不足之处.

(1) 参数化框架下带删失的常系数时间序列的研究: 参数化的方法基本思想是用似然的方法给出参数估计, 这就需要我们对模型的分布做出一定的假设. 早在 Robinson (2006) 的研究中就提出用删失点的条件期望值作为修补, 其本质是将数据分组, 使得每组只包含一个删失点, 然后求得删失点的条件期望值. 因此, 当观测值中包含了大量连续的删失值时, Robinson (2006) 的方法就不可行了. 之后, Zeger 和 Brookmeyer (1986) 就误差项服从高斯分布的 AR 模型展开研究, 定义了删失数据串的概念, 建议用极大似然估计来修补缺失值, 由于似然函数的复杂性, 估计值用迭代的方法逼近. 但是正如作者自己所评价的那样, 当 AR 模型的滞后阶数增加或者删失比较较高的时候, 他们的方法在计算上会出现很大的问题, 迭代收敛的速度变得非常缓慢. 而且他们提出的方法是针对高斯误差项的模型, 似然函数可以有显式表达, 这样的条件具有很强的约束性. Hopke 等 (2001) 基于贝叶斯方法, 对累积式滑动平均模型中的删失值用多重插补的方法修补, 但是对于模型仍然有多元正态分布的假设, 并且他们的工作对于估计的无偏性和有效性都没有作细致的分析. 此后, Park 等 (2007) 针对高斯误差项的 ARMA 模型提出了删失值插补的方法, 在不给定先验分布的情况下, 通过从删失值的条件分布中抽样, 再运用期望最大值算法 (EM 算法) 对数据进行修补. 由于对于模型具有高斯分布的强假设, 条件分布仍然是多元高斯的, 因此抽样变得可行, 但是当滞后阶数增大时, 抽样的效率同样变得很低.

存在的问题: 上述的方法虽然是针对 (常系数) 时间序列的删失值进行修补, 但都是基于参数化的条件似然的假设, 且都嵌入了较强的条件, 要么对模型本身具有一定的限定, 如必须是高斯误差项的线性时间序列 (这个假设在实际数据分析中往往是不成立的); 要么对删失机制有一定的限定, 比如删失率不能太高, 不能有大量连续的删失位点. 可以说已有的方法不具备一定的普适性.

(2) 分位数回归框架下带删失的普通回归模型的研究: 和上述参数化的方法不同, 另一种可行的修补方案是在分位数框架下进行的, 其优点在于放宽了对模型分布的假设. 目前已有的研究, 都是基于普通的回归模型, 而不是针对时间序列模型. 对于普通的删失回归模型, 其中一些具有代表意义的工作主要有以下三方面. ① 单边删失下: Powell (1984) 首先提出用稳健的 LAD 估计量修补回归模型的删失值, LAD 估计是基于中位数的估计, 可视为一个特殊的分位点, 因此很快在 1986 年, Powell 又将自己前期的工作推广到分位数回归理论, 在固定删失的情况下, 给出了带有删失变量的一般线性回归模型的分位数估计. 在随机删失的机制下, Portnoy (2003) 提出了递归加权估计量去修补缺失数据, 在生存分析研究方面, 可以视为是对 Kaplan-Meier 估计的一个推广. Portnoy 和 Lin (2010) 进一步完善了 Portnoy (2003) 的相关研究, 在响应变量和删失变量条件独立的前提下, 给出了先前提出的算法的渐近性结论. ② 双边删失下: Lin 等 (2012) 考虑了响应变量同时存在双删失的情况, 基于 Portnoy (2003) 研究思路, 提出了一种新的数据修补方法, 其数值模拟结果表明了提出的算法具有自相合性. Ji 等 (2012) 针对生存分析中的 AFT 模型, 构造了鞅序列, 得到了参数估计. 虽然 Lin 等 (2012) 和 Ji 等 (2012) 在计算上较为方便, 但是他们的方法在删失率较高的情况下, 两侧的尾部分位点存在无法估计的可能性. ③ 区间删失下: 对于区间删失的研究, 多见于生存分析, 但基于分位数方法的研究目前几乎没有.

存在的问题: 上述文献的研究工作基于分位数回归的技术, 在半参数或者非参数的框架下给出普通回归模型的删失值修补方案, 但是都不是直接针对时间序列模型的. 它们或者考虑协变量删失, 或者考虑响应变量删失, 对于时间序列同一变量在不同时刻既可以作为协变量又可以作为响应变量删失的数据, 不能简单地平移. 虽然其中有些方法可以稍作改进, 然而, 即便是这样, 仍在存在问题, 例如, 在我们的前期研究中发现, 由于 Powell (1986) 提出的方法中, 优化的目标函数是非凸的, 导致求解的不唯一性, 要通过计算的方法得出相合的估计, 有时候是不可行的, 这样会使得所求的估计值和真实值相距甚远.

可以说, 在不追求估计量的无偏性和统计推断精度的时候, 人们可以简单地假设模型是正态的, 用参数化的似然方法进行推断 (这种方法的计算复杂性是一个难题), 或将一般回归模型的删失数据处理方法简单修改, 得到粗略的估计. 然而, 当人们寻求无偏且有效的估计时, 是无法将已有的方法简单平移到时间序列分位数回归模型中去的.

6.2　带删失的 QAR 模型的填补及其估计

6.2.1　QAR(p) 模型及相关理论简介

考虑如下的 p 阶随机系数模型:

$$y_t = \theta_0(U_t) + \theta_1(U_t)y_{t-1} + \cdots + \theta_p(U_t)y_{t-p}, \tag{6-5}$$

其中, $\theta_j(\cdot)$ 是 $[0,1] \to \mathbf{R}$ 上的待估函数, $\{U_t\}$ 是一列独立同分布于标准均匀分布的随机变量. 显然, 对于任意单调递增的函数 $g(\cdot)$ 和标准均匀分布随机变量 U, $g(U)$ 的 τ 分位数 $Q_{g(U)}(\tau)$ 满足 $Q_{g(U)}(\tau) = g(Q_U(\tau)) = g(\tau)$, 其中 $Q_U(\tau) = \tau$ 是 U 的分位数函数. 如果我们假设 (6-5) 中右边是关于 U_t 单调递增的, 则 y_t 的条件分位数如下所示:

$$Q_{y_t}(\tau|y_{t-1}, \cdots, y_{t-p}) = \theta_0(\tau) + \theta_1(\tau)y_{t-1} + \cdots + \theta_p(\tau)y_{t-p}. \tag{6-6}$$

式 (6-6) 是 p 阶 QAR 模型, 可以写成:

$$Q_{y_t}(\tau|\mathcal{F}_{t-1}) = X_t^{\mathrm{T}}\Theta(\tau), \tag{6-7}$$

其中 $X_t^{\mathrm{T}} = (1, y_{t-1}, \cdots, y_{t-p})$, $\Theta(\tau) = (\theta_0(\tau), \theta_1(\tau), \cdots, \theta_p(\tau))^{\mathrm{T}}$, $\mathcal{F}_{t-1}$ 是由 $\{y_s, s \leqslant t\}$ 生成的 σ 域.

定义 $A_t = \begin{pmatrix} \theta_1(U_t) & \theta_2(U_t) & \cdots & \theta_{p-1}(U_t) & \theta_p(U_t) \\ 1 & 0 & \cdots & 0 & 0 \\ 0 & 1 & \cdots & 0 & 0 \\ \vdots & \vdots & & \vdots & \vdots \\ 0 & 0 & \cdots & 1 & 0 \end{pmatrix}$, 令 $u_t = \theta_0(U_t) - E\theta_0(U_t)$, 且 $\Omega_A = E(A_t \otimes A_t)$. 如果一定的条件满足, 则序列 (6-5) 所定义的 y_t 是协方差平稳的 (详见 Koenker 和 Xiao (2006)).

为了更好地阐述 QAR 模型的统计特性, 下面给出一些常见的条件 (C1~C6):

C1 $\{u_t\}$ 是独立同分布的随机变量, 均值为 0, 其分布函数 F 有连续的密度函数 $f(x)$, 满足 $f(x) > 0$.

C2 Ω_A 的特征根的模是小于 1 的.

C3 记条件分布函数 $\Pr(y_t < x|\mathcal{F}_{t-1})$ 为 F_{t-1}, 相应的条件密度函数为 f_{t-1}, f_{t-1} 一致可积.

C4 $E|u_t|^{\delta} < \infty$ 对任意 $0 < \delta < 1$ 成立.

C5 $\omega_t = g(y_{t-1}, \cdots, y_{t-p})$, $g(x_1, \cdots, x_p)$ 是 $\mathbf{R}^p$ 上的实的正值函数, 满足 $E|\omega_t + \omega_t^2|(||x_t||^2 + ||x_t||^3) < \infty$ (其中 $||\cdot||$ 表示欧几里得范数).

C6 条件密度函数为 $f_{t-1} > 0$ 在 $\mathbf{R}$ 上可微, 且满足 $\sup_{x\in\mathbf{R}} |f'_{t-1}(x)| < \infty$.

模型 (6-7) 的一般分位数回归估计量由下式确定:

$$\hat{\Theta}(\tau) = \underset{\Theta(\tau)\in\mathbf{R}^{p+1}}{\arg\min} \sum_{t=1}^{n} \rho_\tau(y_t - X_t^{\mathrm{T}}\Theta(\tau)), \tag{6-8}$$

其中 $\rho_\tau(x) = x(\tau - I(x < 0))$ 如 Koenker 和 Bassett (1978) 所定义的一样. 给出 $\hat{\Theta}(\tau)$ 以后, y_t 的条件分位数可以写成

$$\hat{Q}_{y_t}(\tau|\mathcal{F}_{t-1}) = X_t^{\mathrm{T}}\hat{\Theta}(\tau). \tag{6-9}$$

由于 QAR 模型提出来的历史不是很长, 相关的研究有一些, 但是基本是在完整数据集下的相关结论. Koenker 和 Xiao (2006) 给出了式 (6-8) 所得估计量的渐近正态性, 得到了如下的定理:

定理 6.1 (Koenker and Xiao, 2006) 如果条件 C1~C3 满足, 并且 $Eu_t^2 < \infty$, 则有

$$(\Omega_1^{-1}\Omega_0\Omega_1^{-1})^{-1/2}\sqrt{n}(\hat{\Theta}(\tau) - \Theta(\tau)) \Rightarrow B_{p+1}(\tau)$$

其中 $\Omega_0 = E(X_t X_t^{\mathrm{T}})$, $\Omega_1 = \dfrac{1}{n}\sum_{t=1}^{n} f_{t-1}(F_{t-1}^{-1}(\tau))X_t X_t^{\mathrm{T}}$, $B_{p+1}(\tau)$ 是 $p+1$ 维标准布朗桥.

注意到上述的定理 6.1 中, 估计量的渐近方差是需要存在的, 然而在应用中, 当数据存在重尾的情况, 协方差和方差可能趋向于无穷, 就会导致上述结果中的渐近方差项不存在, 则估计量的渐近正态性就不再成立. 为了解决这个问题, Yang 和 Zhang (2008) 修改了式 (6-8) 中的目标函数, 提出了用自加权的方法作为权重, 即求解下面的目标函数

$$\tilde{\Theta}(\tau) = \underset{\Theta(\tau)\in\mathbf{R}^{p+1}}{\arg\min} \sum_{t=1}^{n} \omega_t \rho_\tau(y_t - X_t^{\mathrm{T}}\Theta(\tau))$$

其中 ω_t 是 $y_{t-1},\cdots,y_{t-p}$ 的函数. Yang 和 Zhang (2008) 允许模型的误差项具有无穷的方差, 得到了下面的定理 6.2.

定理 6.2 (Yang and Zhang, 2008)　如果条件 C4~C6 满足, 则有

$$(\Sigma_1^{-1}\Sigma_0\Sigma_1^{-1})^{-1/2}\sqrt{n}(\tilde{\Theta}(\tau) - \Theta(\tau)) \Rightarrow B_{p+1}(\tau)$$

其中 $\Sigma_0 = E(\omega_t^2 X_t X_t^{\mathrm{T}})$, $\Sigma_1 = \dfrac{1}{n}\sum_{t=1}^{n} f_{t-1}(F_{t-1}^{-1}(\tau))\omega_t X_t X_t^{\mathrm{T}}$, $B_{p+1}(\tau)$ 是 $p+1$ 维标准布朗桥.

显然在上面的结论中, 如果 τ 是固定值, 那么 $B_{p+1}(\tau)$ 就会变成正态分布 $N(0,\tau(1-\tau)I_{p+1})$, 其中 I_{p+1} 是 $p+1$ 阶单位阵. 当模型的系数退化到常系数时, 上述结论对于无穷方差的常系数自回归模型也任然成立, Yang 和 Zhang (2008) 给出了不少推论.

下面考虑模型 (6-5) 的数据里面存在删失, 不失一般性, 我们假设序列 y_t 存在左删失, 删失水平为 L. 用 $\{Y_t, t=1,\cdots,n\}$ 表示观测到的数据, 显然数据根据观测值可以分成两类, 一类是真实的观测值, 一类是存在删失的观测值. 分别用 T_C 和 T_U 表示删失观测值和未删失观测值的下标, 则 $Y_t = \max(y_t, L)$, 即

$$Y_t = \begin{cases} y_t, & t \in T_U \\ L, & t \in T_C \end{cases} \tag{6-10}$$

我们的目的是要得出删失 QAR 模型的系数估计值. 如果简单地用 $\{Y_t\}$ 代替 $\{y_t\}$ 代入公式 (6-8), 则得到的估计是有偏的. Powell (1986) 用下式得出了一般线性模型的系数估计方法, 借鉴其中的方法, 可以得出, 对于删失的 QAR 模型来说, 等价于优化下式:

$$\underset{\Theta(\tau)\in\mathbf{R}^{p+1}}{\arg\min} \sum_{t=1}^{n} \rho_\tau(y_t - \max(L, X_t^{\mathrm{T}}\Theta(\tau))) \tag{6-11}$$

注意到式 (6-11) 中的目标函数是非凸的, 则可能导致解的不唯一性, 因此难以用计算的方法给出显式解, 因此有必要研究新的适用的方法.

6.2.2 带删失的 QAR 模型的填补方案及其估计

为了在宽泛的条件下, 建立 QAR 模型的估计, 我们提出了非参数的方法, 从条件分位数中对删失点进行填补, 从而避免了给定出具体的分布等条件. 采用非参数方法主要是不需要事先知道模型的真实分布, 特别是在实践分析中, 数据的真实分布是难以获取的, 即使可以通过统计估计的方法给出, 其精确性仍然是个问题. 当数据本身的分布非常复杂时, 其累积分布函数的逆函数更加难以得出. 与之形成对照, 我们提出的方法放宽了这部分的假设, 从而在实践中容易实行.

总的来说, 我们的方法主要在填补的过程中, 采用了数据增广的算法, 主要分为下面两个步骤:

(i) 数据增广: 从观测数据的条件分位数中产生随机样本填补删失值;

(ii) 参数估计: 基于填补数据集更新模型的参数.

上述 (i) (ii) 两个步骤交替迭代, 直至收敛以后得出参数估计的值.

为了更好地说明我们的方法, 下面将以 QAR(1) 模型为例, 来阐述整个填补和估计的过程, 从而可以直接推广到 QAR(p) 过程. 假设序列 $\{y_t\}_{t=1}^n$ 是由一阶随机系数模型 $y_t = \theta_0(U_t) + \theta_1(U_t)y_{t-1}$ 产生, y_t 的 τ 条件分位 $Q_{y_t}(\tau|F_{t-1}) = X_t^{\mathrm{T}}\Theta(\tau)$, 其中 $X_t^{\mathrm{T}} = (1, y_{t-1})$, $\Theta(\tau) = (\theta_0(\tau), \theta_1(\tau))^{\mathrm{T}}$. 假设序列是满足删失水平为 L 的左删失. 序列中, 观测值记作 Y_t, $Y_t = \max(y_t, L)$. 假设 $Y_1 = y_1 > L$ 是未删失的. 考虑到我们的算法中, 有需要迭代的步骤, 记 $\{Y_t^{(0)}\}_{t=1}^n$ 为填补前的数据, 则填补按下面的方式进行:

步骤 1 (初始步骤) 选择一列格点, 代表 K_n 个分位数水平, 令 $\tau_k = k/(1+K_n)$ $(k = 1, 2, \cdots, K_n)$. 从观测数据中产生 K_n 条平行线, 它们的斜率 $\hat{\theta}_1^{(0)}(\tau)$ 是不变的. 为了产生平行线, 我们任取分位数水平 $\tau \in (0,1)$(在数值模拟中, 我们取 $\tau = 0.5$), 用的 (6-13) 式计算得到 $\hat{\theta}_1^{(0)}(\tau)$, 然后就可以得到第 k 条的截距项可以定义为 $Y_t^{(0)} - \hat{\theta}_1(\tau)Y_{t-1}^{(0)}$ 的地 τ_k 分位数.

注 6.1 由于采用数据增广的方法, 需要输入初始值, 上述产生初始值的方法并不是唯一的, 有很多宽泛的可选的方法. 例如我们可以采用 Powell(1986) 的方法:

$$
\begin{aligned}
\hat{\Theta}^{(0)}(\tau_k) &= (\hat{\theta}_0^{(0)}(\tau_k), \hat{\theta}_1^{(0)}(\tau_k))^{\mathrm{T}} \\
&= \mathop{\arg\min}_{(\theta_0(\tau),\theta_1(\tau))} \sum_{t-1\in T_U, t\in T_U\cup T_C} \rho_{\tau_k}(Y_t^{(0)} - (\theta_0(\tau) + \theta_1(\tau)Y_{t-1}^{(0)}))
\end{aligned} \tag{6-12}
$$

或者也可以用 "naive" 的方法:

$$\hat{\Theta}^{(0)}(\tau_k)=(\hat{\theta}_0^{(0)}(\tau_k),\hat{\theta}_1^{(0)}(\tau_k))^{\mathrm{T}}=\underset{(\theta_0(\tau),\theta_1(\tau))}{\arg\min}\sum_{t-1,t\in T_U}\rho_{\tau_k}(Y_t^{(0)}-(\theta_0(\tau)+\theta_1(\tau)Y_{t-1}^{(0)}))\tag{6-13}$$

步骤 2 (数据增广步骤)　对于任意给定的删失点 $Y_t^{(0)}(t\in T_C)$, 其第 τ_k 条件分位数的估计值为

$$\hat{Q}_{Y_t^{(0)}}(\tau_k|Y_{t-1}^{(0)})=(1,Y_{t-1}^{(0)})^{\mathrm{T}}\hat{\Theta}^{(0)}(\tau_k)=\hat{\theta}_0^{(0)}(\tau_k)+\hat{\theta}_1^{(0)}(\tau_k)Y_{t-1}^{(0)}:=\hat{Y}_t^{(0)}(\tau_k).$$

则对 $k=1,2,\cdots,K_n$, 我们有 K_n 个离散的估计值 $\hat{Y}_t^{(0)}(\tau_1),\hat{Y}_t^{(0)}(\tau_2),\cdots,\hat{Y}_t^{(0)}(\tau_{K_n})$. 对任意 τ_j, 如果 $\tau_j<\tau_1$, $\hat{Y}_t^{(0)}(\tau_j)=\hat{Y}_t^{(0)}(\tau_1)$; 如果 $\tau_j<\tau_{K_n}$, $\hat{Y}_t^{(0)}(\tau_j)=\hat{Y}_t^{(0)}(\tau_{K_n})$; 如果 $\tau_j\in(\tau_{k-1},\tau_k)$, $\hat{Y}_t^{(0)}(\tau_j)$ 就用 $\hat{Y}_t^{(0)}(\tau_{k-1})$ 和 $\hat{Y}_t^{(0)}(\tau_k)$ 的线性插值产生. 这样, 对于任意 $u\in(0,1)$, 就定义了一个连续且逐段线性的分位数函数 $\hat{Y}_t^{(0)}(u)$. 接下来, 随机地抽取一个标准的均匀分布随机变量 U, 当 $\hat{Y}_t^{(0)}(U)<L$ 成立时, 则将 $Y_t^{(0)}$ 用 $\hat{Y}_t^{(0)}(U)$ 来填补, 并记作 $Y_t^{(1)}$.

注 6.2　注意到自回归时间序列的数据生成过程允许我们在填补删失数据点的时候, 从左往右进行. 鉴于我们要求第一个观测值 Y_1 是未删失的, 因此填补流程总是始于一个未删失值. 当有连续的序列点都是删失的时, 则我们首先填补第一个删失的位点, 然后将填补以后的新的序列作为下一个删失位点填补的依据, 从而按上述方法计算新的条件分位数, 对下一个删失点进行填补. 对整个序列的一次填补以后, 数据更新了一次, 记作 $\{Y_t^{(1)}\}_{t=1}^n$, 显然

$$Y_t^{(1)}=\begin{cases}Y_t^{(0)}, & t\in T_U\\ \hat{Y}_t^{(0)}(U), & t\in T_C\end{cases}\tag{6-14}$$

步骤 3 (参数估计步骤)　为了更新估计的参数, 将从 $\{Y_t^{(1)}\}_{t=1}^n$ 中随机抽取 $n-1$ 对 Bootstrap 样本 $\{Y_{t-1}^{(\mathrm{boot})},Y_t^{(\mathrm{boot})}\}$(允许重复抽样). 为了表述方便, 简化记号, 我们仍然用 $\{Y_{t-1}^{(1)},Y_t^{(1)}\}_{t=2}^n$ 来表示经过 Bootstrap 抽样以后的样本. 则待估参数可以更新为

$$\hat{\Theta}^{(1)}(\tau_k)=(\hat{\theta}_0^{(1)}(\tau_k),\hat{\theta}_1^{(2)}(\tau_k))^{\mathrm{T}}=\underset{(\theta_0(\tau),\theta_1(\tau))}{\arg\min}\sum_{t=2}^{n}\rho_{\tau_k}(Y_t^{(1)}-(\theta_0(\tau)+\theta_1(\tau)Y_{t-1}^{(1)}))$$

步骤 4 (迭代步骤)　重复步骤二和步骤三 H 次直到参数的估计值收敛. 对于目标 τ, 定义第 h 次迭代以后的参数估计值为

$$\tilde{\Theta}^{(h)}(\tau_k)=\underset{(\theta_0(\tau),\theta_1(\tau))}{\arg\min}\sum_{t=2}^{n}\rho_{\tau_k}(Y_t^{(h)}-(\theta_0(\tau)+\theta_1(\tau)Y_{t-1}^{(h)}))$$

则最终的估计值为

$$\tilde{\Theta}(\tau)\frac{1}{H}\sum_{h=1}^{H}\hat{\Theta}^{(h)}(\tau)$$

6.3 数值模拟

为了更好地理解所建议的方法, 这节当中, 我们将展示有限样本的数值模拟结果, 主要考虑下面两个不同的设定:

场景 I 考虑一阶随机系数自回归模型:

$$y_t = \theta_0(U_t) + \theta_1(U_t)y_{t-1} \tag{6-15}$$

其中 $U_t \sim U[0,1]$, $\theta_0(U_t) = F^{-1}(U_t)$, $\theta_1(U_t) = 0.65 + 0.25U_t$, $F(\cdot)$ 是截断正态分布的分布函数, 截断区间为 $(0,+\infty)$. 对任意 $\tau \in (0,1)$, 回归系数的真值分别为 $\theta_0(\tau) = \Phi^{-1}(0.5\tau + 0.5)$($\Phi$ 是标准正态分布的累积分布函数), $\theta_1(\tau) = 0.65 + 0.25\tau$.

场景 II 考虑二阶随机系数自回归模型:

$$y_t = \theta_0(U_t) + \theta_1(U_t)y_{t-1} + \theta_2(U_t)y_{t-2} \tag{6-16}$$

其中 $U_t \sim U[0,1]$, $\theta_0(U_t) = 0.5U_t$, $\theta_1(U_t) = 0.25U_t$, $F(\cdot)$ 是 $\chi^2(2)$ 的分布函数, 对任意 $\tau \in (0,1)$, 回归系数的真值分别为 $\theta_0(\tau) = F^{-1}(\tau)$, $\theta_1(\tau) = 0.5\tau$, $\theta_2(\tau) = 0.25\tau$.

上述模型中, 所有的数据都服从左删失, 删失率设定在 30%. 对于每个场景, 我们设定样本容量为 $n = 150$, 并计算 $\tau = 0.1, 0.2, 0.3, 0.5, 0.7, 0.9$ 时, 参数的估计值. 为了比较不同方法的有效性, 计算下面三种估计:

(i) 基于完整数据集所得的估计, 记作 QR-Full;

(ii) 基于 Powell (1986) 的方法所得的估计, 记作 QR-Pow;

(iii) 基于本章提出的方法所得的估计, 记作 QR-New.

表 6-1 和表 6-2 给出了不同场景下的比较结果, 我们分别列出了待估参数的真值、基于完整数据集的估计值、基于 Powell (1986) 的方法所得的估计和基于本章提出的方法所得的估计. 本章所提的方法采用了不同的初值, 并且在迭代 100 次以后停止. 用上标 “PowIn”、“NaiIn” 和 “ParIn” 标记由式 (6-12)、式 (6-13) 和平行线方法产生的初值. 表格中的数值是估计值, 括号里的是均方误差 (MSE).

从表 6-1 和表 6-2 中, 我们可以看到, 理想的情形下 (数据完整, 没有删失), 估计值和真值是非常接近的, 并且 MSE 也很小. 当左删失发生时, 低分位点的估计值受影响的程度是明显大于高分位点的估计值. Powell (1986) 方法的平均偏差有时候比本章所提的方法要小, 但是其对应的 MSE 会大于本章所提方法. 对大多数的情形, 无论采用哪种初始值, 本章所提方法的 MSE 总是小于 Powell (1986) 方法下的

表 6-1　场景 I 的比较结果

τ	真值		QR-Full		QR-Pow	
	$\theta_0(\tau)$	$\theta_1(\tau)$	$\hat{\theta}_0^{\text{Full}}(\tau)$	$\hat{\theta}_1^{\text{Full}}(\tau)$	$\hat{\theta}_0^{\text{Pow}}(\tau)$	$\hat{\theta}_1^{\text{Pow}}(\tau)$
0.1	0.126	0.675	0.124 (0.007)	0.677 (0.001)	0.096 (0.097)	0.683 (0.004)
0.2	0.253	0.700	0.274 (0.013)	0.695 (0.001)	0.233 (0.121)	0.702 (0.005)
0.3	0.385	0.725	0.399 (0.017)	0.722 (0.001)	0.449 (0.083)	0.711 (0.004)
0.5	0.674	0.775	0.704 (0.021)	0.768 (0.002)	0.729 (0.080)	0.762 (0.005)
0.7	1.036	0.825	1.076 (0.033)	0.812 (0.003)	0.111 (0.102)	0.084 (0.006)
0.9	1.645	0.875	1.682 (0.048)	0.863 (0.003)	1.707 (0.128)	0.858 (0.007)

τ	QR-new (PowIn)		QR-new(NaiIn)		QR-new(ParIn)	
	$\tilde{\theta}_0^{\text{PowIn}}(\tau)$	$\tilde{\theta}_1^{\text{PowIn}}(\tau)$	$\tilde{\theta}_0^{\text{NaiIn}}(\tau)$	$\tilde{\theta}_1^{\text{NaiIn}}(\tau)$	$\tilde{\theta}_0^{\text{ParIn}}(\tau)$	$\tilde{\theta}_1^{\text{ParIn}}(\tau)$
0.1	0.286 (0.064)	0.646 (0.003)	0.441 (0.147)	0.614 (0.006)	0.314 (0.072)	0.639 (0.003)
0.2	0.328 (0.039)	0.683 (0.002)	0.417 (0.064)	0.666 (0.003)	0.344 (0.039)	0.681 (0.002)
0.3	0.409 (0.029)	0.719 (0.002)	0.042 (0.029)	0.712 (0.002)	0.411 (0.026)	0.719 (0.002)
0.5	0.632 (0.030)	0.781 (0.002)	0.609 (0.029)	0.786 (0.002)	0.629 (0.029)	0.782 (0.002)
0.7	1.069 (0.061)	0.809 (0.003)	1.021 (0.031)	0.821 (0.003)	1.060 (0.034)	0.812 (0.003)
0.9	1.789 (0.081)	0.835 (0.004)	1.713 (0.039)	0.852 (0.003)	1.788 (0.058)	0.838 (0.004)

MSE. 这意味着 Powell (1986) 方法所得的估计值的方差是相对较大的, 在低分位点的情况尤为明显. 特别是自回归的阶数增加以后, 从场景 II 中可以明显看到, Powell (1986) 的方法估计得不准确, 因为估计值不但不随着 τ 单调递增, 而且在 $\tau = 0.1, 0.2$ 时, MSE 非常大. 主要的原因是 Powell (1986) 的方法是通过对一个非凸的目标函数优化求解, 有时候会得到不相合的估计值, 因此在对于有些数据集, 其估计值会偏离真值很远. 而这种很大的偏差会随着自回归阶数的增加一直存在. 相对比下, 本章提出的填补的方法, 即使从不相合的 "PowIn" 初值出发, MSE 的值仍然显著的小得多. 鉴于我们的迭代是只进行 100 次, 事实上, 不相合的初值, 并不会影响最终的结果, 随着迭代次数的增加, 估计值和对应的 MSE 会逐渐收敛到一个稳定的值. 例如在 $\tau = 0.1$ 是, 当迭代的次数增加到 200 次, MSE 变为 1.312, 而继

续增加到 500 次, MSE 下降到 0.379, 并且此后如果继续迭代, 基本稳定在这个值附近. 由此可见, 本章所提出的方法, 是非常灵活的, 因为它不需要从一个相合的初值出发, 这大大减少了方法对初值的依赖性, 从而具有更好的普适性. 当然, 假如我们能找到一个相合的初值, 则会大大缩短迭代的步数, 从而减少计算的时间.

表 6-2 场景 II 的比较结果

τ	真值			QR-Full			QR-Powell		
	$\theta_0(\tau)$	$\theta_1(\tau)$	$\theta_2(\tau)$	$\hat{\theta}_0^{\text{Full}}(\tau)$	$\hat{\theta}_1^{\text{Full}}(\tau)$	$\hat{\theta}_2^{\text{Full}}(\tau)$	$\tilde{\theta}_0^{\text{Pow}}(\tau)$	$\tilde{\theta}_1^{\text{Pow}}(\tau)$	$\tilde{\theta}_2^{\text{Pow}}(\tau)$
0.1	0.211	0.050	0.025	0.234 (0.009)	0.049 (0.001)	0.024 (0.001)	1.126 (202.188)	−1.157 (154.288)	0.059 (0.624)
0.2	0.446	0.100	0.050	0.458 (0.019)	0.103 (0.002)	0.046 (0.002)	−7.217 (820.673)	0.557 (2.050)	−0.206 (0.233)
0.3	0.713	0.150	0.075	0.729 (0.027)	0.147 (0.002)	0.717 (0.003)	−0.026 (5.740)	0.199 (0.066)	0.072 (0.119)
0.5	1.386	0.250	0.125	1.416 (0.059)	0.245 (0.004)	0.122 (0.004)	1.527 (0.383)	0.234 (0.009)	0.114 (0.012)
0.7	2.408	0.350	0.175	2.407 (0.123)	0.345 (0.007)	0.172 (0.007)	2.507 (0.544)	0.339 (0.015)	0.159 (0.015)
0.9	4.605	0.450	0.225	4.643 (0.312)	0.439 (0.017)	0.223 (0.013)	4.784 (1.208)	0.436 (0.038)	0.198 (0.029)
τ	QR-new (PowIn)			QR-new(NaiIn)			QR-new(ParIn)		
	$\tilde{\theta}_0^{\text{PowIn}}(\tau)$	$\tilde{\theta}_1^{\text{PowIn}}(\tau)$	$\tilde{\theta}_2^{\text{PowIn}}(\tau)$	$\tilde{\theta}_0^{\text{NaiIn}}(\tau)$	$\tilde{\theta}_1^{\text{NaiIn}}(\tau)$	$\tilde{\theta}_2^{\text{NaiIn}}(\tau)$	$\tilde{\theta}_0^{\text{ParIn}}(\tau)$	$\tilde{\theta}_1^{\text{ParIn}}(\tau)$	$\tilde{\theta}_2^{\text{ParIn}}(\tau)$
0.1	−0.291 (5.137)	0.065 (0.005)	0.040 (0.003)	1.195 (0.994)	0.008 (0.002)	0.004 (0.001)	0.557 (0.216)	0.050 (0.001)	0.029 (0.001)
0.2	0.459 (0.119)	0.092 (0.003)	0.050 (0.002)	1.160 (0.539)	0.029 (0.006)	0.013 (0.002)	0.639 (0.104)	0.084 (0.002)	0.044 (0.001)
0.3	0.762 (0.043)	0.142 (0.003)	0.071 (0.003)	1.014 (0.119)	0.116 (0.003)	0.049 (0.002)	0.743 (0.041)	0.147 (0.003)	0.072 (0.002)
0.5	1.531 (0.076)	0.237 (0.004)	0.119 (0.004)	1.253 (0.084)	0.266 (0.005)	0.132 (0.004)	1.356 (0.053)	0.254 (0.004)	0.125 (0.004)
0.7	2.508 (0.166)	0.329 (0.007)	0.164 (0.006)	2.221 (0.170)	0.369 (0.008)	0.181 (0.007)	2.358 (0.110)	0.354 (0.006)	0.172 (0.006)
0.9	4.768 (0.368)	0.423 (0.014)	0.213 (0.012)	4.386 (0.374)	0.474 (0.018)	0.229 (0.014)	4.555 (0.291)	0.458 (0.016)	0.220 (0.012)

进一步, 我们定义一个 MSE 比值, 用本章所提方法得到的 MSE 除以 Powell (1986) 方法所得的 MSE, 这个比值越小, 说明我们的方法效率越高. 表 6-3 和表 6-4 是两种场景下的 MSE 比值. 为了呈现一个更清晰的对比, 我们列出了不同分位点下的平均偏差和 MSE 比值. 从表 6-3 和表 6-4 可以看到, 我们的方法总体上是优于 Powell (1986) 的方法. 只有在场景 I, $\tau = 0.1$ 用 "NaiIn" 初值时, 表现逊于 Powell (1986) 的方法. 公平地说, 对于场景 I, Powell (1986) 的方法表现稍好, 但是本章提出的方法更有效主要归因于在不同的数据集中, 我们的估计值的变化比较小, 从而显得比较稳定. 而场景 II 中, 由于自回归的滞后阶数增加到 2 以后, 当删失发生时, Powell (1986) 的方法会引起估计值有较大的变化, 而我们的方法能消除这种不稳定

性. 无论迭代过程中采用什么样的初值, 我们的方法基本上都要比 Powell (1986) 的方法更有效, 特别是在低分位点上的表现.

表 6-3　场景 I 的平均相对偏差及相对估计效率 (不同方法所得估计的 MSE 与 Powell (1986) 方法所得估计的 MSE 之比)

τ	方法	平均相对偏差		相对估计效率	
		$\theta_0(\tau)$	$\theta_1(\tau)$	$\theta_0(\tau)$	$\theta_1(\tau)$
0.1	QR-Full	−0.001	0.008	0.071	0.139
	QR-new (PowIn)	0.163	−0.029	0.659	0.647
	QR-new (NaiIn)	0.316	−0.061	1.525	1.486
	QR-new (ParIn)	0.189	−0.036	0.746	0.744
0.2	QR-Full	0.021	0.002	0.106	0.202
	QR-new (PowIn)	0.074	−0.017	0.319	0.393
	QR-new (NaiIn)	0.164	−0.034	0.530	0.614
	QR-new (ParIn)	0.090	−0.019	0.319	0.410
0.3	QR-Full	0.014	−0.014	0.208	0.332
	QR-new (PowIn)	0.024	−0.006	0.345	0.421
	QR-new (NaiIn)	0.056	−0.013	0.356	0.441
	QR-new (ParIn)	0.025	−0.006	0.314	0.396
0.5	QR-Full	0.029	−0.013	0.266	0.397
	QR-new (PowIn)	−0.042	0.006	0.371	0.476
	QR-new (NaiIn)	−0.066	0.011	0.371	0.470
	QR-new (ParIn)	−0.046	0.007	0.369	0.469
0.7	QR-Full	0.040	−0.021	0.322	0.477
	QR-new (PowIn)	0.034	−0.015	0.369	0.517
	QR-new (NaiIn)	−0.016	−0.004	0.304	0.423
	QR-new (ParIn)	0.024	−0.013	0.322	0.477
0.9	QR-Full	0.037	−0.017	0.374	0.457
	QR-new (PowIn)	0.145	−0.040	0.480	0.602
	QR-new (NaiIn)	0.068	−0.023	0.309	0.406
	QR-new (ParIn)	0.133	−0.037	0.454	0.569

同时还可以注意到, 在高分位点上, 我们的采用的方法所得到的估计值, 可以达到理想的效率, 即本章方法所得的估计值的 MSE 和完整数据集下的 MSE 相比, 比值和 1 没有明显的差别. 这样的结论也是合理的, 因为我们的设定是左删失, 删失率为 30%, 因此主要受影响的将是低分位点. 而我们在采用数据增广的填补方法是, 我们估计了一系列格点上的条件分位数, 再通过线性插值的方法来增广数据, 并在此基础上更新了待估参数, 从这个视角, 它能解决 Powell (1986) 的方法的不稳定性, 从而获取更多的效率.

表 6-4 场景 II 的平均相对偏差及相对估计效率 (不同方法所得估计的 MSE 与 Powell (1986) 方法所得估计的 MSE 之比)

τ	方法	平均相对偏差			相对估计效率		
		$\theta_0(\tau)$	$\theta_1(\tau)$	$\theta_2(\tau)$	$\theta_0(\tau)$	$\theta_1(\tau)$	$\theta_2(\tau)$
0.1	QR-Full	0.023	4.093e−04	−0.001	4.337e−05	5.927e−06	0.001
	QR-new (PowIn)	−0.502	0.012	0.014	0.025	1.864e−05	0.005
	QR-new (NaiIn)	0.984	−0.042	−0.021	0.005	1.185e−05	0.008
	QR-new (ParIn)	0.346	4.697e−04	0.004	0.001	7.381e−06	0.001
0.2	QR-Full	0.013	0.003	−0.003	2.305e−05	0.001	3.595e−04
	QR-new (PowIn)	0.024	−0.008	−0.001	1.415e−04	0.001	4.340e−04
	QR-new (NaiIn)	0.714	−0.071	−0.037	0.001	0.003	4.034e−04
	QR-new (ParIn)	0.193	−0.015	−0.006	1.236e−04	0.001	3.009e−04
0.3	QR-Full	0.019	−0.003	−0.003	0.005	0.039	0.009
	QR-new (PowIn)	0.049	−0.009	−0.004	0.007	0.042	0.009
	QR-new (NaiIn)	0.301	−0.034	−0.025	0.021	0.051	0.008
	QR-new (ParIn)	0.029	−0.003	−0.003	0.007	0.041	0.008
0.5	QR-Full	0.032	−0.006	−0.002	0.155	0.471	0.372
	QR-new (PowIn)	0.075	−0.014	−0.007	0.195	0.500	0.296
	QR-new (NaiIn)	−0.133	0.016	0.007	0.221	0.501	0.366
	QR-new (ParIn)	−0.031	0.004	1.404e−04	0.136	0.410	0.328
0.7	QR-Full	4.844e−04	−0.005	−0.002	0.232	0.456	0.426
	QR-new (PowIn)	0.010	−0.023	−0.011	0.294	0.491	0.389
	QR-new (NaiIn)	−0.187	0.019	0.006	0.300	0.502	0.428
	QR-new (ParIn)	−0.049	0.004	−0.003	0.194	0.395	0.391
0.9	QR-Full	0.036	−0.010	−0.002	0.265	0.464	0.476
	QR-new (PowIn)	0.163	−0.031	−0.015	0.309	0.386	0.423
	QR-new (NaiIn)	−0.219	0.024	0.005	0.314	0.485	0.482
	QR-new (ParIn)	−0.051	0.008	−0.005	0.244	0.424	0.420

6.4 在大气时间序列数据中的应用

本节将模型和方法应用于大气时间序列：云幂高度数据. 云幂高度是度量云相对于地面的高度, 是飞行安全体系中一个很重要的指标, 由 METAR (METeorological Aviation Report) 给出的报告数据, 主要用于世界范围内飞行员的飞行计划. 云幂高度的精准报告是非常重要的一项研究内容, 因为不利的云幂高度会引发飞行中天气相关的事故. 然而, 云幂高度的测量常常受到测量设备的限制, 从而过高的云幂高度数据往往得不到, 这属于一种右删失的数据. 这节用的数据是美国旧金山地区 1989 年 3 月的每小时云幂高度测量数据, 数据由美国国家大气研究中心搜集. 我们有 744 条观测记录, 观测值除以 100 以后再取对数保存. 仪器测量的极限是 5.39 (对应原始值是 22000 英尺), 其中有 260 个数据存在右删失, 因此删失率接近 35%.

首先我们对时间序列进行建模, 通过自相关函数 ACF 和偏自相关函数 PACF 的计算, 可以定阶为 QAR(1) 模型. 为了比较不同方法的稳定性, 我们从原始数据中生成了 20 条子序列. 首先用了前 60% 的数据生成第一条子序列, 然后用一个固定的窗宽像后滑动, 直到最后一条序列的刚好碰到原始数据的最后一个值. 对这 20 条子序列, 我们用了文献 (Powell, 1986; Portnoy, 2003) 和本章所提出的方法. 由于数据是右删失的, 因此我们将关注点放在高分位点上. Portnoy (2003) 的方法在估计上具有局限性, 对于有些目标分位数, 无法给出估计值. 对于这 20 条子序列, Portnoy (2003) 的方法能给出的估计在最高的分位点为 $\tau = 0.84$. 图 6-1 给出了 20 条子序列所得的估计值的截距和斜率的箱线图, 图中显示了 $\tau = 0.8, 0.84$ 时三种方法的箱线图, 以及在 $\tau = 0.9$ 时 Powell (1986) 和本章所提出的方法的箱线图.

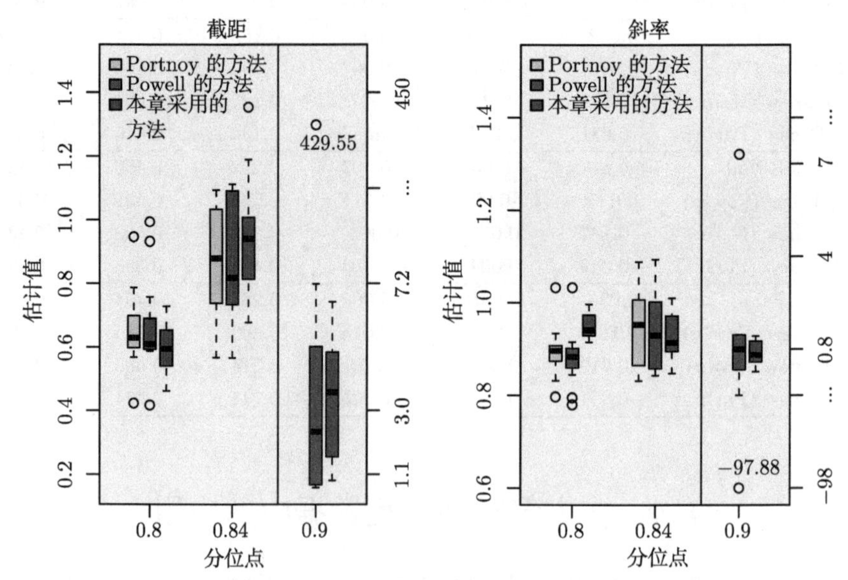

图 6-1　云幂数据 20 条子序列的截距项和斜率的估计值箱线图

(彩图请扫封底二维码)

从图 6-1 中可以看到, 我们所提出的方法, 估计值的变动明显小于其他两种方法. 当 $\tau = 0.8$, Powell (1986) 和 Portnoy (2003) 的方法都存在异常值, 当 $\tau = 0.9$ 时, 由于较高的删失率, Portnoy (2003) 不能给出估计值, 而在 Powell (1986) 方法下, 估计值有明显的异常值. 这样的结果表明, 而在 Powell (1986) 框架下, 其求解的算法不是总能给出相合估计, 这和我们在数值模拟中的分析是一致的. 而我们所提的方法不是直接求解, 而是对删失数据先进行填补, 因此表现更为稳定.

此外我们将进一步来探讨被估的条件分位数. 为了进行比较, 我们对原始数据设置几个不同的人工删失水平 L. 在 $y_{t-1}=3.5, 4, 4.5, 5.39$ 时, 在不同的 L 下求解 0.9 分位数 $Q_{0.9}(y_t|y_{t-1})$, 图 6-2 展示了这个比较结果. 从图 6-2 可见, 对于固定的 y_{t-1}, $Q_{0.9}(y_t|y_{t-1})$ 随着 L 有不同的变化, 并且表现出了相同的变化结构: 删失水平 L 越低, $Q_{0.9}(y_t|y_{t-1})$ 的估计值越小. 我们知道原始数据的真实删失值为 $L=5.39$, 当数据中加入了人工的删失水平时, 我们期待估计值能越接近于真实的删失水平 5.39. 然而图 6-2 表明, 随着删失率增加 (人工删失水平 L 值越小, 删失率越高), Powell (1986) 方法所得到的估计值, 迅速降低.

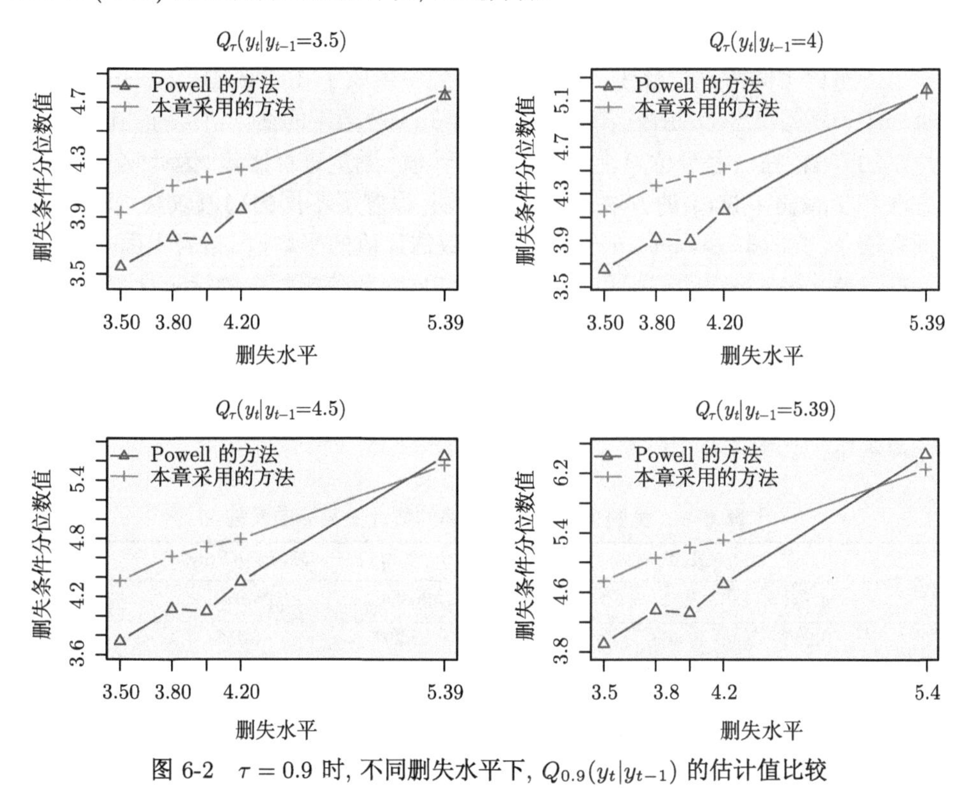

图 6-2　$\tau=0.9$ 时, 不同删失水平下, $Q_{0.9}(y_t|y_{t-1})$ 的估计值比较

6.5　在经济时间序列数据中的应用

本节将模型和方法应用于经济时间序列: 美国失业率数据. 这个数据曾被用于 Koenker 和 Xiao (2006) 的研究中, 并且已经证明了序列具有动态不对称性, 因此用随机系数自回归模型去建模是合理的. Koenker 和 Xiao (2006) 指出, 许多关于失

业率的研究表明失业率对于经济的扩张和紧缩具有不对称的影响, 而这种不对称的影响对经济政策的制定有这重要的意义, 因此对数据的深入分析是十分有必要的.

数据是 1948 年到 2003 年的季度失业率值, 一共有 224 个观测值. 单位根检验表明数据是平稳的. 我们用 AIC 准则来确定自回归模型的滞后阶数, 这个定阶的结果和 Koenker 和 Xiao (2006) 的结果是一致的 (他们采用的是 BIC 准则), 因此我们对数据建立下面的 QAR(2) 动态模型:

$$y_t = \theta_0(U_t) + \theta_1(U_t)y_{t-1} + \theta_2(U_t)y_{t-2}$$

由于数据本身是完整的, 为了讨论在删失时候的估计方法, 我们取删失水平 L 为原始序列的第 0.2 分位数, 小于 L 的所有观测值, 改为 L, 这样得到了一列删失序列.

为了对比不同方法的优劣, 我们删失序列中生成了 100 条 Bootstrap 子序列, 对每一条子序列拟合 QAR(2) 模型, 得出在不同分位数下的估计值. 考虑到 Portnoy (2003) 的方法, 在一些分位点上不能给出估计值, 无从进行比较, 因此这里将我们的方法和 Powell (1986) 的方法进行对比, 并且设置了不同的初值取法. 表 6-5 是不同方法下, 100 条 Bootstrap 子序列的系数估计值的平均值, 括号里面是估计量的标准误差. 表中符合的下标和上标的含义和本章数值模拟中的标记含义一样. 从表 6-5 中可以看到, 当采用不同的方法时, 所得到的估计值差别不大, 但是采用本章所提方法的估计的标准误差, 即使我们采用不相合的 “NaiIn” 初值, 以及比 “NaiIn” 更不合理的 “ParIn” 初值, 得到的结果也要显比 Powell (1986) 的方法得到的标准误差来得小.

表 6-5　美国失业率数据建模的估计值及标准误差

τ	QR-Pow			QR-new(PowIn)		
	$\hat{\theta}_0(\tau)$	$\hat{\theta}_1(\tau)$	$\hat{\theta}_2(\tau)$	$\hat{\theta}_0^{\mathrm{PowIn}}(\tau)$	$\hat{\theta}_1^{\mathrm{PowIn}}(\tau)$	$\hat{\theta}_2^{\mathrm{PowIn}}(\tau)$
0.1	0.265	1.463	−0.556	0.297	1.457	−0.557
	(0.025)	(0.029)	(0.033)	(0.030)	(0.025)	(0.027)
0.2	0.317	1.471	−0.560	0.255	1.466	−0.544
	(0.069)	(0.034)	(0.031)	(0.031)	(0.019)	(0.017)
0.3	0.252	1.475	−0.543	0.203	1.463	−0.523
	(0.055)	(0.016)	(0.019)	(0.026)	(0.016)	(0.014)
0.5	0.142	1.488	−0.520	0.163	1.501	−0.536
	(0.053)	(0.028)	(0.028)	(0.038)	(0.022)	(0.021)
0.7	0.299	1.665	−0.698	0.336	1.632	−0.673
	(0.063)	(0.019)	(0.017)	(0.048)	(0.017)	(0.017)
0.9	0.535	1.767	−0.803	0.560	1.782	−0.822
	(0.066)	(0.037)	(0.033)	(0.044)	(0.037)	(0.035)

续表

τ	QR-new(NaiIn)			QR-new(ParIn)		
	$\tilde{\theta}_0^{\text{NaiIn}}(\tau)$	$\tilde{\theta}_1^{\text{NaiIn}}(\tau)$	$\tilde{\theta}_2^{\text{NaiIn}}(\tau)$	$\tilde{\theta}_0^{\text{ParIn}}(\tau)$	$\tilde{\theta}_1^{\text{ParIn}}(\tau)$	$\tilde{\theta}_2^{\text{ParIn}}(\tau)$
0.1	0.298	1.459	−0.559	0.298	1.461	−0.561
	(0.032)	(0.025)	(0.028)	(0.032)	(0.023)	(0.025)
0.2	0.254	1.468	−0.546	0.254	1.469	−0.547
	(0.032)	(0.019)	(0.020)	(0.030)	(0.018)	(0.018)
0.3	0.199	1.465	−0.524	0.197	1.467	−0.526
	(0.037)	(0.016)	(0.016)	(0.036)	(0.015)	(0.014)
0.5	0.161	1.502	−0.537	0.161	1.504	−0.539
	(0.041)	(0.022)	(0.022)	(0.042)	(0.020)	(0.021)
0.7	0.338	1.633	−0.672	0.336	1.633	−0.672
	(0.049)	(0.018)	(0.017)	(0.051)	(0.017)	(0.016)
0.9	0.561	1.786	−0.826	0.563	1.787	−0.872
	(0.048)	(0.038)	(0.035)	(0.048)	(0.038)	(0.036)

参考文献

蔡超, 王艳明. 2013. 库兹涅茨曲线在中国的适用性研究——基于分位数回归的方法[J]. 江西财经大学学报, (3): 54-62.

蔡鹏, 高启兵. 2006. 广义线性模型中的变量选择[J]. 中国科学技术大学学报, 36(9): 927-931.

曹源芳, 蔡则祥. 2006. 证券业的系统性风险真的比银行业高吗?——来自中国上市公司股票收益率的证据[J]. 经济问题, (10): 58-63.

柴根象, 洪圣岩. 1995. 半参数回归模型[M]. 合肥: 安徽教育出版社.

陈放. 2008. 右删失数据下非线性回归模型的经验似然推断[D]. 北京: 北京工业大学.

陈建宝, 丁军军. 2008. 分位数回归技术综述[J]. 统计与信息论坛, 23(3): 89-96.

陈娟, 林龙, 叶阿忠. 2008. 基于分位数回归的中国居民消费研究[J]. 数量经济技术经济研究, (2): 16-27.

陈希孺. 1992a. 变点统计分析简介 (I)[J]. 数理统计与管理, 10(1): 55-58.

陈希孺. 1992b. 变点统计分析简介 (II)[J]. 数理统计与管理, 10(2): 52-59.

陈希孺. 1992c. 变点统计分析简介 (III)[J]. 数理统计与管理, 10(3): 52-59.

陈希孺. 1992d. 变点统计分析简介 (IV)[J]. 数理统计与管理, 10(4): 54-58.

丁先文, 陈建东, 朱小芹. 2018. 带有缺失数据的分位数回归模型的参数估计[J]. 统计与决策, (6): 1002-6487.

樊亚莉, 徐群芳. 2013. 稳健的变量选择方法及其应用[J]. 上海理工大学学报, 35(3): 256-260.

范小云, 王道平, 方意. 2011. 我国金融机构的系统性风险贡献测度与监管——基于边际风险贡献与杠杆率的研究[J]. 南开经济研究, (4): 3-20.

高国华, 潘丽英. 2011. 银行系统性风险度量——基于动态 CoVaR 方法的分析[J]. 上海交通大学学报, (12): 1753-1759.

高少龙. 2014. 几种变量选择方法的模拟研究和实证分析[D]. 济南: 山东大学.

顾莉洁. 2015. 函数型数据与高维数据的同时置信带方法[D]. 苏州: 苏州大学.

韩开山. 2011. 自回归系数的 Bootstrap 检验[J]. 科技创新导报, 13: 1, 3.

何春. 2013. 中国证券市场风险价值研究——基于分位数回归的 VaR 和 CAVaR 的研究[D]. 杭州: 浙江工商大学.

姜爱宇. 2012. 部分线性模型在股票价格预测中的应用研究[D]. 大连: 辽宁师范大学.

姜成飞. 2013. 分位数回归方法综述[J]. 科技信息, (25): 185, 240.

金勇进. 2001. 缺失数据的加权调整 (系列之Ⅳ)[J]. 数理统计与管理, (5): 61-64.

金勇进. 2009. 缺失数据的统计处理[M]. 北京: 中国统计出版社.

李春林, 高玉鹏, 李圣瑜. 2017. 不完全数据多重插补的 Bootstrap 方差估计[J]. 统计与决策, (18): 74-76.

李锋, 盖玉洁, 卢一强. 2014. 测量误差模型的自适应 LASSO 变量选择方法研究[J]. 中国科学: 数学, 44(9): 983-1006.
李锋, 卢一强, 李高荣. 2012. 部分线性模型的 Adaptive LASSO 变量选择[J]. 应用概率统计, 28(6): 614-624.
李翰芳, 罗幼喜, 田茂再. 2013. 面板数据的贝叶斯 LASSO 分位回归方法[J]. 数量经济技术经济研究, 30(2): 138-149.
李立宁. 2010. 基于经验似然的删失线性模型的统计诊断[D]. 南京: 东南大学.
李璐. 2012. 基于 R 语言的缺失值填补方法[J]. 统计与决策, (17): 72-74.
李乃医, 李永明, 韦盛学. 2015. 缺失数据下非线性分位数回归模型的光滑经验似然推断[J]. 统计与决策, (1): 97-99.
李强, 王黎明. 2015. 基于 LASSO 方法的结构突变理论研究综述[J]. 江西师范大学学报: 自然科学版, (2): 189-193.
李圣瑜. 2015. 调查数据缺失值的多重插补研究[D]. 石家庄: 河北经贸大学.
李树威. 2014. 不完全数据的处理方法及其在医学研究中的应用[D]. 重庆: 重庆医科大学.
李志辉, 樊莉. 2011. 中国商业银行系统性风险溢价实证研究[J]. 当代经济科学, 6: 13-20.
刘长虹, 姜凯华, 罗军, 鞠鹏翔. 2011. 基于拒绝抽样法的可靠度计算方法 [C]. 第 20 届全国结构工程学术会议论文集.
刘惠篮. 2017. 基于复合分位数回归方法的统计模型的相关研究[D]. 重庆: 重庆大学.
刘强, 刘黎明. 2011. 带有删失数据的线性 EV 模型的统计推断[C]. 北京: 北京市第十六次统计科学讨论会.
刘睿智, 杜溦. 2012. 基于 LASSO 变量选择方法的投资组合及实证分析[J]. 经济问题, (9): 103-107.
吕亚召. 2013. 含指标项半参数回归模型的分位数回归与变量选择[D]. 上海: 华东师范大学.
吕亚召, 张日权, 赵为华, 等. 2014. 部分线性单指标模型的复合分位数回归及变量选择[J]. 中国科学: 数学, 44(12): 1299-1322.
罗玉波. 2009. 分位数回归模型及其应用 [M]. 北京: 知识产权出版社.
毛菁, 罗猛. 2011. 银行业与证券业间风险外溢效应研究——基于 CoVaR 模型的分析[J]. 新金融, (5): 27-31.
茅群霞, 李晓松. 2005. 多重填补法 Markov Chain Monte Carlo 模型在有缺失值的妇幼卫生纵向数据中的应用[J]. 四川大学学报: 医学版, 36(3): 422-425.
蒙家富, 张日权. 2008. 删失数据下部分线性模型的估计及渐近正态性[J]. 广西工学院学报, 19(4): 58-61.
庞新生. 2005. 多重插补处理缺失数据方法的理论基础探析[J]. 统计与决策, (4): 12-14.
庞新生. 2013. 多重插补方法与应用研究[M]. 北京: 经济科学出版社.
乔珠峰, 田凤占, 黄厚宽, 等. 2006. 缺失数据处理方法的比较研究[C]. 第一届 Agent 理论与应用学术会议. 171-175.
秦更生. 1995. 随机删失场合部分线性模型中的核光滑方法[J]. 数学年刊: A 辑 (中文版), (4): 441-453.
曲婷, 王静. 2012. 基于 Lasso 方法的平衡纵向数据模型变量选择[J]. 黑龙江大学自然科学学报, 29(6): 715-722, 726.
尚华, 冯牧, 张贝贝, 等. 2015. 基于 Bayesian Lasso 方法的变量选择和异常值检测[J]. 计算机应用研究, 32(12): 3586-3589.
邵佳弋. 2019. 数据挖掘在土木工程中的应用——岭回归算法预测混凝土抗压强度[J]. 通讯世界, 26(5): 248-249.
石丽. 2012. 多重插补在成分数据缺失值补全中的应用[D]. 太原: 山西大学.
苏瑜, 万宇艳. 2009. 分位数回归的思想与简单应用[J]. 统计教育, (10): 58-61.
孙志猛, 马景义, 苏治. 2014. 随机右删失数据下半参数线性变换模型的经验似然推断[J]. 数学进展, 43(4): 625-639.
谭智平, 缪柏其. 2000. 关于分布变点问题的非参数统计推断[J]. 中国科学技术大学学报, (3): 21-28.
王康宁. 2016. 几类高维复杂数据半参数模型的结构识别、变量选择及稳健估计[D]. 济南: 山东大学.
王黎明. 2007. 三种变点问题理论及其应用[J]. 泰山学院学报, 29(6): 1-4.
王黎明, 王静龙. 2002. 位置参数变点的非参数检验及其渐近性质[J]. 数学年刊: A 辑, 23(2): 229-234.
王启华. 2004. 经验似然统计推断方法发展综述[J]. 数学进展, 33(2): 141-151.
王淑君. 2016. 带有删失数据的分位数回归模型的经验似然推断[D]. 长沙: 湖南师范大学.
王树云, 宋云胜. 2010. 线性模型下基于 AIC 准则的 Bayes 变量选择[J]. 山东大学学报: 理学版, 45(6): 43-45.
王新宇, 宋学锋. 2009. 基于贝叶斯分位数回归的市场风险测度模型与应用[J]. 系统管理学报, 18: 40-48.
王秀丽, 盖玉洁, 林路. 2011. 协变量缺失下线性模型中参数的经验似然推断[J]. 山东大学学报 (理学版), 46(1): 92-96.
王秀丽, 张淑霞. 2016. 协变量缺失下非线性分位数回归中参数的经验似然推断[J]. 统计与决策, (17): 15-17.
韦学盛. 2005. ϕ-混合样本下分位数回归模型回归系数的经验似然置信区域[D]. 桂林: 广西师范大学.
韦学盛. 2008. 删失分位数回归模型的经验似然置信区域[J]. 玉林师范学院学报, 29(5): 5-7.
魏龙. 2011. A、B 股之间的风险溢出效应分析——基于 CoVaR 方法的实证研究[J]. 中南财经政法大学研究生学报, (4): 84-90.
吴博闻. 2015. 删失数据下部分线性变系数模型的分位数回归[D]. 大连: 大连理工大学.
谢福座. 2010. 基于 CoVaR 方法的金融风险溢出效应研究[J]. 金融发展研究, (6): 59-63.
谢福座. 2010. 基于 GARCH-Copula-CoVaR 模型的风险溢出测度研究[J]. 金融发展研究, (12): 12-16.
薛芳. 2015. 组 Lasso 模型及坐标下降算法研究[D]. 秦皇岛: 燕山大学.
薛留根. 2012. 现代统计模型[M]. 北京: 科学出版社.
杨丽娟, 马云艳. 2016. 基于 Lasso 类方法在时间序列变量选择中的应用[J]. 鲁东大学学报

(自然科学版), 32(1): 14-18, 97-98.
杨凌霞. 2014. 复杂数据下半参数模型的统计估计和变量选择[D]. 北京: 北京化工大学.
杨凌霞, 黄彬. 2014. 因变量缺失下变系数部分线性测量误差模型的变量选择[J]. 数学的实践与认识, 44(16): 122-128.
杨维珍, 赵培信. 2010. 缺失数据下部分线性模型的变量选择[J]. 统计与决策, (23): 166-167.
杨秀娟. 2013. 半参数模型中非参数分量的同时置信带[D]. 北京: 北京工业大学.
杨宜平. 2011. 协变量随机缺失下线性模型的经验似然推断及其应用[J]. 数理统计与管理, 30(4): 655-663.
杨宜平, 薛留根, 程维虎. 2012. 删失数据下单指标模型的经验似然推断[J]. 数学物理学报, 32(2): 297-311.
银利. 2014. 部分线性模型及其应用[D]. 重庆: 重庆理工大学.
袁晓惠, 鞠婷婷. 2017. 协变量缺失下变系数模型基于经验似然的加权分位数回归[J]. 吉林大学学报 (理学版), 55(2): 281-288.
张锦丽. 2007. 关于经验似然方法的一些研究[D]. 杭州: 浙江大学.
张连君. 2015. 删失分位数回归的光滑化算法[D]. 北京: 北京交通大学.
张琳琳. 2010. 多重插补在区间删失型数据中的应用[D]. 上海: 华东师范大学.
张伟, 冯萍, 袁佳英, 等. 2012. 缺失数据处理方法的研究进展[J]. 中国医院统计, 19(4): 301-304.
张学新. 2016. 失拟检验在社会物流总额函数的应用[J]. 统计与决策, (22): 73-76.
章婷婷. 2015. 删失数据下加速失效模型研究[D]. 南昌: 江西师范大学.
赵培信. 2009. 带有缺失数据线性回归模型的变量选择[J]. 河池学院学报, 29(2): 1-4.
赵培信. 2013. 广义变系数模型的 B 样条估计及 R 软件实现[J]. 经济研究导刊, (1): 231-233.
赵为华. 2013. 变系数模型变量选择的稳健方法[D]. 上海: 华东师范大学.
周涛. 2016. 基于部分线性模型的可燃物含水率预测模型[D]. 哈尔滨: 东北林业大学.
周婉枝, 陈宇丹. 1995. 基于 C_p 统计量的自变量选择原则[J]. 广西科学, 2(4): 17-18, 68.
周小双. 2013. 若干复杂数据模型的经验似然和复合推断方法[D]. 济南: 山东大学.
朱元倩, 苗雨峰. 2012. 关于系统性风险度量和预警的模型综述[J]. 国际金融研究. (1): 79-88.
Aalen O. 1978. Nonparametric inference for a family of counting processes[J]. The Annals of Statistics, 6: 701-726.
Acharya V, Pedersen L H, Philippon T, et al. 2010. Measuring systemic risk[J]. Social Science Electronic Publishing, 29: 85-119.
Adrian T, Brunnermeier M K. 2016. CoVaR[J]. Staff Reports, 106(7): 1705-1741.
Alhamzawi R, Yu K M, Benoit D F. 2012. Bayesian adaptive Lasso quantile regression[J]. Statistical Modelling, 12: 279-297.
Bach F. 2008. Bolasso: Model consistent lasso estimation through the bootstrap[C]. Proceedings of the 25th International Conference on Machine Learning. New York: Association for Computing Machinery: 33-40.
Basseville M, Nikiforov V. 1993. Detection of Abrupt Changes: Theory and Application[M].

New Jersey: Prentice-Hall.

Betensky R A, Finkelstein D M. 1999. A non-parametric maximum likelihood estimator for bivariate interval censored data[J]. Statistics in Medicine, 18: 3089-3100.

Bickel P J, Klaassen C A J. Ritov Y, Wellner J A. 1993. Efficient and Adaptive Estimation for Semiparametric Models[M]. Biometrics.

Bilias Y, Chen S, Ying Z. 2000. Simple resampling methods for censored regression quantiles[J]. Journal of Econometrics, 99(2): 373-386.

Bo H, Khan S, Powell J L. 2002. Quantile regression under random censoring[J]. Journal of Econometrics, 109(1): 67-105.

Bradic J, Fan J, Wang W. 2011. Penalized composite quasi-likelihood for ultrahigh dimensional variable selection[J]. Journal of the Royal Statistical Society Series B: Statistical Methodology, 73: 325-349.

Breiman L. 1995. Better subset regression using the nonnegative garrote[J]. Technometrics, 37(4): 373-384.

Breiman L. 1996. Bagging predictors[J]. Machine Learning, 24(2): 123-140.

Brodsky B E, Darkhovsky B S. 1993. Nonparametric Methods in Change Point Problems[M]. Dordrecht: Kluwer.

Bruce W T. 1974. Nonparametric estimation of a survivorship function with doubly censored data[J]. Journal of the American Statistical Association, 69(345): 169-173.

Brunnermeier M K, Pedersen L H. 2009. Market liquidity and funding liquidity[J]. Review of Finacical Studies, 22: 2201-2238.

Buchinsky M, Hahn J. 1998. An alternative estimator for the censored quantile regression model[J]. Econometrica, 66(3): 653-671.

Buckley J, James I. 1979. Linear regression with censored data[J]. Biometrika, 66(3): 429-436.

Cai Z, Fan J, Li R. 2000. Efficient estimation and inferences for varying-coefficient models[J]. Journal of the American Statistical Association, 95: 888-902.

Cai Z W, Xiao Z J. 2012. Semiparametric quantile regression estimation in dynamic models with partially varying coefficients[J]. Journal of Econometrics,167(2): 413-425.

Cao G, Wang J, Wang L, et al. 2012. Spline confidence bands for functional derivatives[J]. Stat Plan Inference, 142: 1557-1570.

Carroll R J, Ruppert D, Stefanski L A, et al. 2008. Measurement error in nonlinear models: A modern perspective[J]. Journal of the Royal Statiscal Society, 171(2): 505-506.

Castro L M, Lachos V H, Ferreira G P, et al. 2012. Bayesian modeling of censored partial linear models using scale-mixtures of normal distributions[C]. Aip Conference. American Institute of Physics.

Chao S K, Härdle W K, Wang W. 2015. Quantile regression in risk calibration[J]. Springer. 2015: 1467-1489.

Chaqman D W. 1976. A survey of nonresponse imputation procedures[J]. American Statistical Association Proceedings of the Social Statistical Section, Part 1: 245-251.

Chaudhuri P, Doksum K, Samarov A. 1997. On average derivative quantile regression[J]. The Annals of Statistics, 25(2): 715-744.

Chay K Y, Powell J L. 2001. Semiparametric censored regression models[J]. Journal of Economic Perspectives, 15(4): 29-42.

Chen C. 2004a. An adaptive algorithm for quantile regression[J]. Theory and Applications of Recent Robust Methods, 4: 39-48.

Chen C. 2004b. An adaptive algorithm for quantile regression[M]//Hubert M, Pison G, Struyf A, Van Aelst S. Theory and Applications of Recent Robust Methods. Birkhäuser, Basel: Statistics for Industry and Technology.

Chen H. 1988. Convergence rates for parametric components in a partly linearmodel[J]. Annals of Statistics, 16: 136-146.

Chen J, Gupta A K. 2000. Parametric Statistical Change Point Analysis[M]. Boston: Springer.

Chen K, Shen J, Ying Z. 2005. Rank estimation in partial linear model with censored data[J]. Statistica Sinica, 15(3): 767-779.

Chen L, Sun J. 2009. A multiple imputation approach to the analysis of current status data with the additive hazards model[J]. Communications in Statistics, 38(7): 1009-1018.

Chen L, Sun J. 2010. A multiple imputation approach to the analysis of interval-censored failure time data with the additive hazards model[J]. Computational Statistics & Data Analysis, 54(4): 1109-1116.

Chen Q, Wang S. 2013. Variable selection for multiply-imputed data with application to dioxin exposure study[J]. Statistics in Medicine, 32(21): 3646-3659.

Chen S X. 1993. On the accuracy of empirical likelihood confidence regions for linear regression model[J]. Annals of the Institute of Statistical Mathematics, 45: 621-637.

Chen S X. 1994. Empirical likelihood confidence intervals for linear regression coefficients[J]. Journal of Multivariate Analysis, 49: 24-40.

Chen S X, Hall P. 1993. Smoothed empirical likelihood confidence intervals for quantiles[J]. The Annals of Statistics, 21(3): 1166-1181.

Chen W, Li X, Wang D, et al. 2015. Parameter estimation of partial linear model under monotonicity constraints with censored data[J]. Journal of the Korean Statistical Society, 44(3): 410-418.

Chen X, Liu Y, Sun J, et al. 2016. Semiparametric quantile regression analysis of Right-censored and Length-biased failure time data with partially linear varying effects[J]. Scandinavian Journal of Statistics, 43(4): 921-938.

Chernozhukov V. 2005. Extremal quantile regression[J]. The Annals of Statistics, 33(2): 806-839.

Chernozhukov V, Hong H. 2002. Three-step censored quantile regression and extramarital affairs[J]. Journal of the American Statistical Association, 97(459): 872-882.

Chesher A. 2001. Parameter approximations for quantile regressions with measurement Error[R]. The Institute for Fiscal Studies, Department of Economics, UCL.

Cizek P. 2001. Quantile regression[J]. Pavel Cizek, 101(475): 445-446.

Cosslett S R. 2004. Efficient semiparametric estimation of censored and truncated regressions via a smoothed self-consistency equation[J]. Econometrica, 72(4): 1277-1293.

Cox D. 1972. Regression models and life-tables[J]. Journal of the Royal Statistical Society Series B: Methodological, 34: 187-220.

Csorgo M, Horvath L. 1997. Limit Theory in Change Point Analysis[M]. New York: Wiley.

Dabrowska D M. 1992. Nonparametric quantile regression with censored data[J]. Sankhyā The Indian Journal of Statistics Series A (1961-2002), 54(2): 252-259.

Debruyne M, Hubert M, Portnoy S, et al. 2008. Censored depth quantiles[J]. Computational Statistics and Data Analysis, 52(3): 1604-1614.

Deming A P, Laird N M, Rubin D B. 1977. Maxinum likelihood from incomplete data via the EM algorithm[J]. Journal of the Royal Statistical Series B, 39: 1-38.

Deming W E, Stephan F F. 1940. On a least squares adjustment of a sampled frequency table when the expected marginal totals are known[J]. Annals of Mathematical Statistics, 11(4): 427-444.

Dempster A P, Laird N M, Rubin D B. 1977. Maximum likelihood estimation from incomplete data via the EM algorithm[J]. Journal of the Royal Statistical Society, 39(1): 1-38.

Doksum K, Gasko M. 1990. On a correspondence between models in binary regression analysis and in survival analysis[J]. International Statistical Review, 58: 243-252.

Du P, Cheng G, Liang H. 2012. Semiparametric regression models with additive nonparametric components and high dimensional parametric components[J]. Computational Statistics and Data Analysis, 56: 2006-2017.

Efang K, Linton O, Xia Y C. 2010. Uniform bahadur representation for local polynomial estimates of M-regression and its application to the additive model[J]. Econometric theory, 26: 1529-1564.

Efron B. 1967. The two-sample problem with censored data[C]. Berkeley Symposium on Mathematical Statistics & Probability. The Regents of the University of California: 831-853.

Efron B. 1994. Missing data, imputation, and the bootstrap[J]. Journal of the American Statistical Association, 89(426): 463-475.

Efron B, Hastie T, Johnstone I, et al. 2004. Least angle regression[J]. The Annals of Statistics, 32: 407-451.

Elliott M H, Smith D S, Parker C E, et al. 2009. Current trends in quantitative proteomics[J]. Journal of Mass Spectrometry, 44(12): 1637-1660.

Engle R F, Granger C W J, Rice J, et al. 1986. Semiparametric estimates of the relation between weather and electricity sales[J]. Journal of the American Statistical Association, 81(394): 310-320.

Engle R F, Manganelli S. 2004. CAViaR: Conditional autoregressive value at risk by regression quantiles[J]. Journal of Business and Economic Statistics, 22: 367-381.

Eubank R, Huang C, Maldonado Y M, et al. 2004. Smoothing spline estimation in varying-coeficient models[J]. Journal of the Royal Statistical Society Series B, 66: 653-667.

Fairfield K M, Fletcher R H. 2002. Vitamins for chronic disease prevention in adults: Scientific review[J]. JAMA, 287(23): 3116-3126.

Fan J. 1993. Local linear regression smoothers and their minimax efficiencies[J]. The Annals of Statistics, 21: 196-216.

Fan J, Fan Y. 2006. Comment on: Quantile autoregression[J]. Journal of the American Statistical Association, 101(475): 991-994.

Fan J, Gijbels I. 1996. Local polynomial modeling and its applications[J]. Hans Publishers, 93(442): 835.

Fan J, Li R. 2001. Variable selection via nonconcave penalized likelihood and its oracle properties[J]. Journal of the American Statistical Association, 96(456): 1348-1360.

Fan J, Li R. 2002. Variable selection for Cox's proportional hazards model and frailty model[J]. Annals of Statistics, 30(1): 74-99.

Fan J, Li R. 2004. New estimation and model selection procedures for semiparametric modeling in longitudinal data analysis[J]. Journal of the America Statist Association, 99: 710-723.

Fan J, Peng H. 2004. Nonconcave penalized likelihood with a diverging number of parameters[J]. Annals of Statistics, 32(3): 928-961.

Fan J, Zhang W. 1999. Statistical estimation in varying coeficient models[J]. Annals of Statistics, 27: 1491-1518.

Fan J, Zhang W. 2000. Simultanenous confidence bands and hypothesis testing in Varying-Coeffcient models[J]. Scandinavian Journal of Statistics, 27: 715-731.

Faure H, Preziosi P, Roussel A M, et al. 2006. Factors influencing blood concentration of retinol, α-tocopherol, vitamin C, and β-carotene in the French participants of the SU.VI.MAX trial[J]. European Journal of Clinical Nutrition, 60(6): 706-717.

Finkelstein D M, Wolfe R A. 1985. A Semiparametric Model for Regression Analysis of Interval-Censored Failure Time Data[J]. Biometrics, 41: 933-945.

Fitzenberger B. 1997a. A guide to censored quantile regressions[J]. Handbook of Statistics, 15(97), 405-437.

Fitzenberger B. 1997b. Computational aspects of censored quantile regression[J]. Lecture Notes-Monograph Series, 31: 171-186.

Fitzenberger B, Wilker R A. 2006. Using quantile regression for duration analysis[J]. Allgemeines Statistisches Archiv, 90: 105-120.

Fitzenberger B, Winker P. 2007. Improving the computation of censored quantile regression estimators[J]. Computational Statistics and Data Analysis, 52: 88-108.

Forter J J, Smith P W F. 1998. Model-based inference for categorical survey data subject to non-ignorable non-response[J]. Journal of the Royal Statistical Society Series B, 60(1): 57-70.

Frank I E, Friedman J H. 1993. A statistical view of some chemometrics regression tools (With discussion)[J]. Technometrics, 35(2): 109-135.

Gannoun A, Saracco J, Yuan A, et al. 2005. Non-parametric quantile regression with censored data[J]. Scandinavian Journal of Statistics, 32(4): 527-550.

Garay A M, Bolfarine H, Lachos V H, et al. 2015. Bayesian analysis of censored linear regression models with scale mixtures of normal distributions[J]. Journal of Applied Statistics, 42(12): 2694-2714.

Garcia R I, Ibrahim J G, Zhu H. 2010a. Variable selection for regression models with missing data[J]. Statistica Sinica, 20(1): 149-165.

Garcia R I, Ibrahim J G, Zhu H. 2010b. Variable selection in the cox regression model with covariates missing at random[J]. Biometrics, 66(1): 97-104.

George E I, Mcculloch R E. 1997. Approaches for Bayesian variable selection[J]. Statistica Sinica, 7(2): 339-373.

Girardi G, Ergün A T. 2013. Systemic risk measurement: MultiVaRiate GARCH estimation of CoVaR[J]. Journal of Banking & Finance, 37: 3169-3180.

Guo J, Tang M, Tian M, et al. 2013. Variable selection in high-dimensional partially linear additive models for composite quantile regression[J]. Computational Statistics and Data Analysis, 65: 56-67.

Härdle W, Stoker T M. 1989. Investigating smooth multiple regression by the method of average derivatives[J]. Journal of the American Statistical Association, 84(408): 986-995.

Hafner C M, Linton O B. 2006. Comment on: Quantile autoregression[J]. Journal of the American Statistical Association, 101(475): 998-1001.

Hall P. 1984. Central limit theorem for integrated square error of multivariate nonparametric density estimators[J]. Journal of Multivariate Analysis, 14(1): 1-16.

Hall P. 1989. On projection pursuit regression[J]. The Annals of Statistics. 17(2): 573-588.

Hallock K F, Koenker R W. 2001. Quantile regression[J]. Journal of Economic Perspectives, 15(4): 143-156.

Hamilton S A, Truong Y K. 1997. Local linear estimation in partly linear models[J]. Journal of Multivariate Analysis, 60(1): 1-19.

Hansen M H, Hurwitz W N. 1943. On the theory of sampling from finite populations[J].

Annals of Mathematical Statistics, 14(4): 333-362.

Hansen M H, Hurwitz W N. 1946. The problem of non-response in sample surveys[J]. Journal of the American Statistical Association, 41(236): 517-529.

Hastie T, Tibshirani R. 1993. Varying-coefficient models[J]. Journal of the Royal Statistical Society Series B, 55: 757-796.

He X, Shao Q M. 1996. A general Bahadur representation of M-estimators and its application to linear regression with stochastic designs[J]. The Annals of Statistics, 24(6): 2608-2630.

He X, Shao Q M. 2000. On parameters of increasing dimensions[J]. Journal of Multivariate Analysis, 73: 120-135.

Hendricks D. 1996. Evaluation of Value-at-Risk models using historical data[J]. Economic Policy Review, 2: 39-69.

Heymans M W, Buuren S V, Knol D L, et al. 2007. Variable selection under multiple imputation using the bootstrap in a prognostic study[J]. BMC Medical Research Methodology, 7(4): 30.

Hirose K, Tateishi S, Konishi S. 2013. Tuning parameter selection in sparse regression modeling[J]. Computational Statistics and Data Analysis, 59: 28-40.

Honore B, Khan S, Powell J L. 2002. Quantile regression under random censoring[J]. Journal of Econometrics, 109(1): 67-105.

Hopke P K, Liu C, Rubin D B. 2001. Multiple imputation for multivariate data with missing and below-threshold measurement: Time-series concentration of pollutants in the arctic[J]. Biometrics, 57(1): 22-23.

Hoshino T. 2014. Quantile regression estimation of partially linear additive models[J]. Journal of Nonparametric Statistics, 26(3): 509-536.

Hosmer D, Lemeshow S, May S. 1999. Applied Survival Analysis: Regression Regression Modeling of Time to Event Data[M]. New York: Wiley.

Hu Y N, Zhu Q Q, Tian M Z. 2014. An effective technique of multiple imputation in nonparametric quantile regression[J]. Journal of Mathematics and Statistics, 10(1): 30-44.

Huang J, Wu C, Zhou L. 2002. Varying-coefficient models and basis function approximation for the analysis of repeated measurements[J]. Biometrika, 89: 111-128.

Huang X, Zhou H, Zhu H. 2009. A framework for assessing the systemic risk of major financial institutions[J]. Journal of Banking and Finance, 33: 2036-2049.

Huang Y. 2010. Quantile calculus and censored regression[J]. Annals of Statistics, 38: 1607-1637.

Hubert M, Pison G, Struyf A, Aelst S V. 2004. Series: Statistics for Industry and Technology[M]. Basel: Birkhäuser: 39-48.

Hunter D R, Lange K. 2000. Quantile regression via an MM algorithm[J]. Journal of

Computational and Graphical Statistics, 9: 60-77.

Ichimura H. 1993. Semiparametric Least Squeres (SLS) and weighted SLS estimation of single-index models[J]. Journal of Econometrics, 58: 71-120.

James I R, Smith P J. 1984. Consistency results for linear regression with censored data[J]. The Annals of Statistics, 12: 590-600.

James I R, Tanner M A. 1995. A note on the analysis of censored regression data by multiple imputation[J]. Biometrics, 51(1): 358-362.

Ji S, Peng L, Cheng Y, et al. 2012. Quantile regression for doubly censored data[J]. Biometrics, 68(1): 101-112.

Jiang R, Qian W M. 2013. Composite quantile regression for nonparametric model with random censored data[J]. Open Journal of Statistics, 3: 65-73.

Jiang R, Qian W M. 2016. Quantile regression for single-index-coefficient regression models[J]. Statistics & Probability Letters, 110(C): 305-317.

Jiang R, Qian W M, Zhou Z G. 2016. Single-index composite quantile regression with heteroscedasticity and general error distributions[J]. Statistical Papers, 57: 185-203.

Jiang R, Zhou Z G, Qian W Q, et al. 2012. Single-index composite quantile regression[J]. Journal of the Korean Statistical Society, 41(3): 323-332.

Jiang Y, Li H. 2014. Penalized weighted composite quantile regression in the linear regression model with heavy-tailed autocorrelated errors[J]. Journal of the Korean Statistical Society, 43: 531-543.

Jin Z, Lin D Y, Wei L J, et al. 2003. Rank-based inference for the accelerated failure time model[J]. Biometrika, 90: 341-353.

Johnson B A, Lin D Y, Zeng D. 2008. Penalized estimating functions and variable selection in semiparametric regression models[J]. Journal of the American Statistical Association, 103(482): 672-680.

Jorion P. 1996. Risk 2: Measuring the risk in value at risk[J]. Financial Analysts, 52(6): 47-56.

Kai B, Li R, Zou H. 2010. Local composite quantile regression smoothing: an efficient and safe alternative to local polynomial regression[J]. Statistical Methodology, 72: 49-69.

Kai B, Li R, Zou H. 2011. New efficient estimation and variable selection methods for semiparametric varying-coefficient partially linear models[J]. The Annals of Statistics, 39(1): 305-332.

Kaplan E L, Meier P. 1958. Nonparametric estimation from incomplete observations from a record of failures and follow-ups[J]. JASA, 80: 68-72.

Karmarkar N. 1984. A new polynomial-time algorithm for linear programming[J]. Combinatorica, 4(4): 373-395.

Khan S, Powell J L. 2001. Two-step estimation of semiparametric censored regression models[J]. Journal of Econometrics, 103(1-2): 73-110.

Kim M. 2007. Quantile regression with varying coefficients[J]. The Annals of Statistics, 35: 92-108.

Kim T H, White H, Granger C, et al. 2002. Estimation, inference, and specification testing for possibly misspecified quantile regression[J]. Advances in Econometrics, 17(3): 107-132.

Kim Y J, Cho H J, Kim J, Jhun M. 2010. Median regression model with interval censored data[J]. Biometrical Journal, 52: 201-208.

Kish G K L. 1984. Some efficient random imputation methods[J]. Communication in Statistics-Theory and Methods, 13(16): 1919-1939.

Knight K. 2006. Comment on: Quantile autoregression [J]. Journal of the American Statistical Association, 101(475): 994-996.

Koenker R. 2000. Galton, Edgeworth, Frisch and prospects for quantile regression in econometrics[J]. Journal of Econometrics, 95(2): 347-374.

Koenker R. 2004. Quantile regression for longitudinal data[J]. Journal of Multivariate Analysis, 91(1): 74-89.

Koenker R. 2005a. Quantile Regression[M]. Cambridge: Cambridge University Press.

Koenker R. 2005b. Quantile regression[J]. International Encyclopedia of the Social & Behavioral Sciences, 101(475): 445-446.

Koenker R. 2008. Censored quantile regression redux[J]. Journal of Statistical Software, 27: 1-24.

Koenker R, Bassett G. 1978. Regression quantiles[J]. Econometrica: Journal of the Econometric Society, 46(1): 211-244.

Koenker R, Bassett G. 1982. Tests of linear hypotheses and l_1 Estimation[J]. Econometrica, 50(6): 1577-1584.

Koenker R, Geling O. 2001. Reappraising medfly longevity: A quantile regression survival analysis[J]. Journal of the American Statistical Association, 96(454): 458-468.

Koenker R, Hallock K F. 2000. Quantile regression: An introduction[J]. Journal of Economic Perspectives , 101: 445-446.

Koenker R, Hallock K F. 2001. Quantile regression[J]. The Journal of Economic Perspectives, 15(4): 143-156.

Koenker R, Machado J A F. 1999. Goodness of fit and related inference processes for quantile regression[J]. Journal of the American Statistical Association, 94(448): 1296-1310.

Koenker R, Ng P, Portnoy S. 1994. Quantile smoothing splines[J]. Biometrika, 81: 673-680.

Koenker R, Orey D. 1993. Computing regression quantiles[J]. Applied Statistics. 43: 410-414.

Koenker R, Xiao Z. 2002. Inference on the quantile regression process[J]. Econometric, 70: 1583-1612.

Koenker R, Xiao Z. 2006. Quantile autoregression[J]. Journal of the American Statistical Association, 101(475): 980-990.

Koenker R, Zhao Q. 1996. Conditional quantile estimation and inference for ARCH models[J]. Econometric Theory, 12: 793-813.

Koenker R W, D'Orey V. 1987. Algorithm AS 229: Computing regression quantiles[J]. Journal of the Royal Statistical Society Series C, 36(3): 383-393.

Kong E, Xia Y. 2007. Variable selection for the single-index model[J]. Biometrical, 94: 217-229.

Kong E, Xia Y. 2008. Quantile estimation of a general single-index model[J]. Statistics, 16: 33-39.

Kong E, Xia Y. 2012. A Single-Index Quantile quantile regression model and its estimation[J]. Econometric Theory, 28(4): 730-768.

Koul H, Susarla V, Ryzin J V. 1981. Regression analysis with randomly right-censored data[J]. The Annals of Statistics, 9(6): 1276-1288.

Krivobokova T, Kneib T, Claeskens G. 2010. Simultaneous confidence bands for penalized spline estimators[J]. Am Stat Association, 105: 852-863.

Lachenbruch P A. 2011. Variable selection when missing values are present: A case study[J]. Statistical Methods in Medical Research, 20(4): 429-444.

Lai T L, Ying Z. 1991. Rank regression methods for left-truncated and right-censored data[J]. The Annals of Statistics, 19(2): 531-556.

Langner I. 2006. Survival analysis: Techniques for censored and truncated data[J]. Biometrics, 62(2): 631.

Lee E R, Noh H, Park B U. 2014. Model selection via Bayesian information criterion for quantile regression models[J]. Journal of the American Statistical Association, 109(505): 216-229.

Lee Y K. 2013. On two-step estimation for varying coefficient models[J]. Journal of the Korean Statistical Society, 42: 565-571.

Lehmann E. 1974. Nonparametrics: Statistical Methods Based on Ranks[M]. San Francisco: Holden-Day.

Leng C, Tong X. 2013. A quantile regression estimator for censored data[J]. Bernoulli, 19(1): 344-361.

Li G, Wang Q H. 2003. Empirical likelihood regression analysis for right censored data[J]. Statistica Sinica, 13(1): 51-68.

Li Q. 2000. Efficient estimation of additive partially linear models[J]. International Economic Review, 41(4): 1073-1092.

Li R, Liang H. 2008. Variable selection in semiparametric regression modeling[J]. The Annals of Statistics, 36(1): 261-286.

Li X, Wang Q. 2012. The weighted least square based estimators with censoring indicators missing at random[J]. Journal of Statistical Planning & Inference, 142(11): 2913-2925.

Li Y, Zhu J. 2008. L_1-norm quantile regression[J]. Journal of Computational and Graphical Statistics, 17: 163-185.

Liang H, Thurston S W, Ruppert D, et al. 2008. Additive partial linear models with measurement errors[J]. Biometrika, 95(3): 667-678.

Lin C, Zhou Y. 2016. Semiparametric varying-coefficient model with right-censored and length-biased data[J]. Journal of Multivariate Analysis, 152: 119-144.

Lin G. 2009. Quantile regression with censored data[D]. Illinois, USA: University of Illinois at Urbana-Champaign.

Lin G, He X, Portnoy S L. 2012. Quantile regression with doubly censored data[J]. Computational Statistics & Data Analysis, 56(4), 797-812.

Lindgren A. 1997. Quantile regression with censored data using generalized l_1 minimization[J]. Computational Statistics & Data Analysis, 23(4): 509-524.

Linsmeier T J, Pearson N D. 2000. Value at risk[J]. Financial Analysts Journal. 56(2): 47-67.

Linton O B. 1997. Efficient estimation of additive nonparametric regression models[J]. Biometrika, 84(2): 469-473.

Lipsitz S, Fitzmaurice G, Molenberghs G, et al. 1997. Quantile regression methods for longitudinal data with drop-outs: Application to CD4 cell counts of patients infected with the human immunodeficiency virus[J]. Journal of the Royal Statistical Society Series C (Applied Statistics), 46(4): 463-476.

Little R J A, Rubin D B. 1987. Statistical Analysis with Missing Data[M]. New York: Wiley.

Little R J A, Rubin D B. 2002. Statistical Analysis with Missing Data[M]. Hoboken: Wiley-Interscrience.

Liu H, Yang H, Xia X. 2017. Robust estimation and variable selection in censored partially linear additive models[J]. Journal of the Korean Statistical Society, 46(1): 88-103.

Liu T Q, Yuan X H. 2016. Weighted quantile regression with missing covariates using empirical likelihood[J]. Statistics, 50(1): 89-113.

Liu X, Wang L, Liang H. 2011. Estimation and variable selection for semiparametric additive partial linear models[J]. Statistica Sinica, 21(3): 1225-1248.

López-Espinosaa G, Morenoa A, Rubiab A, et al. 2012. Short-term wholesale funding and systemic risk: A global CoVaR approach[J]. Journal of Banking & Finance, 36: 3150-3162.

Long W, Ouyang M, Shang Y. 2013. Efficient estimation of partially linear varying coefficient models[J]. Economics Letters, 121(1): 79-81.

Lotz A, Kendzia B, Katarzyna G, et al. 2013. Statistical methods for the analysis of left-censored variables [Statistische Analysemethoden für linkszensierte Variablen und Beobachtungen mit Werten unterhalb einer Bestimmungs-oder Nachweisgrenze][J]. Gms Medizinische Informatik Biometrie Und Epidemiologie, 9(2): Doc5.

Lu X. 2010. Asymptotic distributions of two "synthetic data" estimator for censored single-index model[J]. Journal of Multivariate Analysis, 101: 999-1015.

Luo S H, Mei C L. 2017. Smoothed empirical likelihood for quantile regression models with response data missing at random[J]. Asta Advances in Statistical Analysis, 101: 95-116.

Lv J, Yang H, Guo C. 2016. Variable selection in partially linear additive models for modal regression[J]. Communications in Statistics-Simulation and Computation, 46(7): 5646-5666.

Lv X F, Li R. 2013. Smoothed empirical likelihood analysis of partially linear quantile regression models with missing response variables[J]. Asta Advances in Statistical Analysis, 97(4): 317-347.

Lv Y Z, Zhang R Q, Zhao W H, et al. 2014. Quantile regression and variable selection for the single-index model[J]. Journal of Applied Statistics, 41(7): 1565-1577.

Lyssiotou P, Pashardes P, Stengos T. 2010. Age effects on consumer demand: An additive partially linear regression model[J]. Canadian Journal of Economics/Revue Canadienne D'économique, 35(1): 153-165.

Ma S, Xu S. 2015. Semiparametric nonlinear regression for detecting gene and environment interactions[J]. Journal of Statistical Planning and Inference, 156: 31-47.

Ma S, Yang L, Carroll R J. 2012. A simultaneous confidence band for sparse longitudinal regression[J]. Statistica Sinica, 22: 95-122.

Ma Y, Wei Y. 2012. Analysis of censored quantile residual life model via spline smoothing[J]. Statistica Sinica, 22: 47-68.

Ma Y, Yin G. 2010. Semiparametric median residual life model and inference[J]. Canadian Journal of Statistics, 38(4): 665-679.

Madsen K, Nielsen H B. 1993. A Finite Smoothing Algorithm for Linear l_1 estimation[J]. SIAM Journal on Optimization, 3(2): 223-235.

Manzana S, Zerom D. 2005. Kernel estimation of a partially linear additive model[J]. Statistics and Probability Letters, 72(4): 313-322.

Matsui H, Misumi T. 2015. Variable selection for varying-coefficient models with the sparse regularization[J]. Computational Statistics, 30(1): 43-55.

McKeague I, Subramanian S, Sun Y. 2001. Median regression analysis for censored data[J]. Journal of Nonparametric Statistics, 13: 709-727.

Meinshausen N. 2007. Relaxed lasso[J]. Computational Statistics & Data Analysis, 52(1): 374-393.

Meinshausen N, Bühlmann P. 2010. Stability selection[J]. Journal of the Royal Statistical Society, 72(4): 417-473.

Mendall M A, Patel P, Ballam L, et al. 1996. C Reactive protein and its relation to cardiovascular risk factors: A population based cross sectional study[J]. BMJ, 312(7038): 1061-1065.

Miller R, Halpern J. 1982. Regression with censored data[J]. Biometrika, 69(3): 521-531.

Mistrulli P E. 2011. Assessing financial contagion in the interbank market: Maximum entropy versus observed interbank lending patterns[J]. Journal of Banking & Finance. 2011, 35(5): 1114-1127.

Mroz T A. 1987. The sensitivity of an empirical model of married women's hours of work to economic and statistical assumptions[J]. Econometrica, 55(4): 765-799.

Nadaraya E A. 1964. On estimating regression[J]. Theory of Probability and Its Applications, 9(1): 141-142.

Nelson W. 2000. Special 40th anniversary issue: Theory and applications of hazard plotting for censored failure Data[J]. Technometrics. 42(1): 12-25.

Neocleous T, Portnoy S. 2009. Partially linear censored quantile regression[J]. Lifetime Data Analysis, 15(3): 357-378.

Nierenberg D W, Stukel T A, Baron J A, et al. 1989. Determinants of plasma levels of beta-carotene and retinol[J]. Am. J. Epidemiology, 130(3): 511-521.

Noh H, Chung K, Keilegom I V. 2012. Variable selection of varying coefficient models in quantile regression[J]. Electronic Journal of Statistics, 6: 1220-1238.

Noh H, Park B U. 2010. Sparse varying coefficient model for longitudinal data[J]. Statistica Sinica, 20(3): 1183-1202.

Nordbotten S. 1963. Automatic editing of individual statistical observations[J]. Statistical Standards & Studies Handbook No. 3, United Nations.

Opsomer J D, Ruppert D. 1997. Fitting a bivariate additive model by local polynomial regression[J]. Annals of Statistics, 25(1): 186-211.

Opsomer J D, Ruppert D. 1999. A root-n consistent backfitting estimator for semiparametric additive modeling[J]. Journal of Computational & Graphical Statistics, 8(4): 715-732.

Orbe J, Ferreira E, Núnezn V. 2003. Censored partial regression[J]. Biostatistics (Oxford, England), 4(1): 109-121.

Owen A B. 1988. Empirical likelihood ratio confidence interval for a single function[J]. Biometrika, 75(2): 237-249.

Owen A B. 1990. Empirical likelihood ratio confidence regions[J]. Annals of Statistics, 18(1): 90-120.

Owen A B. 1991. Empirical likelihood for linear models[J]. Annals of Statistics, 19 (4): 1725-1747.

Owen B. 2001. Empirical Likelihood[M]. New Tork: Chapman & Hall/CRC: 1203-1204.

Page E S. 1954. Continuous inspection schemes[J]. Biometrika, 42(1-2): 100-115.

Pan W. 2000. A multiple imputation approach to Cox regression with interval-censored data[J]. Biometrics, 56(1): 199-203.

Pan W. 2000. A Two-sample test with interval censored data via multiple imputation[J]. Biometrics. 19: 1-11.

Pan W, Connett J E. 2001. A multiple imputation approach to linear regression with clustered censored data[J]. Lifetime Data Analysis, 7(2): 111-123.

Park J W, Genton M G, Ghosh S K. 2007. Censored time series analysis with autoregressive moving average models [J]. Canadian Journal of Statistics, 35(1): 151-168.

Peng L M, Huang Y J. 2008. Survival analysis with quantile regression models[J]. Journal of the American Statistical Association, 103(482): 637-649.

Perron P. 2006. Dealing with Structural Breaks[M]. London: Palgrave Macmillan, 278-352.

Politz A , Simmons W . 1950. An attempt to get the not-at-home into the sample without callbacks[J]. Journal of the American Statistical Association, 44(245): 9-31.

Portnoy S. 2003. Censored regression quantiles[J]. Journal of the American Statistical Association, 98(464): 1001-1012.

Portnoy S, Koenker R. 1997. The Gaussian hare and the Laplacian tortoise: Computability of squared-error versus absolute-error estimators[J]. Statistical Science, 12(4): 279-300.

Portnoy S, Lin G. 2010. Asymptotics for censored regression quantiles[J]. Journal of Nonparametric Statistics, 22(1): 115-130.

Powell J L. 1984. Least absolute deviations estimation for the censored regression model[J]. Journal of Econometrics. 25(3): 303-325.

Powell J L. 1986. Censored regression quantiles[J]. Journal of Econometrics, 32(1): 143-155.

Prentice R L. 1978. Linear rank tests with right censored data[J]. Biometrika, 65(1): 167-179.

Qin G S, Jing B Y. 2000. Asymptotic properties for estimation of partial linear models with censored data[J]. Journal of Statistical Planning & Inference, 84(1-2): 95-110.

Qin G S, Tsao M. 2003. Empirical likelihood inference for median regression models for censored survival data[J]. Journal of Multivariate Analysis. 85(2): 416-430.

Qu A, Li R. 2006. Quadratic inference functions for varying coefficient models with longitudinal data[J]. Biometrics, 62(2): 379-391.

Rao J N K, Ghangurde P D. 1972. Bayesian optimization in sampling finite populations[J]. Journal of the American Statistical Association, 67(338): 439-443.

Rao J N K, Shao J. 1992. Jackknife variance estimation with survey data under hot deck imputation[J]. Biometrika, 79(4): 811-822.

Rao J N K, Sitter R R. 1995. Variance estimation under two-phase sampling with application to imputation for missing data[J]. Biometrika, 82(2): 453-460.

Ravikumar P, Lafferty J, Liu H, et al. 2009. Sparse additive models[J]. Journal of the Royal Statistical Society Series B: Statistical Methodology, 71(5): 1009-1030.

Ren J J, Gu M. 1997. Regression M-estimators with doubly censored data[J]. The Annals of Statistics, 25(6): 2638-2664.

Ritov Y. 1990. Estimation in a linear regression model with censored data. The Annals of Statistics, 18(1): 303-328.

Robert T. 1996. Regression shrinkage and selection via the lasso[J]. Journal of the Royal Statistical Society, 58(1): 267-288.

Roberts I, Barrodale F D K. 1973. An improved algorithm for discrete l_1 linear approximation[J]. SIAM Journal on Numerical Analysis, 10(5): 839-848.

Robins J M, Rotnitsky A. 1995. Semiparametric efficiency in multivariate regression models with missing data[J]. Journal of the American Statistical Association, 90(429): 122-129.

Robinson P M. 2006. Comment on: Quantile autoregression[J]. Journal of the American Statistical Association, 101(475): 1001-1002.

Roddam A W. 2008. Measurement error in nonlinear models: A modern perspective[J]. Journal of the Royal Statistical Society, 171(2): 505-506.

Roengpitya R, Rungcharoenkitkul P. 2011. Measuring systemic risk and financial linkages in the thai banking system[J]. Social Science Electronic Publishing, (2): 1-43.

Rosenthal J S. 1993. Rates of convergence for data augmentation on finite sample spaces[J]. The Annals of Applied Probability, 3: 819-839.

Rubin D B. 1987. Multiple Imputation for Nonresponse in Surveys[M]. New York: Wiley.

Rubin D B. 1989. Multiple imputation for nonresponse in surveys[J]. Journal of Marketing Research, 137(4): 180-180.

Rubin D B. 1996. Multiple imputation after 18+ years[J]. Journal of the American Statistical Association, 91(434): 473-489.

Rubin D B, Little R J A. 2002. Statistical Analysis with Missing Data[M]. 2nd ed. New York: Wiley.

Ruppert D, Wand M P, Carroll R J. 2003. Semiparametric Regression[M]. Cambridge: Cambridge University Press.

Ruppert D, Wand M P, Carroll R J. 2006. Semiparametric regression[J]. Journal of the American Statistical Association, 101(476): 1722-1723.

Saigo H, Shao J, Sitter R R. 2001. A repeated half-sample bootstrap and balance repeated replications for randomly imputed data[J]. Survey Methodology, 27(2): 189-196.

Sande I G. 1979. A personal view of hot deck imputation procedures[J]. Survey Mthodology, 5(1): 238-258.

Sande I G. 1982. Imputation in surveys: Coping with reality[J]. American Statistician, 36(3a): 145-152.

Schafer J L, Olsen M K. 1998. Multiple imputation for multivariate missing-data problems: A data analyst's perspective[J]. Multivariate Behavioral Research, 33(4): 545-571.

Scharfstein D O, Robins J M, Rotnitzky A. 1999. Adjusting for nonignorable drop-out using semiparametric nonresponse models[J]. Journal of the American Statistical Association, 94(448): 1096-1120.

Schennach S M. 2008. Quantile regression with mismeasured covariates[J]. Econometric Theory, 24(4): 1010-1043.

Scheuren F. 2005. Multiple imputation[J]. American Statistician, 59(4): 315-319.

Schmalensee R, Stoker T M. 1999. Household gasoline demand in the United States[J]. Econometrica, 67(3): 645-662.

Schumaker L. 1981. Spline Functions: Basic Theory[M]. New York: Wiley.

Schwarz G E. 1978. Estimating the dimension of a model[J]. Annals of Statistics, 6(2): 461-464.

Shao J, Chen Y, Chen Y Z. 1998. Balanced repeated replications for stratified multistage survey data under imputations[J]. J. Am. Statist. Assoc., 93: 819-831.

Shao J, Sitter R R. 1996. Bootstrap for imputed survey data[J]. Journal of the American Statistical Association, 91(91): 1278-1288.

Shen Y, Liang H Y. 2018a. Quantile regression and its empirical likelihood with missing response at random[J]. Statistical Papers, 59(2): 685-707.

Shen Y, Liang H Y. 2018b. Quantile regression for partially linear varying-coefficient model with censoring indicators missing at random[J]. Computational Statistics & Data Analysis, 117(C): 1-18.

Sherwood B, Wang L, Zhou X H. 2013. Weighted quantile regression for analyzing health care cost data with missing covariates[J]. Statistics in Medicine, 32(28): 4967-4979.

Singh B, Sedransk J. 1978. A Two-phase Sample Design for Estimating the Finite Population Mean When There is Nonresponse[M]. Survey Sampling & Measurement: 143-155.

Song Y. 1999. Censored median regression using weighted empirical survival and hazard functions[J]. Publications of the American Statistical Association, 94(445): 137-145.

Stone C J. 1985. Additive regression and other nonparametric models[J]. Annals of Statistics, 13(2): 689-705.

Stute W. 1993. Consistent estimation under random censorship when covariables are present[J]. Journal of Multivariate Analysis, 45(1): 89-103.

Su Y S, Hill J, Gelman A, et al. 2011. Multiple imputation with diagnostics (mi) in R: Opening windows into the black box[J]. Journal of Statistical Software, 45(2): 1-31.

Sun J, Sun Q H. 2015. An improved and efficient estimation method for varying-coefficient model with missing covariates[J]. Statistics & Probability Letters, 107(1): 296-303.

Sun Z H, Liu J Y, Jia C H. 2011. The application of partial linear model in analysis and forecast of revenue in Beijing[J]. Mathematics in Practice & Theory, 41(4): 9-13.

Tang G, Little R J A, Raghunathan T E. 2003. Analysis of multivariate missing data with nonignorable nonresponse[J]. Biometrika, 90(4): 747-764.

Tang L J, Zhou Z G. 2015. Weighted local linear CRQ for varying-coefficient models with missing covariates[J]. Test, 24(3): 583-604.

Tang L J, Zhou Z G, Wu C C. 2012. Weighted composite quantile estimation and variable selection method for censored regression model[J]. Statistics & Probability Letters, 82(3): 653-663.

Tang Y L, Song X Y, Zhu Z Y, et al. 2013. Variable selection in high-dimensional quantile varying coefficient models[J]. Journal of Multivariate Analysis, 122: 115-132.

Tanner N A, Wong W H. 1987. The calculation of posterior distributions by data augmentation[J]. Journal of the American Statistical Association, 1987, 82(398): 528-540.

Taylor J W. 2008. Using exponentially weighted quantile regression to estimate value at risk and expected shortfall[J]. Journal of Financial Econometrics, 6: 382-406.

Tibshirani R. 1996. Regression shrinkage and selection via the lasso[J]. Journal of the Royal Statistical Society Series B: Methodological, 58(1): 267-288.

Tibshirani R, Saunders M, Rosset S, et al. 2005. Sparsity and smoothness via the fused lasso[J]. Journal of the Royal Statistical Society, 67(1): 91-108.

Tsiatis A A. 1990. Estimating regression parameters using linear rank tests for censored data[J]. The Annals of Statistics. 18(1): 354-372.

Turnbull B W. 1974. Nonparametric estimation of a survivorship function with doubly censored data[J]. Publications of the American Statistical Association, 69(345): 169-173.

Van Dyk D A, Meng, X L. 2001. The art of data augmentation (with discussion)[J]. Journal of Computational andGraphical Statistics, 10: 1-111. Main paper (1-50) and Rejoinder (98-111).

Wang B. 2008. Goodness-of-fit test for the exponential distribution based on progressively Type-II censored sample[J]. Journal of Statistical Computation and Simulation, 78: 125-132.

Wang G, Wang Z, Liu X. 2013. Empirical likelihood for censored partial linear model based on imputed value[J]. Communication in Statistics-Theory and Methods, 42(4): 644-659.

Wang H, Li R, Tsai C L. 2007. Tuning parameter selectors for the smoothly clipped absolute deviation method[J]. Biometrika, 94(3): 553-568.

Wang H J, Feng X D. 2012. Multiple imputation for M-regression with censored covariates[J]. Journal of the American Statistical Association, 107(497): 194-204.

Wang H J, Wang L. 2012. Locally weighted censored quantile regression[J]. Journal of the American Statistical Association, 104(487), 1117-1128.

Wang H J, Zhu Z Y, Zhou J H. 2009. Quantile regression in partially linear varying coefficient models[J]. The Annsls of Statistic, 37(1): 3841-3866.

Wang H S, Leng C L. 2008. A note on adaptive group lasso[J]. Computational Statistics & Data Analysis, 52(12): 5277-5286.

Wang H S, Leng C L. 2008. Unified lasso estimation via least squares approximation[J]. America Statist Association, 102(1): 1039-1048.

Wang H S, Xia Y C. 2009. Shrinkage estimation of the varying coefficient model[J]. Journal of the American Statistical Association, 104(486): 747-757.

Wang J, Yang L. 2009. Polynomial spline confidence bands for regression curves[J]. Stat Sin, 19: 325-342.

Wang K N, Lin L. 2014. Walsh-average based variable selection for varying coefficient models[J]. Journal of the Korean Statistical Society, 44(1): 95-110.

Wang L. 2008. Nonparametric test for checking lack of fit of the quantile regression model under random censoring[J]. Canadian Journal of Statistics, 36(2): 321-336.

Wang L, Liu X, Liang H, et al. 2011. Estimation and variable selection for generalized additive partial linear models[J]. The Annals of Statistics, 39(4): 1827-1851.

Wang L C. 2006. Bayes estimator for the exponential distribution under censorship[J]. Gongcheng Shuxue Xuebao/Chinese Journal of Engineering Mathematics, 23(3): 553-558.

Wang L F, Li H Z, Huang J H . 2008. Variable selection for nonparametric varying coefficient models for analysis of repeated measurements[J]. Journal of the American Statistical Association, 103(484): 1556-1569.

Wang Q H. 1996. Consistent estimators in random censorship semiparametric regression models[J]. Science in China Ser. A, 39(02): 163-176.

Wang Q H. 2009. Statistical estimation in partial linear models with covariate data missing at random[J]. Annals of the Institute of Statistical Mathematics, 61(1): 47-84.

Wang Q H, Li G. 2002. Empirical likelihood semiparametric regression analysis under random censorship[J]. Journal of Multivariate Analysis, 83(2): 469-486.

Wang Q H. 2009. Statistical estimation in partial linear models with covariate data missing at random[J]. Annals of the Institute of Statistical Mathematics, 61(1): 47-84.

Wang Q H, Jing B Y. 1999. Empirical likelihood for partial linear models with fixed designs[J]. Statistics & Probability Letters, 41(3): 425-433.

Wang Q H, Zheng Z G. 1997. Asymptotic properties for the semiparametric regression model with randomly censored data[J]. Science in China Ser. A: Mathematics. 40: 945-957.

Wang R. 2016. Inferences on partial linear models with right censored data by empirical likelihood[J]. Communication in Statistics-Theory and Methods, 45(21): 6342-6356.

Wang S, Nan B, Rosset S, et al. 2011. Random lasso[J]. The annals of applied statistics, 5(1): 468-485.

Watson G S. 1964. Smooth regression analysis[J]. Sankhā The Indian Journal of Statistics, Series A (1961-2002), 26(4): 359-372.

Wei F. 2012. Group selection in high-dimensional partially linear additive models[J]. Brazilian Journal of Probability and Statistics, 26(2012): 219-243.

Wei F, Huang J, Li H. 2011. Variable selection and estimation in high dimensional varying coefficient models[J]. Statistical Sinica, 21(1): 1515-1540.

Wei G C G, Tanner M A. 1991. Applications of multiple imputation to the analysis of censored regression data[J]. Biometrics, 47(7): 1297-1309.

Wei Y, Carroll R J. 2009. Quantile regression with measurement error[J]. Journal of the American Statistical Association, 104(148): 1129-1143.

Wei Y, Ma Y Y, Carroll R J. 2012. Multiple imputation in quantile regression[J]. Biometrika, 99(2): 423-438.

Wei Y, Yang Y W. 2014. Quantile regression with covariates missing at random[J]. Statistica Sinica, 24(3): 1277-1299.

Whang Y J. 2006. Smoothed empirical likelihood methods for quantile regression models[J]. Econometric Theory, 22(2): 173-205.

Wolfson J. 2011. EEBoost: A general method for prediction and variable selection based on estimating equations[J]. Journal of the American Statistical Association, 106(493): 296-305.

Wood A, White I P. 2008. How should variable selection be performed with multiply imputed data?[J]. Statistics in Medicine, 27(17): 3227-3246.

Wu C B. 2005. Algorithms and R codes for the pseudo empirical likelihood method in survey sampling[J]. Survey Methodology, 31(2): 239-243.

Wu T Z, Yu K M, Yu Y. 2010. Single-index quantile regression[J]. Journal of Multivariate Analysis, 101(7): 1607-1621.

Wu Y, Liu Y. 2009. Variable selection in quantile regression[J]. Statistical Sinica, 19(1): 801-817.

Wu Y, Yin G. 2017. Multiple imputation for cure rate quantile regression with censored data[J]. Biometrics, 73(1): 94-103.

Xia Y C, Härdle W . 2006. Semi-parametric estimation of partially linear single-index models[J]. Journal of Multivariate Analysis. 2006, 97(5): 1162-1184.

Xie S Y, Wan A T K, Zhou Y. 2015. Quantile regression methods with varying-coefficient models for censored data[J]. Computational Statistics & Data Analysis, 88(C): 154-172.

Xue L, Qu A, Shen X T. 2012. Variable selection in high-dimensional varying-coefficient models with global optimality[J]. Journal of Machine Learning Research, 13(1): 1973-1998.

Xue L, Yang L J. 2006. Estimation of semi-parametric additive coeffcient model[J]. Journal of Statistical Planning and Inference, 136(8): 2506-2534.

Xue L G. 2009. Empirical likelihood for linear models with missing responses[J]. Journal of Multivariate Analysis, 100(7): 1353-1366.

Yang G, Huang J, Zhou Y. 2014. Concave group methods for variable selection and estimation in high-dimensional varying coefficient models[J]. Science China Mathematics, 57(1): 2073-2090.

Yang H, Lv J, Guo C H. 2015. Weighted composite quantile regression estimation and variable selection for varying coefficient models with heteroscedasticity[J]. Journal of the Korean Statistical Society, 44(1): 77-94.

Yang S. 1999. Censored median regression using weighted empirical survival and hazard functions[J]. Journal of the American Statistical Society, 94(445): 290-295.

Yang W J, Wang Y C, Lin C S, et al. 2010. Quantile regression with measurement error[J]. Journal of the American Statistical Association, 104(487): 1129-1143.

Yang X, Belin T R, Boscardin W J. 2005. Imputation and variable selection in linear regression models with missing covariates[J]. Biometrics, 61(2): 498-506.

Yang X, Zhang L. 2008. A note on self-normalized Dickey-Fuller test for unit root in autoregressive time series with GARCH errors[J]. Applied Mathematics A: Journal of Chinese Universities, 23(2): 197-201.

Yang X R, Fu K A. 2011. Copy number detection using self-weighted least square regression[C]. 2011 IEEE International Conference on Systems Biology (ISB). 2011: 47-51.

Yang X R, Narisetty N N, He X M. 2018. A new approach to censored quantile regression estimation[J]. Journal of Computational and Graphical Statistics, 27(2): 417-425.

Yi G Y, He W Q. 2008. Median regression models for longitudinal data with dropouts[J]. Biometrics, 65(2): 618-625.

Yin G, Zeng D, Li H. 2013. Censored quantile regression with varying coefficients[J]. Statistica Sinica, 24(2): 855-870.

Ying Z, Jung S H, Wei L J. 1995. Survival analysis with median regression models[J]. Journal of the American Statistical Association, 90(429): 178-184.

Ying Z L. 1993. A large sample study of rank estimation for censored regression data[J]. The Annals of Statistics, 21(1): 76-99.

Yu K, Jones M C. 1998. Local linear quantile regression[J]. Journal of the American Statistical Association, 93(441): 228-237.

Zeger S L, Brookmeyer R. 1986. Regression analysis with censored autocorrelated data[J]. Journal of the American Statistical Association, 81(395): 722-729.

Zhang H H, Lu W B. 2007. Adaptive Lasso for Cox's proportional hazards model[J]. Biometrika, 94(3): 691-703.

Zhang W Y, Lee S Y , Song X Y. 2002. Local polynomial fitting in semivarying coefficient model[J]. Journal of Multivariate Analysis, 82(1): 166-188.

Zhao P X, Li G R. 2013. Modified SEE variable selection for varying coefficient instrumental variable models[J]. Statistical Methodology, 12(Complete): 60-70.

Zhao P X, Tang X R. 2016. Imputation based statistical inference for partially linear quantile regression models with missing responses[J]. Metrika, 79(8): 991-1009.

Zhao P X, Xue L G. 2013. Empirical likelihood for nonparametric components in additive partially linear models[J]. Communications in Statistics-Simulation and Computation, 42(9): 1935-1947.

Zhao Y Z, Long Q. 2013. Multiple imputation in the presence of high-dimensional data[J]. Statistical Methods in Medical Research, 25(5): 2021-2035.

Zheng M, Li S. 2005. Empirical likelihood in partical linear eror-in-covariable model with censored data[J]. Communications in Statistics: Theory and Methods, 34: 389-404.

Zhou K Q, Portnoy S L. 1998. Statistical inference on heteroscedastic models based on regression quantiles[J]. Journal of Nonparametric Statistics, 9(3): 239-260.

Zhou L. 2006. A simple censored median regression estimator[J]. Statistica Sinica, 16: 1043-1058.

Zou H. 2006. The adaptive lasso and its oracle properties[J]. Journal of the American Statistical Association, 101(476): 1418-1429.

Zou H, Hastie T. 2005, Regularization and variable selection via the elastic net[J]. Journal of the Royal Statistical Society Series B: Statistical Methodology, 67: 301-320.

Zou H, Hastie T, Tibshirani R. 2007. On the "Degrees of Freedom"of the Lasso[J]. The Annals of Statistics, 35(5): 2173-2192.

Zou H, Yuan M. 2008. Composite quantile regression and the oracle model selection theory[J]. Annals of Statistics, 36(3): 1108-1126.

索　　引